Pro/ENGINEER 中文野火版 5.0 工程应用精解丛书

Pro/ENGINEER 中文野火版 5.0 曲面设计教程（增值版）

北京兆迪科技有限公司　编著

机 械 工 业 出 版 社

本书全面、系统地介绍了 Pro/ENGINEER 中文野火版 5.0 的曲面设计方法和技巧，包括曲面设计的发展概况、曲面造型的数学概念、曲面基准的创建、简单曲面的创建、复杂曲面的创建、曲面的修改与编辑、曲面中的倒圆角、曲线和曲面的信息与分析、ISDX 曲面设计、自由式曲面设计以及产品的逆向设计等。

　　本书是根据北京兆迪科技有限公司为国内外几十家不同行业的著名公司（含国外独资和合资公司）编写的培训教案整理而成的，具有很强的实用性和广泛的适用性。本书附带 1 张多媒体 DVD 学习光盘，制作了教学视频并进行了详细的语音讲解，光盘中还包含本书所有的教案文件、范例文件、练习素材文件以及 Pro/ENGINEER 软件的配置文件。

　　在内容安排上，为了使读者更快地掌握 Pro/ENGINEER 软件的曲面设计功能，书中结合大量的范例对 Pro/ENGINEER 曲面设计中一些抽象的概念、命令和功能进行讲解；另外，书中以范例的形式讲述了生产一线实际曲面产品的设计过程，这样安排能使读者较快地进入曲面设计实战状态。在写作方式上，本书紧贴软件的实际操作界面，使初学者能够直观、准确地操作软件进行学习，提高学习效率。本书内容全面，条理清晰，实例丰富，讲解详细，可作为工程技术人员的 Pro/ENGINEER 曲面设计自学教程和参考书籍，也可作为大中专院校学生和各类培训学校学员的 Pro/ENGINEER 课程学习或上机的练习教材。

　　特别说明的是，本书随书光盘中增加了大量产品设计案例的讲解，使本书的附加值大大提高。

图书在版编目（CIP）数据

Pro/ENGINEER 中文野火版 5.0 曲面设计教程：增值版/北京兆迪科技有限公司编著. —4 版. —北京：机械工业出版社，2017.1
(Pro/ENGINEER 中文野火版 5.0 工程应用精解丛书)
ISBN 978-7-111-55600-8

Ⅰ．①P…　Ⅱ.①北…　Ⅲ. ①曲面—机械设计—计算机辅助设计—应用软件—教材　Ⅳ. ①TH122

中国版本图书馆 CIP 数据核字（2016）第 294856 号

机械工业出版社（北京市百万庄大街 22 号　邮政编码：100037）
策划编辑：丁　锋　责任编辑：丁　锋
责任校对：肖　琳　封面设计：张　静
责任印制：李　飞
北京铭成印刷有限公司印刷
2017 年 2 月第 4 版第 1 次印刷
184mm×260 mm・21.5 印张・386 千字
0001—3000 册
标准书号：ISBN 978-7-111-55600-8
　　　　　ISBN 978-7-89386-102-4（光盘）
定价：59.90 元（含 1DVD）

前　　言

Pro/ENGINEER（简称 Pro/E）是由美国 PTC 公司推出的一套博大精深的三维 CAD/CAM 参数化软件系统，其内容涵盖了产品从概念设计、工业造型设计、三维模型设计、分析计算、动态模拟与仿真、工程图输出，到生产加工成产品的全过程，其中还包含了大量的电缆及管道布线、模具设计与分析等实用模块，应用范围涉及航空航天、汽车、机械、数控（NC）加工和电子等诸多领域。

本书全面、系统地介绍了 Pro/ENGINEER 的曲面设计方法和技巧，其特色如下：

- 内容全面，与其他同类书籍相比，包括更多的 Pro/ENGINEER 曲面设计内容。
- 范例丰富，对软件中的主要命令和功能，先结合简单的范例进行讲解，然后安排一些较复杂的综合范例帮助读者深入理解、灵活运用。
- 讲解详细，条理清晰，保证自学的读者能独立学习和实际运用书中介绍的 Pro/ENGINEER 曲面设计功能。
- 写法独特，采用 Pro/ENGINEER 软件中真实的对话框、操控板和按钮等进行讲解，使初学者能够直观、准确地操作软件，从而大大提高学习效率。
- 附加值高，本书附带 1 张多媒体 DVD 学习光盘，制作了教学视频并进行了详细的语音讲解，可以帮助读者轻松、高效地学习。

本书由北京兆迪科技有限公司编著，参加编写的人员有王焕田、刘静、雷保珍、刘海起、魏俊岭、任慧华、詹路、冯元超、刘江波、周涛、赵枫、邵为龙、侯俊飞、龙宇、施志杰、詹棋、高政、孙润、李倩倩、黄红霞、尹泉、李行、詹超、尹佩文、赵磊、王晓萍、陈淑童、周攀、吴伟、王海波、高策、冯华超、周思思、黄光辉、党辉、冯峰、詹聪、平迪、管璇、王平、李友荣。本书已经多次编校，如有疏漏之处，恳请广大读者予以指正。

电子邮箱：zhanygjames@163.com

编　者

读者购书回馈活动：

活动一：本书"随书光盘"中含有该"读者意见反馈卡"的电子文档，请认真填写本反馈卡，并 E-mail 给我们。E-mail: 兆迪科技 zhanygjames@163.com，丁锋 fengfener@qq.com。

活动二：扫一扫右侧二维码，关注兆迪科技官方公众微信（或搜索公众号 zhaodikeji），参与互动，也可进行答疑。

凡参加以上活动，即可获得兆迪科技免费赠送的价值 48 元的在线课程一门，同时有机会获得价值 780 元的精品在线课程。在线课程网址见本书"随书光盘"中"读者意见反馈卡"的电子文档。

本 书 导 读

为了能更好地学习本书的知识，请您仔细阅读下面的内容。

读者对象

本书是学习 Pro/ENGINEER 中文野火版 5.0 曲面设计的书籍，可作为工程技术人员进一步学习曲面设计的自学教程和参考书，也可作为大专院校学生和各类培训学校学员的 Pro/ENGINEER 课程学习或上机练习教材。

写作环境

本书使用的操作系统为 Windows XP，对于 Windows 7、Windows 8、Windows 10 操作系统，本书内容和范例也同样适用。

本书采用的写作蓝本是 Pro/ENGINEER 中文野火版 5.0，对 Pro/ENGINEER 英文野火版 5.0 版本同样适用。

光盘使用

为方便读者练习，特将本书所有素材文件、已完成的范例文件、配置文件和视频语音讲解文件等放入随书附带的光盘中，读者在学习过程中可以打开相应的素材文件进行操作和练习。

本书附多媒体 DVD 光盘 1 张，建议读者在学习本书前，先将 DVD 光盘中的所有文件复制到计算机硬盘的 D 盘中。在 D 盘上 proewf5.8 目录下共有 3 个子目录：

（1）proewf5_system_file 子目录：包含一些系统配置文件。

（2）work 子目录：包含本书讲解中所用到的文件。

（3）video 子目录：包含本书讲解中所有的视频文件（含语音讲解），学习时，直接双击某个视频文件即可播放。

光盘中带有"ok"扩展名的文件或文件夹表示已完成的实例。

本书约定

● 本书中有关鼠标操作的简略表述说明如下：

☑ 单击：将鼠标指针移至某位置处，然后按一下鼠标的左键。

☑ 双击：将鼠标指针移至某位置处，然后连续快速地按两次鼠标的左键。

☑ 右击：将鼠标指针移至某位置处，然后按一下鼠标的右键。

☑ 单击中键：将鼠标指针移至某位置处，然后按一下鼠标的中键。

☑ 滚动中键：只是滚动鼠标的中键，而不能按中键。

☑ 选择（选取）某对象：将鼠标指针移至某对象上，单击以选取该对象。

☑ 拖移某对象：将鼠标指针移至某对象上，然后按下鼠标的左键不放，同时移动鼠标，将该对象移动到指定的位置后再松开鼠标的左键。

- 本书中的操作步骤分为 Task、Stage 和 Step 三个级别，说明如下：
  - ☑ 对于一般的软件操作，每个操作步骤以 Step 字符开始。每个 Step 操作视其复杂程度，其下面可含有多级子操作，例如 Step1 下可能包含（1）、（2）、（3）等子操作，（1）子操作下可能包含①、②、③等子操作，①子操作下可能包含 a）、b）、c）等子操作。
  - ☑ 如果操作较复杂，需要几个大的操作步骤才能完成，则每个大的操作冠以 Stage1、Stage2、Stage3 等，Stage 级别的操作下再分 Step1、Step2、Step3 等操作。
  - ☑ 对于多个任务的操作，则每个任务冠以 Task1、Task2、Task3 等，每个 Task 操作下则可包含 Stage 和 Step 级别的操作。
- 因为已建议读者将随书光盘中的所有文件复制到计算机硬盘的 D 盘中，所以书中在要求设置工作目录或打开光盘文件时，所述的路径均以"D:"开始，例如，下面是一段有关这方面的描述：

Step1. 将工作目录设置至 D:\proewf5.8\work\ch02\ch02.01，打开 rename.prt。

技术支持

本书是根据北京兆迪科技有限公司给国内外一些著名公司（含国外独资和合资公司）编写的培训案例整理而成的，具有很强的实用性。该公司专门从事 CAD/CAM/CAE 技术的研究、开发、咨询及产品设计与制造服务，并提供 Pro/ENGINEER、Ansys、Adams 等软件的专业培训及技术咨询。读者在学习本书的过程中如果遇到问题，可通过访问该公司的网站 http://www.zalldy.com 来获得技术支持。咨询电话：010-82176248，010-82176249。

目　　录

第 1 篇

曲面设计基础

本篇主要包含如下内容：

- 第 1 章　曲面设计概要
- 第 2 章　曲面基准的创建

第1章 曲面设计概要

本章提要 随着时代的进步，人们的生活水平和生活质量都在不断提高，追求完美日益成为时尚。对消费产品来说，人们在要求其具有完备的功能外，越来越追求外形的美观。因此，产品设计者在很多时候需要用复杂的曲面来表现产品外观。本章将针对曲面设计进行概要性讲解，主要内容包括：曲面设计的发展概况、曲面设计的基本方法和应用技巧。与一般实体零件的创建相比，曲面的设计是较难掌握的部分，其技巧性比较强，需要读者用心体会，多加练习。

1.1 曲面设计的发展概况

曲面造型（Surface Modeling）是随着计算机技术和数学方法的不断发展而逐步产生和完善起来的。它是计算机辅助几何设计（Computer Aided Geometric Design，简称 CAGD）和计算机图形学（Computer Graphics）的一项重要内容，主要研究在计算机图像系统的环境下，对曲面的表达、创建、显示以及分析等。

早在 1963 年，美国波音飞机公司的 Ferguson 首先提出将曲线曲面表示为参数的矢量函数方法，并引入参数三次曲线。从此曲线曲面的参数化形式成为形状数学描述的标准形式。

到了 1971 年，法国雷诺汽车公司的 Bezier 又提出一种控制多边形设计曲线的新方法。这种方法很好地解决了整体形状控制问题，从而将曲线曲面的设计向前推进了一大步。然而 Bezier 的方法仍存在连接问题和局部修改问题。

直到 1975 年，美国 Syracuse 大学的 Versprille 首次提出具有划时代意义的有理 B 样条（NURBS）方法。NURBS 方法可以精确地表示二次规则曲线曲面，从而能用统一的数学形式表示规则曲面与自由曲面。这一方法的提出，终于使非均匀有理 B 样条方法成为现代曲面造型中广泛流行的技术。

随着计算机图形技术以及工业制造技术的不断发展，曲面造型在近几年又得到了长足的发展，这主要表现在以下几个方面：

（1）从研究领域来看，曲面造型技术已从传统的研究曲面表示、曲面求交和曲面拼接，扩充到曲面变形、曲面重建、曲面简化、曲面转换和曲面等距性等。

（2）从表示方法来看，以网格细分为特征的离散造型方法得到了广泛的运用。这种曲面造型方法在生动逼真的特征动画和雕塑曲面的设计加工中更是独具优势。

（3）从曲面造型方法来看，出现了一些新的方法，如基于物理模型的曲面造型方法、基于偏微分方程的曲面造型方法、流曲线曲面造型方法等。

当今在 CAD / CAM 系统的曲面造型领域，有一些功能强大的软件系统，如美国 PTC 公司的 Pro / ENGINEER、美国 SDRC 公司的 I-DEASMasterSeries、美国 Unigraphics Solutions 公司的 UG 以及法国达索公司的 CATIA 等。它们各具特色和优势，在曲面造型领域都发挥着举足轻重的作用。

美国 PTC 公司的 Pro / ENGINEER，以其参数化、基于特征、全相关等新概念闻名于 CAD 领域。它在曲面的创建生成、编辑修改、计算分析等方面功能强大。另外它还可以将特殊的曲面造型实例作为一个特征加入特征库中，使其功能得到不断扩充。

1.2　曲面造型的数学概念

曲面造型技术随着数学相关研究领域的不断深入而得到长足的进步，多种曲线、曲面被广泛应用。本节主要介绍其中最基本的一些曲线、曲面的理论及构造方法，使读者在原理、概念上有一个大致的了解。

1. 贝塞尔（Bezier）曲线与曲面

Bezier 曲线与曲面是法国雷诺公司的 Bezier 在 1962 年提出的一种构造曲线曲面的方法，是三次曲线的形成原理。这是由四个位置矢量 Q0、Q1、Q2、Q3 定义的曲线。通常将 Q0，Q1，…，Qn 组成的多边形折线称为 Bezier 控制多边形。多边形的第一条折线和最后一条折线代表曲线起点和终点的切线方向，其他曲线用于定义曲线的阶次与形状。

2. B 样条曲线与曲面

B 样条曲线继承了 Bezier 曲线的优点，仍采用特征多边形及权函数定义曲线，所不同的是权函数不采用伯恩斯坦基函数，而采用 B 样条基函数。

B 样条曲线与特征多边形十分接近，同时便于局部修改。与 Bezier 曲面生成过程相似，由 B 样条曲线可很容易地推广到 B 样条曲面。

3. 非均匀有理 B 样条（NURBS）曲线与曲面

NURBS 是 Non-Uniform Rational B-Splines 的缩写，是非均匀有理 B 样条的意思。具体解释是：

- Non-Uniform（非统一）：指一个控制顶点的影响力的范围能够改变。当创建一个不规则曲面的时候，这一点非常有用。同样，统一的曲线和曲面在透视投影下也不是无变化的，对于交互的 3D 建模来说，这是一个严重的缺陷。

- Rational（有理）：指每个 NURBS 物体都可以用数学表达式来定义。
- B-Spline（B 样条）：指用路线来构建一条曲线，在一个或更多的点之间以内插值替换。

NURBS 技术提供了对标准解析几何和自由曲线、曲面的统一数学描述方法，它可通过调整控制顶点和因子，方便地改变曲面的形状，同时也可方便地转换对应的 Bezier 曲面，因此 NURBS 方法已成为曲线、曲面建模中最为流行的技术。STEP 产品数据交换标准也将非均匀有理 B 样条（NURBS）作为曲面几何描述的唯一方法。

4．NURBS 曲面的特性及曲面连续性定义

（1）NURBS 曲面的特性。

NURBS 是用数学方法来描述形体，采用解析几何图形，因为曲线或曲面上任何一点都有其对应的坐标（x,y,z），所以具有高度的精确性。NURBS 曲面可以由任何曲线生成。

对于 NURBS 曲面而言，剪切是不会对曲面的 uv 方向产生影响的，也就是说不会对网格产生影响。如图 1.2.1a 和图 1.2.1b 所示，剪切前后网格（u 方向和 v 方向）并不会发生实质的改变。这也是通过剪切四边面来构成三边面和五边面等多边面的理论基础。

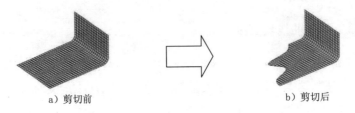

a）剪切前   b）剪切后

图 1.2.1　剪切曲面

（2）曲面 G1 与 G2 连续性定义。

Gn 表示两个几何对象间的实际连续程度。例如：

- G0 意味着两个对象相连或两个对象的位置是连续的。
- G1 意味着两个对象光滑连接，一阶微分连续，或者是相切连续的。
- G2 意味着两个对象光滑连接，二阶微分连续，或者两个对象的曲率是连续的。
- G3 意味着两个对象光滑连接，三阶微分连续。
- Gn 的连续性是独立于表示（参数化）的。

1.3　曲面造型方法

曲面造型的方法有多种，下面介绍最常见的几种方法。

1. 拉伸面

将一条截面曲线沿一定的方向滑动所形成的曲面，称为拉伸面，如图 1.3.1 所示。

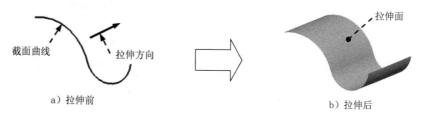

图 1.3.1 拉伸面

2. 直纹面

将两条形状相似且具有相同次数和相同节点矢量的曲线上的对应点用直线段相连，便构成直纹面，如图 1.3.2 所示。圆柱面、圆锥面其实都是直纹面。

图 1.3.2 直纹面

当构成直纹面的两条边界曲线具有不同的阶数和不同的节点时，需要首先将次数或节点数较低的一条曲线通过升阶、插入节点等方法，提高到与另一条曲线相同的次数或节点数，再创建直纹面。另外，构成直纹面的两条曲线的走向必须相同，否则曲面将会出现扭曲。

3. 旋转面

将一条截面曲线沿着某一旋转轴旋转一定的角度，就形成了一个旋转面，如图 1.3.3 所示。

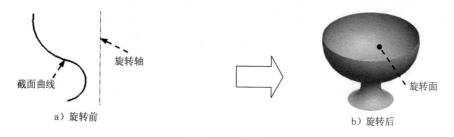

图 1.3.3 旋转面

4. 扫描面

将截面曲线沿着轨迹曲线扫描而形成的曲面为扫描面，如图 1.3.4 所示。

截面曲线和轨迹线可以有多条，截面曲线形状可以不同，可以封闭也可以不封闭。生成扫描时，软件会自动过渡，生成光滑连续的曲面。

图 1.3.4　扫描面

5．混合面

混合面是以一系列曲线为骨架进行形状控制，且通过这些曲线自然过渡生成曲面，如图 1.3.5 所示。

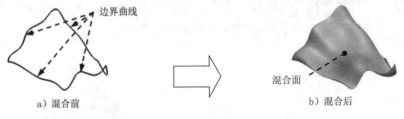

图 1.3.5　混合面

6．网格曲面

网格曲面是在两组相互交叉、形成一张网格骨架的截面曲线上生成的曲面。网格曲面生成的思想是首先构造出曲面的特征网格线（U 线和 V 线）。比如，曲面的边界线和曲面的截面线来确定曲面的初始骨架形状，然后用自由曲面插值特征网格生成曲面，如图 1.3.6 所示。

图 1.3.6　网格曲面

由于骨架曲线采用不同方向上的两组截面线形成一个网格骨架，控制两个方向的变化趋势，使特征网格线能基本上反映出设计者想要的曲面形状。在此基础上，插值网格骨架生成的曲面必然将满足设计者的要求。

7．偏距曲面

偏距曲面就是把曲面特征沿某方向偏移一定的距离来创建的曲面，如图 1.3.7 所示。机械加工或钣金零件在装配时为了得到光滑的外表面，往往需要确定一个曲面的偏距曲面。

现在常用的偏距曲面的生成方法一般是先将原始曲面离散细分，然后求取原始曲面离散点上的等距点，最后将这些等距点拟合成等距面。

图 1.3.7　偏距曲面

1.4　光滑曲面造型技巧

一个美观的产品外形往往是光滑而圆顺的。光滑的曲面，从外表看流线顺畅，不会引起视觉上的凸凹感；从理论上是指具有二阶几何连续、不存在奇点与多余拐点、曲率变化较小以及应变较小等特点的曲面。

要保证构造出来的曲面既光滑又能满足一定的精度要求，就必须掌握一定的曲面造型技巧。下面介绍一些常用的技巧。

1. 区域划分，先局部再整体

一个产品的外形，用一张曲面去描述往往是不切实际和不可行的。这时就要根据应用软件曲面造型方法，结合产品的外形特点，将其划分为多个区域来构造几张曲面，然后再将它们合并在一起，或用过渡面进行连接。当今的三维 CAD 系统中的曲面几乎都是定义在四边形域上。因此，在划分区域时，应尽量将各个子域定义在四边形域内，即每个子面片都具有四条边。

2. 创建光滑的控制曲线是关键

控制曲线的光滑程度往往决定着曲面的品质。要创建一条高质量的控制曲线，主要应从以下几点着手：①要达到精度的要求；②曲率主方向要尽可能一致；③曲线曲率要大于将进行圆角过渡的半径值。

在创建步骤上，首先利用投影、插补、光滑等手段生成样条曲线，然后根据其曲率图的显示来调整曲线段，从而实现交互式的曲线修改，达到光滑的效果。有时也可通过调整空间曲线的参数一致性，或生成足够数目的曲线上的点，再通过这些点重新拟合曲线，以达到使曲线光滑的目的。

3．光滑连接曲面片

曲面片的光滑连接，应具备以下两个条件：①要保证各连接面片间具有公共边；②要保证各曲面片的控制线连接光滑。其中第二个条件是保证曲面片连接光滑的必要条件，可通过修改控制线的起点、终点的约束条件，使其曲率或切线在接点处保证一致。

4．还原曲面，再塑轮廓

一个产品的曲面轮廓往往是已经修剪过的，如果直接利用这些轮廓线来构造曲面，常常难以保证曲面的光滑性。所以造型时要充分考察零件的几何特点，利用延伸、投影等方法将三维空间轮廓线还原为二维轮廓线，并去掉细节部分，然后还原出"原始"的曲面，最后再利用面的修剪方法获得理想的曲面外轮廓。

5．注重实际，从模具的角度考察曲面质量

再漂亮的曲面造型，如果不注重实际的生产制造，也将毫无用处。产品三维造型的最终目的是制造模具。产品零件大多由模具生产出来，因此，在三维造型时，要从模具的角度去考虑。在确定产品出模方向后，应检查曲面能否出模，是否有倒扣现象（即拔模斜度为负值）。如发现问题，应对曲面进行修改或重构曲面。

6．随时检查，及时修改

在进行曲面造型时，要随时检查所建曲面的状况，注意检查曲面是否光滑，有无扭曲、曲率变化等情况，以便及时修改。

检查曲面光滑的方法主要有以下两种：

①对构造的曲面进行渲染处理，可通过透视、透明度和多重光源等处理手段产生高清晰度的逼真的彩色图像，再根据处理后的图像光亮度的分布规律来判断出曲面的光滑度。图像明暗度变化比较均匀，则曲面光滑性好。

②可对曲面进行高斯曲率分析，进而显示高斯曲率的彩色光栅图像，这样可以直观地了解曲面的光滑性情况。

第2章　曲面基准的创建

本章提要　本章先介绍基准特征和系统设置的几种方法，然后详细介绍基准平面、基准轴、基准曲线、基准点和坐标系的创建方法，最后介绍图形特征。

2.1　基准特征和系统设置

1. 概述

Pro/ENGINEER 中的基准包括基准平面、基准轴、基准曲线、基准点和坐标系。基准特征在构建零件模型中主要起参照作用，它是没有任何质量和体积的几何体，这种特征不构成模型表面形状。这些基准在创建零件一般特征、曲面、零件的剖切面、装配中都十分有用。

选取操作命令的方法一般有如下两种。

方法一：从下拉菜单中获取命令，如图 2.1.1 所示。

方法二：从工具栏中获取命令，如图 2.1.2 所示。

图 2.1.1　下拉菜单的位置

2. 设置显示状态

设置基准特征显示的状态有两种方法：

方法一：选择下拉菜单 视图(V) ➡ 显示设置(Y) ➡ 基准显示(D)... 命令，在系统弹出的图 2.1.3 所示的"基准显示"对话框中进行详细设置。

方法二：设置配置文件 config.pro 中的相关选项的值。选择下拉菜单 工具(T) ➞ 选项(O) 命令，在"选项"对话框中进行详细设置。这些变量分别是：display_axes、display_axis_tags、display_coord_sys、display_coord_sys_tags、display_planes、display_plane_tags、display_points、display_point_tags、datum_point_symbol、spin_center_display、curve_tag_display。

图 2.1.2　命令按钮的位置

图 2.1.3　"基准显示"对话框

3．设置名称

Pro/ENGINEER 会自动给每个基准特征自动命名。但在非常复杂的模型中，如果能适当根据实际作用及意义将某些基准特征进行重新命名，将会帮助用户提高工作效率。

下面以图 2.1.4 所示的模型为例，说明修改基准特征名称的一般过程。

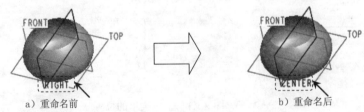

a）重命名前　　　　　　　　b）重命名后

图 2.1.4　范例模型

Step1. 将工作目录设置至 D:\proewf5.8\work\ch02.01，打开 rename.prt。

Step2. 选择下拉菜单 应用程序(P) ➞ 继承(L) 命令，系统弹出 ▼ LEGACY PRT (继承零件) 菜单。

Step3. 在 ▼ LEGACY PRT (继承零件) 菜单中选择 Set Up (设置) 命令，此时系统弹出

▼ PART SETUP (零件设置) 菜单，然后在 ▼ PART SETUP (零件设置) 菜单中选择 Name (名称) 命令；接受系统在 ▼ NAME SETUP (名称设置) 菜单中指定的 Feature (特征) 命令。

Step4. 在系统 ⇨选取特征 的提示下，选择 RIGHT 基准平面，此时系统提示警告信息，在此提示下输入 CENTER 并按<Enter>键，然后在 ▼ PART SETUP (零件设置) 菜单中选择 Done (完成) 命令。

说明：设置特征名称的另外一种方法是在模型树中右击需要更改名称的特征，在弹出的快捷菜单中选择"重命名"命令，然后输入新名称即可。

4．设置颜色显示状态

选择下拉菜单 视图(V) ➡ 显示设置(Y)▶ ➡ 系统颜色(S)... 命令，系统弹出"系统颜色"对话框；单击标签，可以对基准平面、基准轴、基准点和坐标系的各项元素进行颜色的设置。

2.2　基准平面的创建

基准平面也称基准面。在创建一般特征时，如果模型中没有合适的草绘平面，可以创建新的基准平面作为特征截面的草绘平面。基准平面也可以作为参照平面，在标注截面尺寸时，也可以根据一个基准平面来进行标注。

基准平面的显示大小可以调整，使其看起来更适合零件、特征、曲面、边、基准轴或半径的大小。

基准平面有两侧：橘黄色侧和灰色侧。法向方向箭头指向橘黄色侧。基准平面在屏幕中显示为橘黄色或灰色取决于模型的方向。当装配元件、定向视图和选择草绘参照时，应注意基准平面的颜色。

要选择一个基准平面，可以选择其名称，或选择它的一条边界。

1．创建基准面的一般过程

下面以一个范例来说明创建基准平面的一般过程。如图 2.2.1 所示，现在要创建一个基准平面 DTM1，使其穿过图 2.2.1 中模型的一个边线，并与模型上的一个表面成 30°的夹角。

图 2.2.1　基准面的创建

Step1. 将工作目录设置至 D:\proewf5.8\work\ch02.02，打开 connecting_rod_plane.prt。

Step2. 单击工具栏中的"基准平面"按钮 （或者选择下拉菜单 插入(I) ➡

模型基准(D) ➡ 平面(L)... 命令），系统弹出图 2.2.2 所示的"基准平面"对话框。

Step3. 选取约束。

（1）穿过约束。选择图 2.2.1 所示的边线，此时对话框的显示如图 2.2.2 所示。

（2）角度约束。按住<Ctrl>键，选择图 2.2.1 所示的参照平面。

（3）给出夹角。在图 2.2.3 所示的"基准平面"对话框中的文本框中键入夹角值 30.0，并按<Enter>键。

图 2.2.2 "基准平面"对话框

图 2.2.3 键入夹角值

说明：基准平面可使用如下一些约束：

● 通过基准轴/边线/基准曲线：要创建的基准平面通过一个基准轴，或模型上的某个边线，或基准曲线。

● 垂直基准轴/边线/基准曲线：要创建的基准平面垂直于一个基准轴，或模型上的某个边线，或基准曲线。

● 垂直平面：要创建的基准平面垂直于另一个平面。

● 平行平面：要创建的基准平面平行于另一个平面。

● 与圆柱面相切：要创建的基准平面相切于一个圆柱面。

● 通过基准点/顶点：要创建的基准平面通过一个基准点或模型上的某顶点。

● 角度平面：要创建的基准平面与另一个平面成一定角度。

Step4. 修改基准平面的名称。如图 2.2.4 所示，可在 属性 选项卡的 名称 文本框中键入新的名称。

图 2.2.4　修改基准平面的名称

2．基准平面的其他约束方法：通过平面

要创建的基准平面通过另一个平面，即与这个平面完全一致，该约束方法能单独确定一个平面。

Step1. 单击"基准平面"按钮 $\square$ 。

Step2. 选取某一参照平面，再在对话框中选择 穿过 选项，如图 2.2.5 和图 2.2.6 所示。

图 2.2.5　"基准平面"对话框（一）　　　图 2.2.6　"基准平面"对话框（二）

3．基准平面的其他约束方法：偏距平面

如果要创建的基准平面平行于另一个平面，并且与该平面有一个垂直距离，则可以使用偏距基准平面方法。

Step1. 单击"基准平面"按钮 $\square$ ，系统弹出"基准平面"对话框。

Step2. 选取某一平面为参照平面，在"基准平面"对话框参照区域的下拉列表中选择 偏移 选项，然后在 平移 文本框中输入偏移值 20.0。

4．基准平面的其他约束方法：偏距坐标系

当要创建一个基准平面，使其垂直于一个坐标基准轴并偏离坐标原点时，可以使用此约束方法。当使用该约束方法时，需要选择与该平面垂直的坐标基准轴，以及给出沿该基准轴线方向的偏距。

Step1. 单击"基准平面"按钮 $\square$ 。

Step2. 选取某一坐标系。

Step3. 如图 2.2.7 所示，选取所需的坐标基准轴，然后输入偏距的距离值 20.0。

5．控制基准平面的法向方向和显示大小

尽管基准平面实际上是一个无穷大的平面，但在默认情况下，系统是根据模型的大小进行显示的，显示的基准平面的大小随模型尺寸的大小而改变。除了那些即时生成的平面以外，其他所有基准平面的大小都可以加以调整，以适应零件、特征、曲面、边、基准轴或半径。操作步骤如下：

Step1．在模型树上单击一基准平面，然后右击，从快捷菜单中选择 编辑定义 命令。

Step2．在图 2.2.8 所示的"基准平面"对话框（四）中，打开 显示 选项卡。

图 2.2.7 "基准平面"对话框（三）

图 2.2.8 "基准平面"对话框（四）

Step3．在图 2.2.8 所示的"基准平面"对话框（四）中，单击 反向 按钮，可改变基准平面的法线方向。

Step4．要确定基准平面的显示大小，有如下两种方法。

方法一：采用默认大小，根据模型（零件或组件）自动调整基准平面的大小。

方法二：拟合参照大小。在图 2.2.8 所示的"基准平面"对话框（四）中，选中 ☑ 调整轮廓 复选框，在下拉列表中选择 参照 ，再通过选取特征/曲面/边/基准轴线/零件等参照元素，使基准平面的显示大小拟合所选参照元素的大小。

- 拟合特征：根据零件或组件特征调整基准平面大小。
- 拟合曲面：根据任意曲面调整基准平面大小。
- 拟合边：调整基准平面大小，使其适合一条所选的边。
- 拟合基准轴线：根据一基准轴调整基准平面的大小。
- 拟合零件：根据选定零件调整基准平面的大小。该选项只适用于组件。

2.3　基准轴的创建

如同基准平面一样，基准轴也可以用于建模的参照。基准轴对创建基准平面、同轴放

置项目和径向阵列特别有用。

　　基准轴的产生分为两种情况：一是基准轴作为一个单独的特征来创建；二是在创建带有圆弧的特征期间，系统会自动产生一个基准轴，但此时必须将配置文件选项 show_axes_for_extr_arcs 设置为 yes。

　　创建基准轴后，系统用 A_1、A_2 等依次自动分配其名称。要选取一个基准轴，可选择基准轴线自身或其名称。

1. 创建基准轴的一般过程

　　下面以一个范例来说明创建基准轴一般过程。在图 2.3.1 所示的 body.prt 零件模型中，创建与内部基准轴线 CENTER_AXIS 相距为 8.0，并且位于 CENTER 基准平面内的基准轴特征。

　　注意：该例子中要创建的 offset_axis 基准轴线是后面装配和运动分析中的一个重要基准轴，请读者认真做好这个例子。

图 2.3.1　基准轴的创建

Step1. 将工作目录设置至 D:\proewf5.8\work\ch02.03，然后打开文件 body_axis.prt。

Step2. 在 FRONT 下部，创建一个"偏距"基准平面 DTM_REF，偏距尺寸为 8.0。

Step3. 单击工具栏上的"基准轴"按钮 。

Step4. 由于所要创建的基准轴通过基准平面 DTM_REF 和 CENTER 的相交线，为此应该选取这两个基准平面为约束参照。

（1）选取第一约束平面。选择图 2.3.1 所示的模型的 CENTER 基准平面，系统弹出图 2.3.2 所示的"基准轴"对话框（一），将约束类型改为 穿过 ，如图 2.3.3 所示。

图 2.3.2　"基准轴"对话框（一）

图 2.3.3　"基准轴"对话框（二）

注意： 由于 Pro/ENGINEER 所具有的智能性，这里也可不必将约束类型改为 穿过 ，因为当用户再选取一个约束平面时，系统会自动将第一个平面的约束改为 穿过 。

（2）选取第二约束平面。按住<Ctrl>键，选择 Step2 中所创建的"偏距"基准平面 DTM_REF。

说明： 创建基准轴有如下一些约束方法：

● 过边界：要创建的基准轴通过模型上的一个直边。

● 垂直平面：要创建的基准轴垂直于某个"平面"。使用此方法时，应先选取基准轴要与其垂直的平面，然后分别选取两条定位的参照边，并定义到参照边的距离。

● 过点且垂直于平面：要创建的基准轴通过一个基准点并与一个"平面"垂直，"平面"可以是一个现成的基准平面或模型上的表面，也可以创建一个新的基准平面作为"平面"。

● 过圆柱：要创建的基准轴通过模型上的一个旋转曲面的中心基准轴。使用此方法时，再选择一个圆柱面或圆锥面即可。

● 两平面：在两个指定平面（基准平面或模型上的平面表面）的相交处创建基准轴。两平面不能平行，但在屏幕上不必显示相交。

● 两个点/顶点：要创建的基准轴通过两个点，这两个点既可以是基准点，也可以是模型上的顶点。

Step5. 修改基准轴的名称。在"基准轴"对话框 属性 选项卡的"名称"文本框中键入"offset_axis"名称，然后单击 确定 按钮，即完成基准轴的创建。

2．练习

练习要求：对图 2.3.4 所示的 body_plane.prt 零件模型，在中部的切削特征上创建一个基准平面 ZERO_REF。

图 2.3.4　body_plane.prt 零件模型

Step1. 将工作目录设置至 D:\proewf5.8\work\ch02.03，打开文件 body_plane.prt。

Step2. 创建一个基准轴 A_10。单击"基准轴"按钮 ，选择图 2.3.4 所示的圆柱面（见放大图）。

Step3. 创建一个基准平面 ZERO_REF。单击"基准平面"按钮 ；选取 A_10 基准轴，约束设置为"穿过"；按住<Ctrl>键不放，选取 TOP 基准平面，约束设置为"平行"，将此基准平面改名为 ZERO_REF。

2.4 基准点的创建方法

基准点可以用来连接基准目标和注释、创建坐标系及管道特征轨迹，也可以在基准点处放置基准轴、基准平面、孔和基准轴肩。

在默认情况下，Pro/ENGINEER 将一个基准点显示为叉号"×"，其名称显示为 PNTn，其中 n 是基准点的编号。要选取一个基准点，可选择基准点自身或其名称。

可以使用配置文件选项 datum_point_symbol 来改变基准点的显示样式。基准点的显示样式可使用下列任意一个：CROSS、CIRCLE、TRIANGLE 或 SQUARE。

可以重命名基准点，但不能重命名在布局中声明的基准点。

2.4.1 在曲线/边线上创建基准点

用位置的参数值在曲线或边上创建基准点，该位置参数值确定从一个顶点开始沿曲线放置点的长度。

如图 2.4.1 所示，现需要在模型边线上创建基准点 PNT0，操作步骤如下：

Step1. 先将工作目录设置至 D:\proewf5.8\work\ch02.04，然后打开文件 point1.prt。

Step2. 单击"创建基准点"按钮 ⊠⊠（或选择下拉菜单 插入(I) ➡ 模型基准(D)▶ ➡ 点(P)▶ ➡ ⊠⊠点(P)... 命令）。

说明：单击"创建基准点"按钮 ⊠⊠ 后的 ▶，会出现图 2.4.2 所示的工具按钮。

图 2.4.1 线上基准点的创建

图 2.4.2 工具按钮

图 2.4.2 中各按钮的说明如下：

A：基准点工具。

B：偏移坐标系基准点工具。

C：域基准点工具。

Step3. 选择图 2.4.3 所示的模型边线，系统立即产生一个基准点 PNT0，如图 2.4.4 所示。

图 2.4.3　选取边线　　　　　图 2.4.4　产生基准点

Step4. 在图 2.4.5 所示的"基准点"对话框中，先选择基准点的定位方式（比率 或 实数），再键入基准点的定位数值（比率系数或实际长度值）。

图 2.4.5　"基准点"对话框

2.4.2　在顶点上创建基准点

在顶点上创建基准点就是指在零件边、曲面特征边、基准曲线或输入框架的顶点上创建基准点。

如图 2.4.6 所示，现需要在模型的顶点处创建一个基准点 PNT0，操作步骤如下：

Step1. 单击"创建基准点"按钮。

Step2. 如图 2.4.6 所示，选取模型的顶点，系统立即在此顶点处产生一个基准点 PNT0。此时"基准点"对话框如图 2.4.7 所示。

图 2.4.6　顶点基准点的创建

图 2.4.7　"基准点"对话框

2.4.3　过中心点创建基准点

当要在一条弧、一个圆或一个椭圆图元的中心处创建基准点时，可以使用过中心创建基准点的方法。

如图 2.4.8 所示，现需要在模型上表面的孔的圆心处创建一个基准点 PNT0，操作步骤如下：

Step1. 将工作目录设置至 D:\proewf5.8\work\ch02.04，打开文件 point_center.prt。

Step2. 单击"创建基准点"按钮。

Step3. 如图 2.4.8 所示，选取模型上表面的孔边线。

Step4. 在图 2.4.9 所示的"基准点"对话框的下拉列表中选取 居中 选项。

创建的基准点 PNT0 在圆弧的中心

单击模型上表面的此孔边线

图 2.4.8　过中心点创建基准点

图 2.4.9　"基准点"对话框

2.4.4　在曲面上创建基准点

在曲面上创建一个基准点，可以用两个平面或两条边来定位该基准点。当要对这种类型的基准点进行阵列时，可以选择定位尺寸来作为阵列的引导尺寸。如果在属于面组的曲面上创建基准点，则该点参照整个面组，而不是参照创建该点的特定曲面。

下面我们在模型圆柱曲面上创建一个基准点 PNT0，模型上的表面分别为定位参照平面 1 和定位参照平面 2，操作步骤如下：

Step1. 将工作目录设置至 D:\proewf5.8\work\ch02.04，打开文件 point_on_suf.prt。

Step2. 单击工具栏上的"创建基准点"按钮。

Step3. 在图 2.4.10 所示的圆柱曲面上单击，系统立即产生一个缺少定位的基准点 PNT0，如图 2.4.11 所示。

图 2.4.10　创建基准点　　　　图 2.4.11　缺少定位的基准点

Step4. 在图 2.4.12 所示的"基准点"对话框中进行如下操作：

图 2.4.12　"基准点"对话框

（1）在 偏移参照 下面的空白区单击，激活"偏移参照"。

（2）按住<Ctrl>键不放，在图 2.4.10 所示的模型上单击定位参照平面 1 和定位参照平面 2，然后修改定位尺寸。

2.4.5　偏移曲面创建基准点

偏移曲面创建基准点，就是在指定的方向上，由曲面定义基准点的偏移距离，该偏移距离为该基准点与参照位置曲面之间的距离。

如图 2.4.13 所示，现需要在模型圆柱曲面的外部创建一个基准点 PNT0，模型上的表面分别为定位参照平面 1 和定位参照平面 2，操作步骤如下：

Step1. 将工作目录设置至 D:\proewf5.8\work\ch02.04，打开文件 point_off_suf.prt。

Step2. 单击"创建基准点"按钮 ×× 。

Step3. 在图 2.4.13 所示的圆柱曲面上单击，系统立即产生一个缺少定位的基准点 PNT0。

Step4. 在弹出的"基准点"对话框中进行如下操作：

（1）在下拉列表中选择 偏移 选项，并在 偏移 文本框中输入或修改偏移值。

（2）在**偏移参照**下面的空白区单击，激活"偏移参照"。

（3）按住<Ctrl>键，在图 2.4.13 所示的模型上选择定位参照平面 1 和定位参照平面 2，然后修改定位尺寸。

2.4.6　利用曲线与曲面相交创建基准点

创建基准点时，可以以一条曲线和一个曲面的交点为参照，曲线可以是零件边、曲面特征边、基准曲线、基准轴或输入的基准曲线，曲面可以是零件曲面、曲面特征或基准平面。

如图 2.4.14 所示，现需要在曲面与模型边线的相交处创建一个基准点 PNT0，操作步骤如下：

Step1. 将工作目录设置至 D:\proewf5.8\work\ch02.04，打开文件 point_int_suf.prt。

Step2. 单击"创建基准点"按钮。

Step3. 选取图 2.4.14 中的曲面 A；按住<Ctrl>键不放，选取模型的边线，系统立即在此顶点处产生一个基准点 PNT0。

图 2.4.13　创建基准点

图 2.4.14　创建基准点

2.4.7　利用坐标系原点创建基准点

可以在一个坐标系的原点处创建基准点。

Step1. 单击工具栏上"创建基准点"按钮。

Step2. 单击左键选取一个坐标系，系统立即在该坐标系的原点处产生一个基准点 PNT0。

2.4.8　通过给定坐标值创建基准点

当要创建一个给定坐标值的基准点时，可以选择一个坐标系作为参照来创建基准点或基准点阵列。

如图 2.4.15 所示，CSYS1 是一个坐标系，现需要创建偏移该坐标系的三个基准点 PNT0、PNT1 和 PNT2，它们相对该坐标系的坐标值为（10.0，5.0，0.0）、（20.0，5.0，0.0）和（30.0，

0.0，0.0），操作步骤如下：

单击选取此坐标系 CSYS1

产生这三个基准点 PNT0、PNT1
和 PNT2，它们同属一个特征

图 2.4.15　创建基准点

Step1. 将工作目录设置至 D:\proewf5.8\work\ch02.04，打开文件 point_csys1.prt。

Step2. 单击"创建基准点"按钮 中的 ，再单击 。

Step3. 单击选取坐标系 CSYS1。

Step4. 在图 2.4.16 所示的"偏移坐标系基准点"对话框中单击名称下面的方格，则该方格中显示出 PNT0；分别在 X 轴 、 Y 轴 和 Z 轴 下面的方格中输入坐标值 10.0、5.0 和 0.0。以同样的方法创建点 PNT1 和 PNT2。

选中此项，将创建"非参数坐标偏移"基准点

在此区域的方格中输入坐标值

单击此方格，可继续添加基准点 PNT3

从一个数据文件中读取各点坐标值

将各点坐标值保存在一个数据文件中

图 2.4.16　"偏移坐标系基准点"对话框

说明：在图 2.4.16 所示的"偏移坐标系基准点"对话框中，用户在给出各点坐标值后，如果在对话框中选中 ☑ 使用非参数矩阵 复选框，系统将弹出警告对话框。单击该对话框中的 确定 按钮，系统将这些基准点转化为非参数坐标偏移基准点，即用户在以后的编辑中将不能修改各点的坐标值。

2.4.9　在三个曲面相交处创建基准点

当三个曲面相交时可以在其交点处创建基准点。这三个曲面可以是零件曲面、曲面特征或基准平面。

如图 2.4.17 所示，现需要在曲面 A、模型圆柱曲面和 RIGHT 基准平面相交处创建一个基准点 PNT0，操作步骤如下：

Step1. 将工作目录设置至 D:\proewf5.8\work\ch02.04，打开文件 point_3suf_a.prt。

Step2. 单击"创建基准点"按钮。

Step3. 如图 2.4.17 所示，选取曲面 A；按住<Ctrl>键不放，选取模型的圆柱曲面；按住<Ctrl>键不放，选取 RIGHT 基准平面，系统立即在此顶点处产生一个基准点 PNT0。此时"基准点"对话框如图 2.4.18 所示。

图 2.4.17　创建基准点

图 2.4.18　"基准点"对话框

注意：

● 在图 2.4.17 所示的模型中，如果曲面 A、模型圆柱曲面和 RIGHT 基准平面交点有两个或两个以上的交点，则图 2.4.18 所示的"基准点"对话框中的 下一相交 按钮将变亮。单击该按钮，系统创建的交点将是另外一个交点，如图 2.4.19 所示。

● 在 Pro/ENGINEER 软件中，一个完整的圆柱曲面由两个半圆柱面组成，如图 2.4.20 所示，所以在计算曲面与曲面、曲面与曲线的交点个数时，要注意这一点。

图 2.4.19　创建的交点

图 2.4.20　圆柱曲面的组成元素

2.4.10　利用两条曲线相交创建基准点

用户可以在两条曲线的交点处创建基准点，曲线可以是零件边、曲面特征边、基准曲线、基准轴或输入的基准曲线。

如图 2.4.21 所示，现需要在模型上部表面上的曲线 A 和模型边线的相交处创建一个基准点 PNT0，操作步骤如下：

Step1. 将工作目录设置至 D:\proewf5.8\work\ch02.04，打开文件 point_int_2suf.prt。

Step2. 单击"创建基准点"按钮 。

Step3. 如图 2.4.21 所示，选取曲线 A；按住<Ctrl>键，同时选取模型边线；系统立即在它们的相交处产生一个基准点 PNT0。

2.4.11　偏移一点创建基准点

系统允许用户以一个点（或顶点）为参照偏移一定距离来创建一个或多个基准点。

如图 2.4.22 所示，现需要创建模型顶点 A 的偏距点，该偏距点沿边线 B 偏移 60.0，操作步骤如下：

Step1. 将工作目录设置至 D:\proewf5.8\work\ch02.04，打开文件 point_off_p.prt。

Step2. 单击"创建基准点"按钮 。

Step3. 如图 2.4.22 所示，选取模型顶点 A；按住键盘的<Ctrl>键，选取模型的边线 B。

Step4. 在"基准点"对话框中输入"偏移"值 60.0，并按<Enter>键，系统立即产生一个所要求的基准点 PNT0。

图 2.4.21　曲线与曲线相交　　　　　图 2.4.22　偏距点

2.4.12　创建域点

要在一个曲面、曲线、模型边线上的任意处创建一个基准点，可以使用创建域点命令。该基准点不需进行尺寸定位。

1．创建域点的一般过程

如图 2.4.23 所示，现需要在模型的圆锥面上创建一个域点 FPNT0，操作步骤如下：

Step1. 将工作目录设置至 D:\proewf5.8\work\ch02.04，打开文件 point_fie.prt。

Step2. 单击"创建基准点"按钮 中的 ，再单击 。

Step3. 如图 2.4.23 所示，选取圆锥面 A，系统立即在圆锥面上的单击处产生一个基准点 FPNT0，这就是域点，此时"域基准点"对话框如图 2.4.24 所示。用户可用鼠标拖移该点，以改变点的位置。

图 2.4.23　域点

图 2.4.24　"域基准点"对话框

2．练习

练习要求：打开图 2.4.25 所示的 reverse_block. prt 零件模型，在螺旋特征上的某一位置创建一个基准点。操作过程如下：

Step1. 将工作目录设置至 D:\proewf5.8\work\ch02.04，打开文件 reverse_block.prt。

Step2. 单击"创建基准点"按钮 中的 。

Step3. 在图 2.4.25 所示的螺旋特征的边线上任意选取一点，系统立即创建基准点。

说明： 在螺旋特征的边线上任意选取一点时，建议在工具栏中按下 按钮，将模型的显示状态切换到虚线线框显示方式，以方便选取。

Step4. 将此基准点的名称改为 SLOT_POINT。

图 2.4.25　创建域点的练习

2.5　坐标系的创建方法

坐标系可以用来作为零件和装配体中的参照特征，它可用于：

- 计算质量属性。
- 装配元件。
- 为"有限元分析（FEA）"放置约束。
- 为刀具轨迹提供制造操作参照。
- 用于定位其他特征的参照（坐标系、基准点、平面和基准轴线、输入的几何等）。

在 Pro/ENGINEER 系统中，可以使用下列三种形式的坐标系：

- 笛卡儿坐标系。系统用 X、Y 和 Z 表示坐标值。
- 柱坐标系。系统用半径、theta（θ）和 Z 表示坐标值。

- 球坐标系。系统用半径、theta（θ）和 phi（ψ）表示坐标值。

2.5.1　使用三个平面创建坐标系

选择三个平面（模型的表平面或基准平面）可以创建一个坐标系，其交点为坐标原点，选定的第一个平面的法向定义一个基准轴的方向，第二个平面的法向定义另一基准轴的大致方向，系统使用右手定则确定第三基准轴。注意，所选的三个平面不必正交。

如图 2.5.1 所示，现需要在三个垂直平面（平面 1、平面 2 和平面 3）的交点上创建一个坐标系 CSO，操作步骤如下：

Step1. 将工作目录设置至 D:\proewf5.8\work\ch02.05，打开文件 csys_create.prt。

Step2. 单击"基准坐标系工具"按钮 [X.]（另一种方法是选择下拉菜单 插入(I) ➡ 模型基准(D) ➡ 坐标系(C)... 命令）。

Step3. 选择三个垂直平面。如图 2.5.1 所示，选择平面 1；按住键盘的<Ctrl>键，选择平面 2；按住键盘的<Ctrl>键，选择平面 3。此时系统就创建了图 2.5.2 所示的坐标系，注意字符 X、Y、Z 所在的方向正是相应坐标基准轴的正方向。

图 2.5.1　由三个平面创建坐标系　　　　　图 2.5.2　产生坐标系

Step4. 修改坐标基准轴的位置和方向。在图 2.5.3 所示"坐标系"对话框中打开 方向 选项卡，在该选项卡的界面中可以修改坐标基准轴的位置和方向，操作方法参见图 2.5.3 中的说明。

图 2.5.3　"坐标系"对话框的方向选项卡

2.5.2　使用两个相交的基准轴（边）创建坐标系

选取两条相交基准轴（边）创建坐标系时，系统会在它们的交点处设置原点，其坐标基准轴则可由所选的基准轴（边）确定。

如图 2.5.4 所示，现需要通过模型的两条边线创建一个坐标系 CSO，操作步骤如下：

Step1. 单击"基准坐标系工具"按钮 ⊠ × 。

Step2. 如图 2.5.4 所示，选取模型边线 1；按住<Ctrl>键，选取模型边线 2。此时系统在所选的两条边线的交点处创建坐标系 CSO，然后单击 确定 按钮，即可完成坐标系的创建。

图 2.5.4　由两相交轴创建坐标系

2.5.3　使用一个点和两个不相交的基准轴（边）创建坐标系

选择某一点作为坐标系的原点，然后定义其他两个坐标基准轴，即可以完成坐标系的创建。点可以是基准点、模型的顶点、曲线的端点，基准轴可以是模型的边线、曲面边线、基准轴和特征中心基准轴线。

如图 2.5.5 所示，现需要通过模型的一个顶点和模型的两条边线创建一个坐标系 CSO，操作步骤如下：

Step1. 单击"基准坐标系工具"按钮 ⊠ × 。

Step2. 如图 2.5.5 所示，单击选取模型顶点，此时"坐标系"对话框如图 2.5.6 所示。

图 2.5.5　由一个点+两不相交的轴创建坐标系

Step3. 选择模型中的两个不相交的"基准轴"。

（1）在图 2.5.6 所示的"坐标系"对话框中选择 方向 选项卡，此时界面如图 2.5.7 所示。

（2）在该选项卡中，单击 使用 后面的空白区，然后单击图 2.5.5 所示的模型边线 1 和边线 2，系统即在所选的顶点创建坐标系 CSO。此时"坐标系"对话框如图 2.5.7 所示。

图 2.5.6 操作前   图 2.5.7 操作后

2.5.4 创建偏距坐标系

通过参照坐标系偏移和旋转来创建坐标系。

如图 2.5.8 所示，现需要通过参照坐标系 PRT_CSYS_DEF 创建偏距坐标系 CSO，操作步骤如下：

Step1. 将工作目录设置至 D:\proewf5.8\work\ch02.05，打开文件 offset_csys.prt。

Step2. 单击"基准坐标系工具"按钮 ．

Step3. 如图 2.5.8 所示，选取参照坐标系 PRT_CSYS_DEF。

图 2.5.8 创建偏距坐标系

Step4. 在"坐标系"对话框中选择"原点"选项卡，选择偏移类型为"笛卡儿"，然后输入偏距坐标系 CSO 与参照坐标系在三个方向上的偏距值 X=30、Y=5、Z=12。

Step5. 单击"方向"选项卡，选择 ● 所选坐标轴(S) 单选项，然后输入偏距坐标系 CSO 与参照坐标系在三个方向上的旋转角度值 X=10、Y=20、Z=30；单击 确定 按钮，即可完成坐标系的创建。

2.5.5　创建与屏幕正交的坐标系

可以通过偏移参照坐标系来创建与屏幕正交的坐标系（Z 基准轴垂直于屏幕并指向用户）。系统要求选择参照坐标系，然后提示指定 Z 基准轴与屏幕垂直，在图 2.5.9 所示的"坐标系"对话框中单击 设置 Z 垂直于屏幕 按钮；此时系统自动确定偏距坐标系与参照坐标系间的旋转角，如图 2.5.10 所示。

图 2.5.9　操作前　　　　　　　　　　　　　図 2.5.10　操作后

2.5.6　使用一个平面和两个基准轴（边）创建坐标系

用户可以指定一个平面和两个基准轴（边）来创建坐标系，坐标系的原点为平面与第一个选定基准轴（边）的交点，所选的两个基准轴（边）则成为该坐标系的两个坐标基准轴。

Step1. 将工作目录设置至 D:\proewf5.8\work\ch02.05，打开文件 csys_pln_2axis.prt。

Step2. 单击"基准坐标系工具"按钮 。

Step3. 如图 2.5.11a 所示，选取模型表面 1；按住<Ctrl>键，选取边线 1。此时系统在所选的模型表面和边线的交点处创建坐标系 CS0。

a）操作前　　　　　　　　　　　　　　　b）操作后

图 2.5.11　一个平面与两个轴

Step4. 选择模型中的另一个基准轴。

（1）在"坐标系"对话框中选择 ^{方向} 选项卡。

（2）在该选项卡中，单击 ^{使用} 文本框区域，然后在图 2.5.11a 所示的模型中选取模型边线 1，然后单击另一个 ^{使用} 文本框区域，选取图 2.5.11a 所示的模型中的边线 2，系统立即创建图 2.5.11b 所示的坐标系 CSO。

（3）在"坐标系"对话框中单击 确定 按钮。

2.5.7 从文件创建坐标系

如图 2.5.12 和图 2.5.13 所示，先指定一个参照坐标系，然后使用数据文件，创建相对参照坐标系的偏距坐标系。

图 2.5.12 操作前　　　　　　　　　　　图 2.5.13 操作后

2.5.8 坐标系的应用

图 2.5.14 所示为零件模型，要在模型的端部外创建一个定位坐标系（使用三个平面创建坐标系）。

Step1. 将工作目录设置至 D:\proewf5.8\work\ch02.05，打开文件 claw_csys.prt。

Step2. 创建图 2.5.14 所示的 DTM1 平面。

图 2.5.14 坐标系应用练习

Step3. 分别选取图 2.5.14 所示的三个平面为参照，创建坐标系 CS0。

2.6　基准曲线的创建方法

基准曲线可用于创建曲面和其他特征的参照，也可作为扫描轨迹来使用。创建曲线有很多方法，下面将分别进行介绍。

2.6.1　草绘曲线

草绘基准曲线的方法与草绘其他特征相同。草绘曲线可以由一个或多个草绘段以及一个或多个开放或封闭的环组成。但是将基准曲线用于其他特征，通常限定在开放或封闭环的单个曲线（它可以由许多段组成）。

草绘基准曲线时，Pro/ENGINEER 在离散的草绘基准曲线上边创建一个单一复合基准曲线。对于该类型的复合曲线，不能重新定义起点。

由草绘曲线创建的复合曲线可以作为轨迹选择，例如作为扫描轨迹。使用"查询选取"可以选择底层草绘曲线图元。

如图 2.6.1 所示，现需要在模型的表面上创建一个草绘基准曲线，操作步骤如下：

Step1. 将工作目录设置至 D:\proewf5.8\work\ch02.06，打开文件 curve_sketch.prt。

Step2. 单击工具栏上的"草绘"按钮 █（图 2.6.2）。

Step3. 选取图 2.6.1 中的草绘平面及参照平面，单击 █草绘█ 按钮进入草绘环境。

Step4. 进入草绘环境后，接受默认的平面为草绘环境的参照，然后单击"样条曲线"按钮 █，草绘一条样条曲线。

图 2.6.1　创建草绘基准曲线

图 2.6.2　工具按钮的位置

Step5. 单击按钮 █，退出草绘环境。

2.6.2　过基准点的曲线

可以通过空间中的一系列点创建基准曲线，经过的点可以是基准点、模型的顶点、曲线的端点。如图 2.6.3 所示，现需要经过基准点 PNT0、PNT1、PNT2 和 PNT3 创建一条基准曲线，操作步骤如下：

Step1. 将工作目录设置至 D:\proewf5.8\work\ch02.06，打开文件 curve_point.prt。

Step2. 单击工具栏中的"插入基准曲线"按钮 ⌇，如图 2.6.4 所示。

经过基准点 PNT0、PNT1、PNT2、PNT3 产生此基准曲线

图 2.6.3　经过点创建基准曲线

单击此工具按钮

图 2.6.4　工具按钮

Step3. 在图 2.6.5 中，选择 Thru Points (通过点) ➡ Done (完成) 命令。

Step4. 完成上步操作后，系统弹出图 2.6.6 所示的"曲线特征信息"对话框。该对话框显示创建曲线将要定义的元素。

图 2.6.5　"曲线选项"菜单

图 2.6.6　"曲线特征信息"对话框

（1）在图 2.6.7 所示的"连结类型"菜单中，依次选择 Single Rad (单一半径) ➡ Single Point (单个点) ➡ Add Point (添加点) 命令。

（2）选取图 2.6.3 中的基准点 PNT0、PNT1 和 PNT2。

（3）在系统 输入折弯半径 的提示下，输入折弯半径值 3.0，并按<Enter>键。

（4）选取图 2.6.3 中的基准点 PNT3，选择 Done (完成) 命令。

Step5. 单击图 2.6.6 所示的"曲线特征信息"对话框中的 确定 按钮。

图 2.6.7　"连结类型"菜单

2.6.3　复制曲线

用户可以通过已经存在的曲线或曲面的边界，用复制粘贴的方法来创建曲线。

下面以图 2.6.8 所示的模型为例，说明创建复制曲线的一般过程。

Step1. 将工作目录设置至 D:\proewf5.8\work\ch02.06，打开文件 curve_copy.prt。

Step2. 在屏幕上方的"智能选取"栏中选择"几何"选项，然后在模型中选取图 2.6.8 所示的边线。

Step3. 选择下拉菜单 编辑(E) ➡️ 复制(C) 命令。

Step4. 选择下拉菜单 编辑(E) ➡️ 粘贴(P) 命令，系统弹出图 2.6.9 所示的操控板。

Step5. 在操控板中单击"完成"按钮 ✔，即完成复制曲线操作。

注意：逼近曲线不能在大于 5° 的接头角上创建。

图 2.6.8　选取边线　　　　　　　　　　图 2.6.9　操控板

Step6. 隐藏曲面。

（1）选择导航选项卡中的 ➡️ 层树(L) 命令（或单击按钮 ）。

（2）在层树中选取模型曲面层 QUILT，右击，从弹出的快捷菜单中选择 隐藏 命令；单击"重画"按钮 ，这样模型的曲面将不显示。

2.6.4　从文件创建基准曲线

使用该方法，可输入来自 IBL、IGES 或 VDA 文件的基准曲线，输入的基准曲线可以由一个或多个段组成，且多个段不必相连。Pro/ENGINEER 不会自动将从"文件"输入的曲线合并为一条复合曲线。若要连接曲线段，应确保后一段曲线的第一点的坐标与先前段的最后一点的坐标相同。

Pro/ENGINEER 读取所有来自 IGES 或 SET 文件的曲线。然后将其转化为样条曲线。当输入 VDA 文件时，系统只读取 VDA 样条图元。

.ibl 文件中包含一系列点的 X、Y 和 Z 坐标值。注意：每段曲线的坐标前都需标有 begin section 和 begin curve。字段中的两点定义一条直线，两个以上的点定义一个样条。

可以重定义由文件创建的基准曲线，也可以用由文件输入的其他曲线裁剪或分割它们。

下面举例说明这种曲线的创建方法。

Step1. 新建一个零件模型，将其命名为 file.prt。

Step2. 创建一个 IBL 文件。

（1）打开 Windows 的记事本，输入图 2.6.10 中的文件内容。

（2）在记事本中，选择下拉菜单 文件(F) ➡ 保存(S) 命令，在弹出的"另存为"对话框的 保存类型(T) 下拉列表中选择 所有文件，在 文件名(N) 文本框中输入 aaa.ibl（必须将该文件的扩展名设置为.ibl，否则无法创建基准曲线）。

Step3. 在工具栏中单击"插入基准曲线"按钮 ~ 。选择 From File (自文件) ➡ Done (完成)命令。

Step4. 在系统 ⇨选取坐标系 的提示下，从模型树中单击选取 ⊁ PRT_CSYS_DEF ，然后在弹出的"打开"对话框中选择 aaa.ibl 文件，此时即在图形区中创建了图 2.6.11 所示的基准曲线。

图 2.6.10　　Windows 记事本　　　　　　　图 2.6.11　　基准曲线

2.6.5　使用剖截面创建基准曲线

使用剖截面创建基准曲线就是创建剖截面与零件轮廓的相交线。下面以图 2.6.12 所示的模型为例，说明创建这种曲线的方法。

Step1. 将工作目录设置至 D:\proewf5.8\work\ch02.06，然后打开文件 section.prt。

Step2. 单击"插入基准曲线"的按钮 ~ 。

Step3. 在菜单管理器中选择 Use Xsec (使用剖截面) ➡ Done (完成)命令。

Step4. 在系统 ⇨选取截面通过在菜单上点取名字来检索 的提示下，选取 ▼截面名称 菜单中的 XSEC0001 截面。此时即在模型上创建了图 2.6.13 所示的基准曲线。

注意： 不能使用偏距截面中的边界创建基准曲线。

图 2.6.12　　使用剖截面创建基准曲线　　　　　　图 2.6.13　　基准曲线

2.6.6　从方程创建基准曲线

该方法是使用一组方程来创建基准曲线。下面以图 2.6.14 为例，说明用方程创建螺旋基准曲线的操作过程。

螺旋基准曲线

图 2.6.14　从方程创建基准曲线

Step1. 将工作目录设置至 D:\proewf5.8\work\ch02.06，然后打开文件 claw_curve.prt。

Step2. 单击"插入基准曲线"的按钮 ⌒ 。

Step3. 在菜单管理器中选择 From Equation (从方程) ➡ Done (完成) 命令。

Step4. 在系统提示下，选取图 2.6.15 中的坐标系 CSO，再选择 Cylindrical (圆柱) 命令，如图 2.6.16 所示。

Step5. 输入螺旋曲线方程。

（1）在系统弹出的图 2.6.17 所示的"记事本"窗口中，输入螺旋曲线的方程组。

（2）在记事本中，选择下拉菜单 文件(F) ➡ 保存(S) 命令，将曲线方程保存起来。

（3）在记事本中，选择下拉菜单 文件(F) ➡ 退出(X) 命令，退出记事本。

Step6. 单击曲线特征对话框中的 预览 按钮进行预览，确认无误后，单击 确定 按钮。

Step7. 保存模型文件。

图 2.6.15　选取坐标系

菜单管理器
▼ SET CSYS TYP (设置坐标类型)
Cartesian (笛卡尔)
Cylindrical (圆柱)
Spherical (球)

图 2.6.16　"设置坐标类型"菜单

图 2.6.17　输入螺旋曲线的方程组

2.6.7　在两个曲面相交处创建基准曲线

这种方法可在零件模型的表面、基准平面与曲面特征的交截处及任意两个曲面特征的交截处创建基准曲线。

每对交截曲面产生一个独立的曲线段，Pro/ENGINEER 将每个相连的段环合成为一条复合曲线。

如图 2.6.18 所示，现需要在曲面 1 和模型表面 2 的相交处创建一条曲线，操作步骤如下：

Step1. 将工作目录设置至 D:\proewf5.8\work\ch02.06，打开文件 curve_int.prt。

Step2. 在模型中选择曲面 1，如图 2.6.18 所示。

图 2.6.18　用曲面求交的方法创建曲线

Step3. 选择下拉菜单 编辑(E) ➡ 相交(I)... 命令，此时系统显示图 2.6.19 所示的"相交"操控板。

图 2.6.19　"相交"操控板

Step4. 按住<Ctrl>键，选择图中的模型表面 2，系统立即产生图 2.6.18 所示的基准曲线，然后单击操控板中的"完成"按钮。

注意：

● 如果选定的第一个曲面是实体的表面，则第二个曲面不能是实体的表面。

● 不能在两基准平面的交截处创建基准曲线。

2.6.8　用修剪创建基准曲线

用修剪创建基准曲线是将原始曲线的一部分截去，变成一条新的曲线；创建修剪曲线后，原始曲线将不可见。

如图 2.6.20 a 所示，曲线 1 是实体表面上的一条草绘曲线，FPNT0 是曲线 1 上的一基准点，现需要在曲线 1 上的 FPNT0 处产生修剪曲线，操作步骤如下：

Step1. 将工作目录设置至 D:\proewf5.8\work\ch02.06，打开文件 curve_trim.prt。

Step2. 在图 2.6.20 所示的模型中，选择草绘曲线 1。

Step3. 选择下拉菜单 编辑(E) ➡ 修剪(I)... 命令，系统显示图 2.6.21 所示的"修剪"操控板。

图 2.6.20 用修剪创建基准曲线

图 2.6.21 "修剪"操控板

Step4. 选择基准点 FPNT0。此时基准点 FPNT0 处出现一方向箭头,如图 2.6.22 所示,该箭头指向的一侧为修剪后的保留侧。

说明:

● 单击操控板中的按钮![](可切换箭头的方向,如图 2.6.23 所示,这也是本例所要的方向。

● 再次单击按钮![](,出现两个箭头,如图 2.6.24 所示,这意味着将保留整条曲线。

Step5. 在操控板中单击"完成"按钮![](,系统立即产生图 2.6.20 b 所示的修剪曲线。

图 2.6.22 切换方向 1   图 2.6.23 切换方向 2   图 2.6.24 切换方向 3

2.6.9 沿曲面创建偏移基准曲线

沿曲面创建偏移基准曲线就是将已有的曲线沿曲面进行偏移而得到新的曲线,新曲线的方向(位置)可以通过输入正、负尺寸值来实现。如图 2.6.25a 所示,曲线 1 是实体表面上的一条草绘曲线,现需要产生图 2.6.25b 所示的偏距曲线,操作步骤如下:

Step1. 将工作目录设置至 D:\proewf5.8\work\ch02.06,打开文件 curve_along_ surface.prt。

Step2. 在图 2.6.25 所示的模型中,选择曲线 1。

图 2.6.25　沿曲面偏移的方法

Step3. 选择下拉菜单 编辑(E) ➡ 偏移(O)...命令，系统显示图 2.6.26 所示的"偏移"操控板。

Step4. 在系统提示下，选择图 2.6.25b 中的模型表面，并在"偏移"文本框中输入值 50.0，即产生图 2.6.25 b 所示的曲线；单击"完成"按钮 。

图 2.6.26　"偏移"操控板

2.6.10　垂直于曲面创建偏移基准曲线

可以将曲线以某一个偏距同时垂直于某一个曲面为参照来创建基准曲线。

如图 2.6.27 所示，曲线 1 是实体表面上的一条草绘曲线，现需要垂直于模型的上表面偏移产生一条偏距曲线，其偏移值由一图形特征来控制，如图 2.6.28 所示。操作步骤如下：

Step1. 将工作目录设置至 D:\proewf5.8\work\ch02.06，然后打开文件 curve_offset_ surface.prt。在打开的模型中，已经创建了一个图 2.6.28 所示的图形特征。

图 2.6.27　垂直于曲面偏移创建基准曲线

图 2.6.28　截面图形

Step2. 在图 2.6.27 a 所示的模型中，选择曲线 1。

Step3. 选择下拉菜单 编辑(E) ➡ 偏移(O)... 命令。

Step4. 在图 2.6.29 所示的"偏移"操控板中，选择 按钮，然后单击 选项 按钮；在弹出的"选项"界面中，单击"图形"文本框中的"单位图形"字符，然后在模型树中选择 图形1 特征；在对话框的文本框中输入偏距曲线的端点偏移平面的距离值 60.0，系统立即产生图 2.6.27b 所示的偏距曲线；单击操控板中的"完成"按钮 。

注意：

● 用于创建偏距基准曲线的图形特征，其 X 基准轴的取值范围应该从 0 到 1。范围超出 1 时，只使用从 0 到 1 的部分。

● 图形特征中的曲线只能是单个图元。

图 2.6.29　"偏移"操控板

2.6.11　从曲面边界创建基准曲线

用户可以通过曲面的边界为参照来创建偏距基准曲线。

如图 2.6.30 所示，现需要利用一个曲面特征的边界产生图 2.6.30 所示的曲线。操作步骤如下：

Step1. 将工作目录设置至 D:\proewf5.8\work\ch02.06，打开文件 curve_from_boundary.prt。

Step2. 在图 2.6.31 所示的模型中选中曲面的一条边线，如图 2.6.31 所示。

Step3. 选择下拉菜单 编辑(E) ➡ 偏移(O)... 命令，系统弹出"偏移"操控板，如图 2.6.32 所示。

图 2.6.30　从曲面边界创建基准曲线

图 2.6.31　选中曲面的一条边线

图 2.6.32　"偏移"操控板

Step4. 按住<Shift>键，再选取图 2.6.30 中曲面特征的另外三条边线。在操控板中输入偏距值-45.0，系统立即产生图 2.6.30 所示的基准曲线。

注意：当选取的曲面边界为单条时，操控板的"量度"界面中的"距离类型"通常有下列选项，如图 2.6.33 所示。

- 垂直于边：垂直于边界边测量偏移距离。
- 沿边：沿测量边测量偏移距离。
- 至顶点：偏移曲线经过曲面上的某个顶点。

点	距离	距离类型	边	参照	位置
1	45.0	垂直于边	边:F5(拉伸_1)	顶点:边:F5(拉伸_1)	终点1
		垂直于边			
		沿边			
		至顶点			

图 2.6.33　"量度"界面

Step5. 在操控板的"量度"界面中的空白处右击，选择 添加 命令，可增加新的偏距条目。使用"量度"界面中的 距离 、 距离类型 、 边 、 参照 和 位置 等选项可改变曲线的形状，如图 2.6.34 所示。

点	距离	距离类型	边	参照	位置
1	45.0	垂直于边	边:F5(拉伸_1)	顶点:边:F5(拉伸_1)	0.0
2	45.0	垂直于边	边:F5(拉伸_1)	顶点:边:F5(拉伸_1)	1.0
3	45.0	垂直于边	边:F5(拉伸_1)	点:边:F5(拉伸_1)	0.5

此比例值用于确定"点：边：F5（拉伸_1）"在"边：F5（拉伸_1）"上的位置

图 2.6.34　增加新的偏距条目

2.6.12　通过投影创建基准曲线

通过草绘一个截面或选取已存在的基准曲线，然后将其投影到一个或多个曲面上，可创建投影基准曲线。投影基准曲线将"扭曲"原始曲线。

可把基准曲线投影到实体表面、曲面、面组或基准平面上。投影的曲面或面组不必是平面。

如果曲线是通过在平面上草绘来创建的，那么可对其进行阵列。

投影曲线不能是剖面线。如果选择剖面线基准曲线来投影，那么系统将忽略该剖面线。

如图 2.6.35 所示，现需要将 DTM1 基准平面上的草绘曲线 1 投影到曲面特征 2 上，产生投影曲线，操作步骤如下：

图 2.6.35　通过投影创建基准曲线

Step1. 将工作目录设置至 D:\proewf5.8\work\ch02.06，打开文件 curve_project.prt。

Step2. 在图 2.6.35 所示的模型中，选择草绘曲线 1。

Step3. 选择下拉菜单 编辑(E) ➡ 投影(T)... 命令，此时系统显示图 2.6.36 所示的"投影"操控板。

图 2.6.36　"投影"操控板

Step4. 选择曲面特征 2，系统立即产生图 2.6.35 所示的投影曲线。

Step5. 在操控板中单击"完成"按钮 ✔ 。

2.6.13　创建包络曲线

可使用"包络"（Wrap）工具在曲面上创建成形的基准曲线，就像将曲线粘贴到曲面上一样。该包络（印贴）曲线保留原曲线的长度。基准曲线只能在可展开的曲面上印贴，比如圆锥面、平面和圆柱面。

如图 2.6.37 所示，现需要将 DTM1 基准平面上的草绘曲线 1 印贴到圆柱面 2 上，产生图中所示的包络曲线，操作步骤如下：

图 2.6.37　创建包络曲线

Step1. 将工作目录设置至 D:\proewf5.8\work\ch02.06，打开文件 curve_wrap.prt。

Step2. 在图 2.6.37 所示的模型中，选择草绘曲线 1。

Step3. 选择下拉菜单 编辑(E) ➡ 包络(W)... 命令。

Step4. 此时出现图 2.6.38 所示的"包络"操控板，系统自动选取了圆柱面 2 作为包络曲面，因而也产生了图 2.6.37 所示的包络曲线。

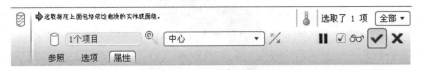

图 2.6.38　"包络"操控板

说明：系统通常在与原始曲线最近的一侧实体曲面产生包络曲线。

Step5. 在操控板中单击"完成"按钮。

2.6.14　用二次投影创建基准曲线

Pro/ENGINEER 可以使用不平行的草绘平面上的两条草绘曲线来创建一条基准曲线。系统沿各自的草绘平面投影两个草绘曲线直到它们相交，并在交截处创建基准曲线，完成的曲线称为二次投影的曲线。或者说，系统用两条草绘曲线在各自的草绘平面上创建拉伸曲面，两个拉伸曲面在空间的交线就是二次投影的曲线。

如图 2.6.39 所示，草绘曲线 1 是基准平面 DTM1 上的一条草绘曲线，草绘曲线 2 是基准平面 DTM2 上的一条草绘曲线，现需要创建这两条曲线的二次投影曲线（图 2.6.39），操作步骤如下：

图 2.6.39　用二次投影创建基准曲线

Step1. 将工作目录设置至 D:\proewf5.8\work\ch02.06，打开文件 curve_2_project.prt。

Step2. 在图 2.6.39a 所示的模型中，选择草绘曲线 1；按住<Ctrl>键，选择草绘曲线 2。

Step3. 选择下拉菜单 编辑(E) ➡ ◉相交(I)... 命令，即产生图 2.6.39b 所示的二次投影曲线。

2.6.15　基准曲线应用范例——在特殊位置创建筋特征

在下面的练习中，先创建基准曲线，然后借助于该基准曲线创建图 2.6.41 所示的筋（Rib）特征，操作步骤如下：

Step1. 将工作目录设置至 D:\proewf5.8\work\ch02.06，打开文件 curve_ex1.prt。

Step2. 创建基准曲线。

（1）按住<Ctrl>键，选取图 2.6.40 中的两个圆柱表面。

（2）选择下拉菜单 编辑(E) ➡ ◉相交(I)... 命令。

（3）按住<Ctrl>键，选取图 2.6.41 所示的 TOP 基准平面。

（4）单击按钮 ☑️ 👓 ，预览所创建的基准曲线，然后单击"完成"按钮 ☑️ 。

图 2.6.40　操作过程

图 2.6.41　筋特征

Step3. 创建筋特征。选择下菜单 插入(I) ➡ 筋(I) ▶ ➡ ◣轮廓筋(P)... 命令；在绘图区中右击，从快捷菜单中选择 定义内部草绘... 命令。设置 TOP 基准平面为草绘面，图 2.6.41 所示的模型表面为参照平面，方向为 右 ；选择下拉菜单 草绘(S) ➡ 参照(R)... 命令，选取图 2.6.42 所示的基准曲线为草绘参照，绘制如该图所示的草绘截面；加材料的方向如图 2.6.43 所示；筋的厚度值为 2。

图 2.6.42　截面图形

图 2.6.43　定义加材料的方向

2.7　图　形　特　征

2.7.1　图形特征基础

1．图形特征概述

图形特征允许将功能与零件相关联。图形用于关系中，特别是多轨迹扫描中。

Pro/ENGINEER 通常按其定义的 X 基准轴值计算图形特征。当图形计算超出定义范围时，Pro/ENGINEER 外推计算 Y 基准轴值。

对于小于初始值的 X 值，系统通过从初始点延长切线的方法计算外推值。同样，对于大于终点值的 X 值，系统通过将切线从终点往外延伸计算外推值。

图形特征不会在零件上的任何位置显示——它不是零件几何，它的存在反映在零件信息中。使用"按菜单选择"选取图形特征的名称。

2．创建图形特征

Step1. 新建一个零件模型，然后选择下拉菜单 插入(I) ➡ 模型基准(D) ➡ 图形(G)... 命令。

Step2. 输入图形名称，系统进入草绘环境。

Step3. 在草绘环境中选择下拉菜单 草绘(S) ➡ 坐标系(O)命令，创建一个坐标系。

Step4. 创建草绘截面。注意：截面中应含有一个坐标系，截面必须为开放式，并且只能包含一个轮廓（链）；该轮廓可以由直线、弧、样条等组成，沿 X 基准轴的每一点都只能对应一个 Y 值。

Step5. 单击"完成"按钮 ✓ ，退出"草绘器"，系统即创建一个图形特征，如图 2.7.1 所示。

2.7.2　图形特征应用范例

本范例运用了一些很新颖、技巧性很强的创建实体的方法。首先利用从动件的位移数据表创建图形特征，然后利用该图形特征及关系式创建可变截面扫描曲面，这样便得到凸轮的外轮廓线，再由该轮廓线创建拉伸实体得到凸轮模型。零件模型如图 2.7.2 所示。

Step1. 先将工作目录设置至 D:\proewf5.8\work\ch02.07，然后新建一个零件模型，命名为 instance_cam.prt。

Step2. 利用从动件的位移数据表创建图 2.7.3 所示的图形特征。

图 2.7.1　图形特征　　　　　　　图 2.7.2　零件模型

（1）选择下拉菜单 插入(I) ➡ 模型基准(D)▶ ➡ 图形(G)... 命令。

（2）在系统提示 ➡为feature 输入一个名字 时，输入图形名称 cam1 并按<Enter>键。

（3）系统进入草绘环境，选择下拉菜单 草绘(S) ➡ 坐标系(D) 命令，创建一个坐标系。

（4）通过坐标原点分别绘制水平、垂直中心线。

（5）绘制图 2.7.4 所示的样条曲线（绘制此样条曲线时，首尾点的坐标要正确，其他点的位置及个数可任意绘制，下面将由数据文件控制）。

（6）生成数据文件。

① 双击样条曲线，出现图 2.7.5 所示的"样条曲线"操控板。

图 2.7.3　用位移数据表创建图形　　　　图 2.7.4　截面图形

图 2.7.5　"样条曲线"操控板

② 单击操控板中的 文件 按钮，在弹出的界面中选中 ⊙笛卡尔 单选按钮，并选取图中的草绘坐标系，然后在此界面中单击"存盘"按钮 ，输入数据文件名 cam1.pts；单击操控板中的"完成"按钮 。

（7）利用编辑软件如记事本等，修改上面所生成的数据文件 cam1.pts，最后形成的数据如图 2.7.6 所示（此数据文件为从动件的位移数据文件）；存盘退出。

（8）利用数据文件重新生成样条曲线。

① 双击样条曲线，在出现的操控板中单击 文件 按钮，再单击"打开"按钮，打开数据文件 cam1.pts。

② 在系统提示 ⇒ 文件包含不同点数。是否继续? 时，选取"是"；单击操控板中的"完成"按钮。

（9）完成后单击按钮。

Step3. 创建图 2.7.7 所示的基准曲线。单击"草绘"按钮；选取 FRONT 基准平面为草绘平面，RIGHT 基准平面为参照平面，方向为 右 ；截面草图如图 2.7.8 所示。

Step4. 创建图 2.7.9 所示的基准点 PNT0。

图 2.7.6　修改数据文件

图 2.7.7　创建基准曲线

图 2.7.8　截面草图

选取此圆为参照

图 2.7.9　创建基准点

（1）单击基准点的创建按钮，系统弹出图 2.7.10 所示的"基准点"对话框。

（2）选择基准曲线——圆，设置为"中心"；单击对话框中的 确定 按钮。

Step5. 创建图 2.7.11 所示的可变截面扫描曲面。

图 2.7.10　"基准点"对话框　　　　　图 2.7.11　创建可变截面扫描曲面

（1）选择下拉菜单 插入(I) ➡ 可变截面扫描(V)...命令，此时出现图 2.7.12 所示的"可变截面扫描"操控板。

（2）定义可变截面扫描结果类型：在操控板中按下"曲面"类型按钮。

（3）定义可变截面扫描的轨迹：单击操控板中的 参照 按钮，在出现的操作界面中，选择 Step3 创建的基准曲线——圆作为原始轨迹。

（4）定义选项：在 选项 界面中选中 可变截面 单选按钮。

图 2.7.12　"可变截面扫描"操控板

（5）定义可变截面扫描控制类型：在 参照 界面的 剖面控制 下拉列表中选择 垂直于轨迹 选项。

（6）创建可变截面扫描特征的截面。

① 在操控板中单击"草绘"按钮，进入草绘环境后，选择下拉菜单 草绘(S) ➡ 参照(R)...命令，选取基准点 PNT0 为参照，创建图 2.7.13 所示的可变截面扫描曲面的截面——直线（直线段到基准点 PNT0 的距离值由关系式定义）。

② 定义关系。选择下拉菜单 工具(T) ➡ 关系(R)命令，在弹出的"关系"对话框的编辑区输入关系 sd5=evalgraph（"cam1",trajpar*360），如图 2.7.14 和图 2.7.15 所示。

③ 单击工具栏中的"完成"按钮。

（7）单击操控板中的按钮 进行预览，然后单击"完成"按钮。

Step6. 创建图 2.7.16 所示的实体拉伸特征。选择下拉菜单 插入(I) ➡ 拉伸(E)...命令；设置 FRONT 基准平面为草绘平面，RIGHT 基准平面为参照平面，方向为 右；利用"使用边"命令绘制图 2.7.17 所示的特征截面；选取深度类型 止，深度值为 30.0。

图 2.7.13　截面草图

图 2.7.14　切换至符号状态

图 2.7.16　实体拉伸特征

图 2.7.15　"关系"对话框

图 2.7.17　截面图形

Step7. 添加图 2.7.18 所示的零件特征——切削拉伸特征。单击"拉伸"命令按钮 ；按下"移除材料"按钮 ；选取 FRONT 基准平面为草绘平面，RIGHT 基准平面为参照平面，方向为 右；特征截面如图 2.7.19 所示；深度类型为 。

图 2.7.18　切削特征

图 2.7.19　截面图形

Step8. 保存零件模型文件：选择下拉菜单 文件(F) ➡ 保存(S) 命令。

第 2 篇

普通曲面设计

本篇主要包含如下内容：

- 第 3 章　简单曲面的创建
- 第 4 章　复杂曲面的创建
- 第 5 章　曲面的修改与编辑
- 第 6 章　曲面中的倒圆角
- 第 7 章　曲线和曲面的信息与分析
- 第 8 章　普通曲面设计综合范例

第3章 简单曲面的创建

本章提要 本章将介绍如何创建简单的曲面。主要内容包括：设置曲面网格的显示、创建平整曲面、创建拉伸和旋转曲面、创建偏移和复制曲面。

3.1 曲面网格显示

曲面网格显示是一种有效表达和显示曲面的方式，适当地使用这种显示方式，可以在曲面的设计过程中使曲面的表达更为直观和清晰。所以在这里首先介绍一下曲面网格显示的操作过程。

选择下拉菜单 视图(V) ➡ 模型设置(E)▶ ➡ 网格曲面(S)... 命令，系统弹出图 3.1.1 所示的"网格"对话框。利用该对话框可对曲面进行网格显示设置，如图 3.1.2 所示。

图 3.1.1 "网格"对话框   图 3.1.2 曲面网格显示

3.2 创建拉伸和旋转曲面

拉伸、旋转、扫描、混合等曲面的创建与实体基本相同。下面仅举例说明拉伸曲面和旋转曲面的创建过程。

1. 创建拉伸曲面

图 3.2.1 所示的曲面特征为拉伸曲面，创建过程如下：

Step1. 选择 插入(I) ➡ 拉伸(E)... 命令，此时系统弹出拉伸操控板。

Step2. 按下操控板中的"曲面类型"按钮 🔲。

Step3. 定义草绘截面放置属性。右击，从弹出的菜单中选择 定义内部草绘... 命令；指定

FRONT 基准平面为草绘平面，采用模型中默认的黄色箭头的方向为草绘视图方向，指定 RIGHT 基准平面为参照平面，方向为 右 。

Step4. 创建特征截面。进入草绘环境后，首先接受默认参照，然后绘制图 3.2.2 所示的截面草图，完成后单击按钮 ✓ 。

Step5. 定义曲面特征的"开放"或"闭合"。单击操控板中的 选项 ，在其界面中：

- 选中 ☑ 封闭端 复选框，使曲面特征的两端部封闭。注意：对于封闭的截面草图才可选择该项，如图 3.2.3 所示。

图 3.2.1　不封闭曲面　　　　　图 3.2.2　截面草图　　　　　图 3.2.3　封闭曲面

- 取消选中 □ 封闭端 复选框，可以使曲面特征的两端部开放（即不封闭），参见图 3.2.1。

Step6. 选取深度类型及其深度。选取深度类型 ⊥ ，输入深度值 80.0。

Step7. 在操控板中单击"完成"按钮 ✓ ，完成曲面特征的创建。

2. 创建旋转曲面

图 3.2.4 所示的曲面特征为旋转曲面，创建的操作步骤如下：

Step1. 选择下拉菜单 插入(I) ➡ 旋转 (R)... 命令，按下操控板中的"曲面类型"按钮 ⌂ 。

Step2. 定义草绘截面放置属性。指定 FRONT 基准平面为草绘平面；RIGHT 基准平面为参照平面，方向为 右 。

Step3. 创建特征截面。接受默认参照；绘制图 3.2.5 所示的特征截面（截面可以不封闭），注意：必须有一条中心线作为旋转轴，完成后单击按钮 ✓ 。

图 3.2.4　旋转曲面　　　　　　　图 3.2.5　截面图形

Step4. 定义旋转类型及角度。选取旋转类型 ⊥ （即草绘平面以指定角度值旋转），角度值为 360.0。

Step5. 在操控板中单击"完成"按钮 ✓ ，完成曲面特征的创建。

3.3　创建平整曲面——填充特征

编辑(E) 下拉菜单中的 填充(L)... 命令用于创建平整曲面——填充特征，它创建的是一个二维平面特征，其功能与 拉伸(E)... 命令相似，但 拉伸(E)... 有深度参数而 填充(L)... 无深度参数，如图 3.3.1 所示。

注意：填充特征的截面草图必须是封闭的。

b）平整曲面　　　　a）相同的特征截面　　　　c）拉伸曲面

图 3.3.1　平整曲面与拉伸曲面

创建平整曲面的一般操作步骤如下：

Step1. 选择下拉菜单 编辑(E) ➡ 填充(L)... 命令，此时屏幕下方会出现"填充"操控板。

Step2. 在绘图区中右击，从弹出的快捷菜单中选择 定义内部草绘... 命令，进入草绘环境，创建一个封闭的草绘截面，完成后单击按钮✔。

Step3. 在操控板中单击"完成"按钮✔，完成平整曲面特征的创建。

3.4　偏移曲面

偏移曲面是通过将一个曲面或一条曲线偏移恒定的距离或可变的距离来创建一个新的特征。

编辑(E) 下拉菜单中的 偏移(O)... 命令用于创建偏移的曲面。注意要激活 偏移(O)... 工具，首先必须选取一个曲面。偏移操作由图 3.4.1 所示的操控板完成。

图 3.4.1　操控板

曲面"偏距"操控板的说明：

● 参照：用于指定要偏移的曲面。

● 选项：用于指定要排除的曲面等，操作界面如图 3.4.2 所示。

图 3.4.2　"选项"界面

☑ 垂直于曲面：偏距方向将垂直于原始曲面（默认项）。

☑ 自动拟合：系统自动将原始曲面进行缩放，并在需要时平移它们。不需要用户其他的输入。

☑ 控制拟合：在指定坐标系下将原始曲面进行缩放并沿指定轴移动，以创建"最佳拟合"偏距。要定义该元素，选择一个坐标系，并通过在"X 轴"、"Y 轴"和"Z 轴"选项之前放置检查标记，选择缩放的允许方向，如图 3.4.3 所示。

● 偏移类型：如图 3.4.4 所示。

图 3.4.3　选择"控制拟合"

图 3.4.4　偏移类型

1．标准偏移

标准偏移是从一个实体的表面创建偏移的曲面，如图 3.4.5 所示；或者从一个曲面创建偏移的曲面，如图 3.4.6 所示。操作步骤如下：

图 3.4.5　实体表面偏移

图 3.4.6　曲面面组偏移

Step1. 将工作目录设置至 D:\proewf5.8\work\ch03.04，打开文件 surface_offset.prt。

Step2. 选取要偏移的曲面。

Step3. 选择下拉菜单 编辑(E) ➡ 偏移(O)... 命令。

Step4. 定义偏移类型。在操控板中的偏移类型栏中选取 ⬜（标准）。

Step5. 定义偏移值。在操控板中的偏移数值栏中输入偏移距离。

Step6. 在操控板中单击 ☑️ 👓 按钮，预览所创建的偏移曲面，单击按钮 ✔️，完成操作。

2. 拔模偏移

曲面的拔模偏移就是在曲面上创建带斜度侧面的区域偏移。拔模偏移特征可用于实体表面或面组。下面介绍在图 3.4.7 所示的面组上创建拔模偏移的操作过程。

Step1. 将工作目录设置至 D:\proewf5.8\work\ch03.04，打开 surface_draft_offset.prt。

Step2. 选取图 3.4.7 所示的要拔模的面组。

Step3. 选择下拉菜单 编辑(E) ➡️ 偏移(O)... 命令。

Step4. 定义偏移类型。在操控板的偏移类型栏中选取 ⬜（即带有斜度的偏移）。

Step5. 定义偏移控制属性。单击操控板中的 选项，选取 垂直于曲面。

Step6. 定义偏移选项属性。在操控板中选取 侧曲面垂直于 为 ⦿ 曲面，选取 侧面轮廓 为 ⦿ 直。

Step7. 草绘拔模区域。在绘图区右击，选择 定义内部草绘... 命令；创建图 3.4.8 所示的封闭草绘几何（可以绘制多个封闭草绘几何）。

Step8. 输入偏移值 6.0；输入侧面的拔模角度值 10.0，系统使用该角度相对于它们的默认位置对所有侧面进行拔模，拔模方向如图 3.4.9 所示；此时的操控板界面如图 3.4.10 所示。

图 3.4.7 拔模偏移   图 3.4.8 截面图形   图 3.4.9 拔模方向

Step9. 在操控板中单击 ☑️ 👓 按钮，预览所创建的偏移曲面，然后单击按钮 ✔️，至此完成操作。

图 3.4.10 操控板界面

3.5　复　制　曲　面

編輯(E) 下拉菜单中的 复制(C) 命令用于曲面的复制。复制的曲面与原曲面的形状和大小相同。曲面的复制功能在模具设计中定义分型面时特别有用。注意要激活 复制(C) 工具，首先必须选取一个曲面。

1.　曲面复制的一般过程

在 Pro/ENGINNER 中文野火版 5.0 中，曲面复制的操作过程如下：

Step1. 在屏幕下方的"智能选取"栏中选择"几何"或"面组"选项，然后在模型中选取某个要复制的曲面。

Step2. 选择下拉菜单 編輯(E) ➡ 复制(C) 命令。

Step3. 选择下拉菜单 編輯(E) ➡ 粘贴(P) 命令，系统弹出图 3.5.1 所示的操控板。在该操控板中选择合适的选项（按住<Ctrl>键，可选取其他要复制的曲面）。

Step4. 在操控板中单击"完成"按钮 ✓，即完成曲面的复制操作。

图 3.5.1 所示操控板的说明：

参照 按钮：设定复制参照。

选项 按钮：设定有关复制的选项，操作界面如图 3.5.2 所示。

- ◎ 按原样复制所有曲面：按照原来样子复制所有曲面。
- ◎ 排除曲面并填充孔：复制某些曲面，可以选择填充曲面内的孔。
  - ☑ 排除曲面：选取要从当前复制特征中排除的曲面。
  - ☑ 填充孔/曲面：在选定曲面上选取要填充的孔。

图 3.5.1　操控板

图 3.5.2　操作界面

- ◎ 复制内部边界：仅复制边界内的曲面。
  - ☑ 边界曲线：定义包含要复制的曲面的边界。

2.　曲面选取的方法介绍

读者可打开文件 D:\proewf5.8\work\ch03.05\surface_copy01.prt 进行练习。

● 选取独立曲面。在曲面复制状态下，选取图 3.5.3 所示的"智能选取"栏中的 曲面 ，
再选取要复制的曲面。选取多个独立曲面须按<Ctrl>键；要去除已选的曲面，只需
单击此面即可，如图 3.5.4 所示。

图 3.5.3　"智能选取"栏　　　　　　　　　　图 3.5.4　选取要复制的曲面

● 通过定义种子曲面和边界曲面来选择曲面。这种方法将选取从种子曲面开始向四
周延伸，直到边界曲面的所有曲面（其中包括种子曲面，但不包括边界曲面）。如
图 3.5.5 所示，左键单击选取螺钉的底部平面，使该曲面成为种子曲面，然后按住
键盘上的<Shift>键，同时左键单击螺钉头的顶部平面，使该曲面成为边界曲面，
完成这两个操作后，则从螺钉的底部平面到螺钉头的顶部平面间的所有曲面都将
被选取（不包括螺钉头的顶部平面），如图 3.5.6 所示。

图 3.5.5　定义种子曲面　　　　　　　　　　图 3.5.6　完成曲面的复制

● 选取面组曲面。在图 3.5.3 所示的"智能选取栏"中选择"面组"选项，再
在模型上选择一个面组，面组中的所有曲面都将被选取。

● 选取实体曲面。在图形区右击，系统弹出图 3.5.7 所示的快捷菜单，选择 实体曲面 命
令，实体中的所有曲面都将被选取。

● 选取目的曲面。在模型中的多个相关联的曲面组成目的曲面。

首先选取图 3.5.3 所示的"智能选取栏"中的"目的曲面"，然后再选取某一曲面。如
选取图 3.5.8 所示的曲面，可形成图 3.5.9 所示的目的曲面；如选取图 3.5.10 所示的曲面，
可形成图 3.5.11 所示的目的曲面。

图 3.5.7　快捷菜单　　　　　图 3.5.8　操作过程（一）　　　　　图 3.5.9　操作过程（二）

图 3.5.10　操作过程(三)　　　　　　　图 3.5.11　操作过程(四)

3．填充孔

"填充环"选项用于在要复制的曲面中填充内部环，这个选项操作在模具设计中填补分型面的靠破孔时经常用到。

下面以复制图 3.5.12 所示的整个外表面为例，说明"填充环"的操作过程。

Step1. 将工作目录设置至 D:\proewf5.8\work\ch03.05，打开 surface_copy02.prt。

Step2. 选取模型的整个外表面。

Step3. 选择下拉菜单 编辑(E) ➡ 复制(C) 命令。

Step4. 选择下拉菜单 编辑(E) ➡ 粘贴(P) 命令，系统弹出"复制"操控板，在该操控板中单击"选项"按钮，在出现的操作界面中选择 ◉ 排除曲面并填充孔，如图 3.5.13 所示。

图 3.5.12　填充孔

图 3.5.13　排除曲面并填充孔

Step5. 选取图 3.5.12 所示的曲面。

Step6. 在操控板中单击"预览"按钮，可看到图 3.5.14 所示的孔 1 和孔 2 没有被填充，而其他孔则已被填充。孔 1 和孔 2 没有被填充的原因是：这两个孔不完全在 Step4 所选取的曲面中，而是在整个曲面之间。

Step7. 按住<Ctrl>键，选取图 3.5.14 所示的孔 1、孔 2 中任意一条边线。

Step8. 单击操控板中的"预览"按钮，可看到图 3.5.15 所示所有的孔都已被填充。然后单击"完成"按钮，完成曲面的复制。

图 3.5.14　预览填充

图 3.5.15　填充完成

第4章 复杂曲面的创建

本章提要 本章主要介绍各种复杂曲面的创建方法，包括：创建边界曲面、截面混合到曲面、两曲面之间的混合、从切面混合到曲面、圆锥曲面和 N 侧面、自由形状曲面、曲面的扭曲、环形折弯、展开曲组、"带"曲面、可变截面扫描、扫描混合、三维扫描、螺旋扫描、数据共享和曲面的参数化设计。

4.1 创建边界混合曲面

边界混合曲面是在选定的参照图元（它们在一个或两个方向上定义曲面）之间创建的混合曲面，系统以在每个方向上选定的第一个和最后一个图元来定义曲面的边界。当然，一个方向上可以有超过两条的曲线（或者更多的其他参照图元），以对曲面进行控制。因此，只要添加更多的参照图元（如控制点和边界），就能更完整地定义曲面形状。

选取参照图元的规则如下：

● 曲线、模型边、基准点、曲线或边的端点可作为参照图元使用。

● 在每个方向上，都必须按连续的顺序选择参照图元。

● 对于在两个方向上定义的混合曲面来说，其外部边界必须形成一个封闭的环，这意味着外部边界必须相交。

4.1.1 创建一般边界混合曲面

下面以图 4.1.1 为例，说明创建边界混合曲面的一般过程。

这些边界曲线的端点必须重合对齐，即整个边界曲线必须封闭

第一方向的边界曲线

第二方向的边界曲线

图 4.1.1 创建边界曲面

Step1. 选择下拉菜单 文件(F) ➞ 设置工作目录(W)... 命令，将工作目录设置至 D:\proewf5.8\work\ch04.01。

Step2. 选择下拉菜单 文件(F) ➡ 打开 (0)... 命令，打开文件 surface_boundary
_blended.prt。

Step3. 选择 插入(I) ➡ 边界混合 (B)... 命令，屏幕下方出现图 4.1.2 所示的操控板。

图 4.1.2　操控板

Step4. 定义第一方向的边界曲线。按住<Ctrl>键不放，分别选取图 4.1.1 所示的第一方向的三条边界曲线。

Step5. 定义第二方向的边界曲线。在操控板中单击 图标后面的第二方向曲线操作栏中的"单击此处添加..."字符，按住<Ctrl>键不放，分别选取第二方向的两条边界曲线。

Step6. 在操控板中单击"完成"按钮 ，完成边界曲面的创建。

图 4.1.2 所示的操控板中各选项和按钮的功能说明如下：

- 曲线 ：用于定义第一方向和第二方向选取的曲线，界面如图 4.1.3 所示。
  - ☑ ☑ 闭合混合 ：通过将最后一条曲线与第一条曲线混合来形成封闭环曲面。但注意 ☑ 闭合混合 只适用于单一方向的三条及三条以上的曲线形成的混合曲面。
  - ☑ 细节... ：单击此按钮，系统弹出"链"对话框。在该对话框能修改链和曲面集属性。
- 约束 ：用于定义边界的条件，包括边对齐的相切条件，界面如图 4.1.4 所示。
  - ☑ 条件 ：设置边界的条件。也可以在绘图区右击每个外部边界的敏感区域，系统弹出图 4.1.5 所示的"控制边界条件"快捷菜单，并在图形中显示图 4.1.6 所示的边界条件显示图样。

图 4.1.3　"曲线"界面

图 4.1.4　"约束"界面

图 4.1.5　快捷菜单　　　图 4.1.6　边界条件显示图样

☑ ☑显示拖动控制滑块：只有当条件选项为非自由状态时，此复选框才可以用，用于显示控制边界拉伸系数的拖动控制滑块。

☑ ☑添加侧曲线影响：启用侧曲线影响。在单向混合曲面中，对于指定的"相切"或"曲率"的边界条件，是混合曲面的侧边相切于参照的侧边。

☑ ☑添加内部边相切：为混合曲面的一个或两个方向设置相切内部边界条件。注意：此条件只适用于具有多段边界的曲面。可创建带有曲面片的混合曲面。

● 控制点：通过在输入曲线上映射位置来添加控制点并形成曲面，在"控制点"界面中单击图 4.1.7 所示的区域，该链上的控制点以红色加亮显示，如图 4.1.8 所示。控制点的控制选项包括自然、弧长、段至段。

☑ 自然：使用一般混合例程，并使用相同例程来重置输入曲线的参数，可获得最逼近的曲面。

☑ 弧长：对原始曲线进行的最小调整。使用一般混合例程来混合曲线，被分成相等的曲线段并逐段混合的曲线除外。

☑ 段至段：段至段的混合,曲线链或复合曲线被连接。此选项只可用于具有相同段数的曲线。

● 选项：选择曲线链来影响用户界面中混合曲面的形状或逼近方向，操作界面如图 4.1.9 所示。

图 4.1.7　"控制点"界面

图 4.1.8　显示控制点

图 4.1.9　"选项"界面

☑ 细节...：打开"链"对话框以修改链组属性。

☑ 平滑度：控制曲面的表面粗糙度、不规则性或投影。

☑ 在方向上的曲面片（第一和第二方向）：控制用于形成结果曲面的沿 U 和 V 方向的曲面片数。

● 属性：重命名混合特征。

4.1.2　创建边界闭合混合曲面

闭合混合曲面是通过将最后一条曲线与第一条曲线混合来形成封闭环曲面。下面以图 4.1.10 所示的例子来说明创建闭合混合曲面的一般过程。

b）未勾选"闭合混合"　　　a）相同的特征曲线　　　c）勾选"闭合混合"

图 4.1.10　闭合混合与非闭合混合

Step1. 设置工作目录和打开文件。

（1）选择下拉菜单 文件(F) ➡ 设置工作目录(W)...命令，将工作目录设置至 D:\proewf5.8\work\ch04.01。

（2）选择下拉菜单 文件(F) ➡ 打开(O)...命令，打开文件 surf_bou_closebl.prt。

Step2. 选择下拉菜单 插入(I) ➡ 边界混合(B)...命令，系统弹出"边界混合"操控板。

Step3. 按住<Ctrl>键，依次选取图 4.1.11 所示的曲线 1、曲线 2 和曲线 3 为第一方向的三条边界曲线。

图 4.1.11　创建"闭合混合"边界曲面

Step4. 在"曲线"界面中选中 ☑ 闭合混合 复选框。

Step5. 在操控板中单击"完成"按钮 ✔，完成边界曲面的创建。

4.1.3　边界混合曲面的练习

本练习将介绍用"边界混合曲面"的方法，创建图 4.1.12 所示的鼠标盖曲面的详细操作流程。

Stage1. 创建基准曲线

Step1. 新建一个零件的三维模型，将其命名为 mouse_cover。

Step2. 创建图 4.1.13 所示的基准曲线 1，相关提示如下：

（1）单击"草绘"按钮 。

（2）设置 FRONT 基准平面为草绘平面，RIGHT 基准平面为参照平面，方向为 右；接受系统默认参照 TOP 和 RIGHT 基准平面；特征的截面草图 1 如图 4.1.14 所示。

图 4.1.12　鼠标盖曲面

图 4.1.13　创建曲线

Step3. 将图 4.1.13 中的基准曲线 1 进行镜像，获得基准曲线 2，相关提示如下：

（1）选择下拉菜单 编辑(E) ➡ 特征操作(O) 命令。

（2）在菜单管理器中，选择 Copy (复制) ➡ Mirror (镜像) ➡ Select (选取) ➡ Independent (独立) ➡ Done (完成) 命令。

（3）选择 Select (选取) 命令，再选择要镜像复制的源特征，如图 4.1.13 所示；选择 Done (完成) 命令。

（4）选择 Plane (平面) 命令，再选择 TOP 基准平面为镜像中心平面；选择 Done (完成) 命令。

Step4. 创建图 4.1.15 所示的基准曲线 3，相关提示如下：

（1）创建基准平面 DTM1，使其平行于 RIGHT 基准平面并且过基准曲线 1 的顶点。

图 4.1.14　截面草图 1

图 4.1.15　创建曲线

（2）单击"草绘"按钮 。设置 DTM1 基准平面为草绘平面，TOP 基准平面为参照平面，方向为 右 ；接受系统给出的默认参照；特征的截面草图 2 如图 4.1.16 所示。

注意：草绘时，为了绘制方便，将草绘平面旋转、调整到图 4.1.16 所示的空间状态。另外要将基准曲线 3 的顶点与基准曲线 1、2 的顶点对齐。为了确保对齐，应该创建基准点 PNT1 和 PNT0，它们分别过基准曲线 1、2 的顶点，如图 4.1.16 所示，然后选取这两个基准点作为草绘参照。创建这两个基准点的操作提示如下：

① 创建基准点时，无须退出草绘环境，直接单击"创建基准点"按钮 。

② 选择基准曲线 1 或 2 的顶点；单击"基准点"对话框中的 确定 按钮。

Step5. 创建图 4.1.17 所示的基准曲线 4，相关提示如下：单击"草绘"按钮 ；设置 FRONT 基准平面为草绘平面，RIGHT 基准平面为参照平面，方向为 右 ；特征的截面草图 3 如图 4.1.18 所示（为了便于将基准曲线 4 的顶点与基准曲线 1、2 的顶点对齐并且相切，有必要选取基准曲线 1、2 为草绘参照）。

图 4.1.16　截面草图 2　　　　　图 4.1.17　创建基准曲线 4　　　　　图 4.1.18　截面草图 3

Step6. 创建图 4.1.19 所示的基准曲线 5。

相关提示：草绘平面为 RIGHT 基准平面，截面草图 4 如图 4.1.20 所示。

Stage2．创建图 4.1.21 所示的边界曲面 1

该鼠标盖零件模型包括两个边界曲面，下面是创建边界曲面 1 的操作步骤。

图 4.1.19　创建基准曲线 5　　　　图 4.1.20　截面草图 4　　　　图 4.1.21　创建边界曲面 1

Step1. 选择下拉菜单 插入(I) ➡ 边界混合(B)... 命令，此时在屏幕的下方出现"边界混合"操控板。

Step2. 选取边界曲线。在操控板中单击 曲线 按钮，系统弹出"曲线"界面；按住<Ctrl>键，选择第一方向的两条曲线，如图 4.1.22 所示；单击"第二方向"区域中的"单击此处…"字符，然后按住<Ctrl>键，选择第二方向的两条曲线，如图 4.1.22 所示。

Step3. 在操控板中单击 ✓ ∞ 按钮，预览所创建的曲面，确认无误后，再单击"完成"按钮 ✓。

Stage3．创建图 4.1.23 所示的边界曲面 2

Step1. 选择下拉菜单 插入(I) ➡ 边界混合(B)... 命令。

图 4.1.22　选取边界曲线　　　　　　　　　图 4.1.23　创建边界曲面 2

Step2. 按住<Ctrl>键，依次选取图 4.1.24 所示的基准曲线 4 和基准曲线 3 为方向 1 的边界曲线。

Step3. 设置边界条件。在操控板中单击 约束 按钮，在图 4.1.25 所示的"约束"界面中将"方向 1"的"最后一条链"的"条件"设置为 相切，然后单击图 4.1.25 所示的区域。在系统 ➡ 选取位于加亮边界元件上的曲面 的提示下，选取图 4.1.24 所示的边界曲面 1。

Step4. 单击操控板中的"完成"按钮 ✓。

图 4.1.24　选取边界曲线　　　　　图 4.1.25　"约束"界面

4.2　创建混合曲面

4.2.1　混合特征简述

混合（Blend）特征就是将一组截面在其边线处用过渡曲面连接而形成的一个连续的特征，混合特征至少需要两个截面。图 4.2.1 所示的混合特征是由三个截面混合而成的。

图 4.2.1　混合特征

4.2.2　创建混合曲面的一般过程

下面以图 4.2.2 所示的混合曲面为例，说明创建混合特征的一般过程。

Step1. 新建一个零件的三维模型，将其命名为 surface_blend。在零件建模环境中选择

下拉菜单 插入(I) ➡️ 混合(B)▶ ➡️ 曲面(S)... 命令。

说明：完成此步操作后，系统弹出图 4.2.3 所示的 ▼ BLEND OPTS (混合选项) 菜单，该菜单分为 A、B、C 三部分，各部分的基本功能介绍如下：

图 4.2.2　混合曲面　　　　　　　图 4.2.3　"混合选项"菜单

- A 部分

  A 部分用于确定混合类型。

  ☑ Parallel (平行)：所有混合截面在相互平行的多个平行平面上。

  ☑ Rotational (旋转的)：混合截面绕 Y 轴旋转，最大角度可达 120°。每个截面都单独草绘并用截面坐标系对齐。

  ☑ General (一般)：一般混合截面可以绕 X 轴、Y 轴和 Z 轴旋转，也可以沿这三个轴平移。每个截面都单独草绘，并用截面坐标系对齐。

- B 部分

  B 部分用于定义混合特征截面的类型。

  ☑ Regular Sec (规则截面)：特征截面使用草绘平面。

  ☑ Project Sec (投影截面)：特征截面使用选定曲面上的截面投影。该命令只用于平行混合。

- C 部分

  C 部分用于定义截面的来源。

  ☑ Select Sec (选取截面)：选择截面图元。该命令对平行混合无效。

  ☑ Sketch Sec (草绘截面)：草绘截面图元。

Step2. 定义混合类型、截面类型。选择 A 部分中的 Parallel (平行) 命令、B 部分中的 Regular Sec (规则截面) 命令、C 部分中的 Sketch Sec (草绘截面) 命令，然后选择 Done (完成) 命令。

说明：完成此步操作后，系统弹出"特征信息"对话框，还弹出 ▼ ATTRIBUTES (属性) 菜单。该菜单下面有四个命令：

- Straight (直)：用直线段连接各截面的顶点，截面的边用平面连接。

- Smooth (光滑)：用光滑曲线连接各截面的顶点，截面的边用样条曲面光滑连接。

- Open Ends (开放端)：创建带有开放终点的曲面。

- Capped Ends (封闭端)：创建带有封闭终点的曲面。

Step3. 定义混合属性。在 ▼ ATTRIBUTES（属性）菜单中，依次选择 Straight（直）➡ Open Ends（开放端）➡ Done（完成）命令。

Step4. 创建混合特征的第一个截面。

（1）定义混合截面的草绘平面及其垂直参照面。选择 Plane（平面）命令，选择 FRONT 基准平面作为草绘平面；选择 Okay（确定）➡ Right（右）命令，选择 RIGHT 基准平面作为参照平面。

（2）定义草绘截面的参照。进入草绘环境后，接受系统的默认参照。

（3）绘制并标注草绘截面，如图 4.2.4 所示。

提示：先绘制两条中心线，单击 □ 按钮绘制长方形，进行对称约束，修改、调整尺寸。

图 4.2.4　截面图形

Step5. 创建混合特征的第二个截面。

（1）在绘图区右击，从弹出的快捷菜单中选择 切换截面(T) 命令（或选择下拉菜单 草绘 ➡ 特征工具(U)▶ ➡ 切换截面(T) 命令）。

（2）绘制并标注草绘截面，如图 4.2.5 所示。

注意：由于第二个截面与第一个截面实际上是两个相互独立的截面，所以在进行对称约束时，必须重新绘制中心线。

Step6. 改变第二个截面的起点和起点的方向。

（1）选择图 4.2.6 所示的点，右击，从弹出的快捷菜单中选择 起点(S) 命令（或选择下拉菜单 草绘 ➡ 特征工具(U)▶ ➡ 起点(S) 命令）。

图 4.2.5　截面图形　　　　图 4.2.6　定义截面起点

（2）如果想改变箭头的方向，再右击，从弹出的快捷菜单中选择 起始点(S) 命令。

Step7. 创建混合特征的第三个截面。

（1）右击，从弹出的快捷菜单中选择 切换截面(T) 命令。

注意：混合特征中的各个截面的起点应该靠近如图 4.2.8 所示，且方向相同（同为顺时针或逆时针方向），否则会生成如图 4.2.7 所示的扭曲形状。

图 4.2.7　扭曲的混合特征

（2）绘制并标注草绘截面，如图 4.2.8 所示。

图 4.2.8　截面图形

Step8. 将第三个截面（圆）切分成四个图元。

注意：在创建混合特征的多个截面时，Pro/ENGINEER 要求各个截面的图元数（或顶点数）相同（当第一个截面或最后一个截面为一个单独的点时，不受此限制）。在本例中，前面两个截面都是长方形，它们都有四条直线（即四个图元），而第三个截面为一个圆，只是一个图元，没有顶点。所以这一步要做的是将第三个截面（圆）变成四个图元。

（1）单击 ✂ ▾ 中的 ✂ 按钮（或选择下拉菜单 编辑(E) ➡ 修剪(T)▸ ➡ 分割(I) 命令）。

（2）分别在图 4.2.9 所示的四个位置选择四个点。

（3）绘制两条中心线，对四个点进行对称约束，修改、调整第一个点的尺寸。

Step9. 完成前面的所有截面后，单击草绘工具栏中的"完成"按钮 ✔ 。

Step10. 在图 4.2.10 所示的 ▼DEPTH (深度) 菜单中，选择 Blind (盲孔) ➡ Done (完成) 命令。

图 4.2.9　截面图形分成四个图元

图 4.2.10　"深度"菜单

Step11. 输入截面间的距离。

（1）在系统提示 ⇨ 输入截面2的深度 下，输入第二截面到第一截面的距离值 80.0，并按 <Enter> 键。

（2）在系统提示 ⇨ 输入截面3的深度 下，输入第三截面到第二截面的距离值 50.0，并按 <Enter> 键。

Step12. 单击"混合特征信息"对话框中的 预览 按钮，预览所创建的混合特征。

Step13. 单击"特征信息"对话框中的 确定 按钮。至此，完成混合特征的创建。

4.3 扫 描 曲 面

4.3.1　普通扫描

如图 4.3.1 所示，扫描（Sweep）特征是将一个截面沿着给定的轨迹"掠过"而生成的，所以也叫"扫掠"特征。要创建或重新定义一个扫描特征，必须给定两大特征要素，即扫描轨迹和扫描截面。

图 4.3.1　扫描特征

下面以图 4.3.1 为例，说明创建扫描特征的一般过程。

Step1. 新建一个零件的三维模型，将其命名为 sweep。

Step2. 选择下拉菜单 插入(I) ➡ 扫描(S)▸ ➡ 曲面(S)... 命令，如图 4.3.2 所示。此时系统弹出图 4.3.3 所示的"特征创建信息"对话框，同时还弹出图 4.3.4 所示的 ▼SWEEP TRAJ (扫描轨迹) 菜单。

图 4.3.2　"扫描"子菜单　　　图 4.3.3　"特征创建信息"对话框　　图 4.3.4　菜单管理器

图 4.3.4 所示 ▼SWEEP TRAJ (扫描轨迹) 菜单中命令的说明：

- Sketch Traj (草绘轨迹)：在草绘环境中草绘扫描轨迹。
- Select Traj (选取轨迹)：选取现有曲线或边作为扫描轨迹。

Step3. 定义扫描轨迹。

（1）选择 ▼ SWEEP TRAJ (扫描轨迹) 菜单中的 Sketch Traj (草绘轨迹) 命令。

（2）定义扫描轨迹的草绘平面及其参照面。选择 Plane (平面) 命令，选取 TOP 基准平面作为草绘平面；选择 Okay (确定) ➡ Right (右) ➡ Plane (平面) 命令，选取 RIGHT 基准平面作为参照平面。系统进入草绘环境。

（3）定义扫描轨迹的参照。接受系统给出的默认参照 FRONT 和 RIGHT 基准平面。

（4）绘制并标注扫描轨迹，如图 4.3.5 所示。

"轨迹起点"是草绘的第一个图元的起始点，它也是扫描起点。

轨迹起点

图 4.3.5　扫描轨迹

创建扫描轨迹时应注意下面几点，否则扫描可能失败：

● 轨迹不能自身相交。

● 相对于扫描截面的大小，扫描轨迹中的弧或样条半径不能太小，否则扫描特征在经过该弧时会由于自身相交而出现特征生成失败。例如，图 4.3.5 中的圆角半径 12.0 和 6.0，相对于后面将要创建的扫描截面不能太小。

（5）完成轨迹的绘制和标注后，单击"草绘完成"按钮 ☑。完成以上操作后，系统自动进入扫描截面的草绘环境。

Step4. 定义属性。在图 4.3.6 所示的 ▼ ATTRIBUTES (属性) 菜单中，选择 Open Ends (开放端) ➡ Done (完成) 命令。

菜单管理器
▼ ATTRIBUTES (属性)
Open Ends (开放端) ——— 创建带有开放终点的曲面
Capped Ends (封闭端) ——— 创建带有封闭终点的曲面
Done (完成)
Quit (退出)

图 4.3.6　"属性"菜单

Step5. 创建扫描特征的截面。

说明：现在系统已经进入扫描截面的草绘环境。一般情况下，草绘区显示的情况如图 4.3.7 左边的部分所示。此时草绘平面与屏幕平行。前面在讲述拉伸（Extrude）特征和旋转（Revolve）特征时，都是建议在进入截面的草绘环境之前要定义截面的草绘平面，因此有的读者可能要问："现在创建扫描特征怎么没有定义截面的草绘平面呢？"其实，系统已自动为我们生成了一个草绘平面。现在请读者按住鼠标中键移动鼠标，把图形调整到图 4.3.7 右边部分所示的方位，此时草绘平面与屏幕不平行。仔细阅读图 4.3.7 中的注释，便可明白系统是如何生成草绘平面的。如果想返回到草绘平面与屏幕平行的状态，请单击工具栏中的按钮 。

这两条线为同一条线 L1（左边的为投影线），它在 RIGHT 基准平面上，并且在轨迹的起点与轨迹线垂直，显示为蓝色。

扫描的轨迹线

FRONT

FRONT

TOP

TOP

RIGHT

扫描的起点

RIGHT

这两条线为同一条线 L2（左边的为投影线），它在 TOP 基准面平上，并且在轨迹的起点与轨迹线垂直，显示为蓝色。

L1 和 L2 相互垂直，它们构成的平面就是扫描截面的草绘平面。

图 4.3.7　查看不同的方位

（1）定义截面的参照。此时系统自动以 L1 和 L2 为参照，使截面完全放置。

注：L1 和 L2 虽然不在对话框中的"参照"列表区显示，但它们实际上是截面的参照。

（2）绘制并标注扫描截面的草图。

说明：在草绘平面与屏幕平行和不平行这两种视角状态下，都可创建截面草图，它们各有利弊。在图 4.3.8 所示的草绘平面与屏幕平行的状态下创建草图，符合用户在平面上进行绘图的习惯；在图 4.3.9 所示的草绘平面与屏幕不平行的状态下创建草图，一些用户虽不习惯，但可清楚看到截面草图与轨迹间的相对位置关系。建议读者在创建扫描特征（也包括其他特征）的二维截面草图时，交替使用这两种视角显示状态，在非平行状态下进行草图的定位；在平行的状态下进行草图形状的绘制和大部分标注。但在绘制三维草图时，草图的定位、形状的绘制和相当一部分标注需在非平行状态下进行。

2.5

2.5

3.0

6.0

12.0

4.0

4.0

注意：此线为黄色

注意：此线为黄色

轨迹起点的投影

图 4.3.8　草绘平面与屏幕平行

3.0

4.0

2.0

8.0

图 4.3.9　草绘平面与屏幕不平行

（3）完成截面的绘制和标注后，单击"完成"按钮 。

Step6. 预览所创建的扫描特征。单击图 4.3.10 所示的"扫描特征信息"对话框下部的 ☑ ⚭ 按钮，此时信息区出现提示 ⚠ 不能构建特征几何图形。特征失败的原因可从所定义的轨迹和截面两个方面来查找。

（1）查找轨迹方面的原因。检查是不是图 4.3.5 中的圆角尺寸 6.0 太小，将它改成 9.0 试试看。操作步骤如下：

① 在图 4.3.10 所示的"扫描特征信息"对话框中，双击 Trajectory（轨迹）这一元素后，系统弹出图 4.3.11 所示的"截面"菜单。

② 选择图 4.3.11 中的 Modify（修改） ➡ Done（完成）命令，系统进入草绘环境。

③ 在草绘环境中将图 4.3.5 中的圆角半径尺寸值 6.0 改成 9.0，然后单击"完成"按钮 ☑。

④ 单击对话框中的 预览 按钮，如果仍然出现错误信息，则说明不是轨迹中的圆角半径太小的原因。

（2）查找特征截面方面的原因。检查是不是截面距轨迹起点太远，或截面尺寸太大（相对于轨迹尺寸）。操作步骤如下：

① 在"扫描特征信息"对话框中，双击 Section（截面）这一元素，系统进入草绘环境。

② 在草绘环境中，按图 4.3.12 所示修改截面尺寸。所有尺寸修改完毕后，单击"完成"按钮 ☑。

图 4.3.10 "扫描特征信息"对话框

图 4.3.11 "截面"菜单

图 4.3.12 修改截面尺寸

③ 再单击"扫描特征信息"对话框中的 预览 按钮，扫描特征预览成功。

注： 如何从"特征信息"对话框中判断特征生成失败或成功？请参阅图 4.3.13。

单击"预览"按钮后，如果这里出现"解决"（英文版为 Solve）字样，说明特征生成失败。

直到这里出现"确定"（英文版为 OK）字样，才表明特征生成成功。

图 4.3.13 "特征信息"对话框

Step7. 完成扫描特征的创建。单击图 4.3.13 中"特征信息"对话框右图中下部的 确定 按钮，完成扫描特征的创建。

4.3.2 螺旋扫描

如图 4.3.14 所示，将一个截面沿着轨迹线进行螺旋式的扫描，可形成螺旋扫描（Helical Sweep）特征。

这里以图 4.3.14 所示的螺旋扫描特征为例，说明创建这类特征的一般过程。

图 4.3.14　螺旋扫描特征

Step1. 新建一个零件的三维模型，将其命名为 helical_sweep。

Step2. 选择下拉菜单 插入(I) ➡ 螺旋扫描(H)▶ ➡ 曲面(S)... 命令。完成此步操作后，系统弹出图 4.3.15 所示的"螺旋扫描特征信息"对话框和图 4.3.16 所示的 ▼ ATTRIBUTES（属性）菜单，该菜单分为 A、B、C 三个部分。

图 4.3.15　"螺旋扫描特征信息"对话框

图 4.3.16　"属性"菜单

图 4.3.16 中的 ▼ ATTRIBUTES（属性）菜单的说明：

- A 部分
    - ☑ Constant（常数）：螺距为常数。
    - ☑ Variable（可变的）：螺距是可变的，并可由一个图形来定义。
- B 部分

☑ Thru Axis (穿过轴)：截面位于穿过旋转轴的平面内。

☑ Norm To Traj (轨迹法向)：横截面方向垂直于轨迹（或旋转面）。

● C 部分

☑ Right Handed (右手定则)：使用右手定则定义轨迹。

☑ Left Handed (左手定则)：使用左手定则定义轨迹。

Step3. 定义螺旋扫描的属性。依次在图 4.3.16 所示的"属性"菜单中，选择 A 部分中的 Constant (常数) 命令、B 部分中的 Thru Axis (穿过轴) 命令、C 部分中的 Right Handed (右手定则) 命令，然后选择 Done (完成) 命令。

Step4. 定义螺旋的扫描线。

（1）定义螺旋扫描轨迹的草绘平面及其垂直参照面。选择 Plane (平面) 命令，选取 FRONT 基准平面作为草绘平面；选择 Okay (确定) ➡ Right (右) 命令，选取 RIHGT 基准平面作为参照平面。系统进入草绘环境。

（2）定义扫描轨迹的草绘参照。进入草绘环境后，采用系统给出的默认参照 RIGHT 和 TOP 基准平面。

（3）绘制和标注图 4.3.17 所示的轨迹线，然后单击草绘工具栏中的"完成"按钮☑。

创建扫描轨迹线时应注意下面几点，否则扫描可能失败：

● 必须要有旋转轴，且要用中心线绘制。

● 扫描轨迹线必须位于中心线的一侧。

● 扫描轨迹线必须是开放型的，不能是封闭的。

● 扫描轨迹线不能与中心线垂直。

Step5. 定义螺旋节距。在系统提示下输入节距值 8.0。

Step6. 创建螺旋扫描特征的截面。进入草绘环境后，绘制和标注图 4.3.18 所示的截面——圆，然后单击草绘工具栏中的"完成"按钮☑。

注意：系统自动选取草绘平面并进行定向。在三维场景中绘制截面比较直观。

图 4.3.17　螺旋扫描轨迹线　　　　图 4.3.18　截面图形

Step7. 预览所创建的螺旋扫描特征。单击"螺旋扫描特征信息"对话框中的 预览 按钮，预览所创建的螺旋扫描特征。

Step8. 完成螺旋扫描特征的创建。单击"特征信息"对话框中的 确定 按钮，至此完成螺旋扫描特征的创建。

4.3.3　扫描混合

1．扫描混合特征简述

将一组截面在其边处用过渡曲面沿某一条轨迹线"扫掠"形成一个连续特征，这就是扫描混合（Swept Blend）特征。它集合了扫描特征和混合特征的优点，提供了一种更好的特征创建方法。扫描混合特征需要一条扫描轨迹和至少两个截面。图 4.3.19 所示的扫描混合特征是由三个截面和一条轨迹线扫描混合而成的。

图 4.3.19　扫描混合特征

2．创建扫描混合特征的一般过程

下面说明图 4.3.20 中创建扫描混合特征的一般过程。

a）扫描前　　　　　　　b）扫描后

图 4.3.20　扫描混合特征

Step1. 设置工作目录和打开文件。将工作目录设置至 D:\proewf5.8\work\ch04.03，然后打开文件 sweepblend_nrmtoorigintraj.prt。

Step2. 选择下拉菜单 插入(I) ➡ 扫描混合(S)... 命令，系统弹出图 4.3.21 所示的"扫描混合"操控板。在操控板中按下"曲面"类型按钮 。

Step3. 定义扫描轨迹。选取图 4.3.22 所示的曲线，扫描方向如图 4.3.23 所示。

Step4. 定义混合类型。在"扫描混合"操控板中单击 参照 按钮，在"参照"界面的 剖面控制 下拉列表中选择 垂直于轨迹 。由于 垂直于轨迹 为默认的选项，此步可省略。

Step5. 创建扫描混合特征的第一个截面。

（1）在"扫描混合"操控板中单击 截面 按钮，在弹出的"截面"界面中采用系统默认的设置。

图 4.3.21　"扫描混合"操控板

图 4.3.22　选择曲线　　　　　　　　图 4.3.23　扫描方向

（2）定义第一个截面定向。先在 截面 界面中单击 截面 X 轴方向 文本框中的 缺省 字符，然后选取图 4.3.24 所示的边线，接受图 4.3.24 所示的箭头方向。

（3）定义截面的位置点。本步的目的是定义多个截面在轨迹线上的位置点，在 截面 界面中单击 截面位置 文本框中的 单击此处添加项目 字符，选取图 4.3.25 所示的轨迹线的开始端点作为截面在轨迹线上的位置点。

图 4.3.24　扫描方向　　　　　　图 4.3.25　选取轨迹线的开始端点

（4）在"截面"界面中，将"截面 1"的 旋转 角度值设置为 0.0。

（5）在"截面"界面中单击 草绘 按钮，此时系统进入草绘环境。

（6）进入草绘环境后，绘制和标注图 4.3.26 所示的截面，然后单击草绘工具栏中的"完成"按钮 ✓。

Step6. 创建扫描混合特征的第二个截面。

（1）在 截面 界面中单击 插入(I) 按钮。

（2）定义第二个截面定向。先在 截面 界面单击 截面 X 轴方向 文本框中的 缺省 字符，然后选取图 4.3.27 所示的边线，此时出现方向箭头。在 截面 界面中单击 按钮，将方向箭头调整到图 4.3.27 所示的方向。

图 4.3.26　混合特征的第一个截面图形   图 4.3.27　切换方向

（3）定义截面的位置点。本步骤的目的是定义多个截面在轨迹线上的位置点，先在"截面"界面单击 截面位置 文本框中的 单击此处添加项目 字符，然后在系统 选取点或顶点定位截面 的提示下，选取图 4.3.28 所示的轨迹线的结束端点作为截面在轨迹线上的位置点。

（4）在 截面 界面中，将"截面 2"的 旋转 角度值设置为 0.0。

（5）在 截面 界面中单击 草绘 按钮，此时系统进入草绘环境。

（6）绘制和标注图 4.3.29 所示的截面图形，然后单击草绘工具栏中的"完成"按钮 。

图 4.3.28　选取轨迹线的结束端点   图 4.3.29　第二个截面图形

Step7. 在"扫描混合"操控板的 选项 界面中选中 封闭端点 复选框。

Step8. 在"扫描混合"操控板中单击"完成"按钮 ，完成扫描混合特征的创建。

Step9. 编辑特征。

（1）在模型树中选择 扫描混合 1 ，右击，从弹出的快捷菜单中选择 编辑 命令。

（2）在图 4.3.30 a 所示的图形中双击 0Z，然后将该值改为-90.0，如图 4.3.30b 所示。

（3）选择下拉菜单 编辑(E) ➡ 再生 (G) 命令，对模型进行再生。

Step10. 验证原始轨迹是否与截面垂直。

（1）选择下拉菜单 分析(A) ➡ 测量 (M) ▶ ➡ 角度 (N) 命令。

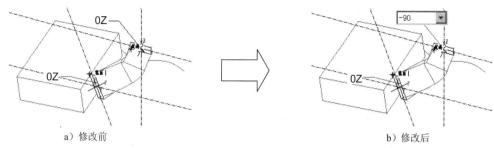

a）修改前　　　　　　　　　　　　　b）修改后

图 4.3.30　编辑特征

（2）在系统弹出的"角"对话框中打开 分析 选项卡。

（3）定义 起始 参照。单击 起始 文本框中的"选取项目"字符，在"智能选取"栏中选取 曲线 ，然后选取图 4.3.31 所示的曲线部分。

（4）定义至点参照。在"智能选取"栏中选取 曲面 ，然后选取图 4.3.31 所示的模型表面。

（5）此时在 分析 选项卡的结果区域中显示角度值为 90°，这个结果表示原始轨迹与截面垂直，验证成功。

图 4.3.31　操作过程

3．重定义扫描混合特征的轨迹和截面

下面举例说明如何重新定义扫描混合特征的轨迹和截面。

Step1．设置工作目录和打开文件。将工作目录设置至 D:\proewf5.8\work\ch04.03，然后打开文件 sweepblend_redefine.prt。

Step2．在模型树中选择 扫描混合 1 ，右击，从弹出的快捷菜单中选择 编辑定义 命令；系统弹出 "扫描混合"操控板。

Step3．重定义轨迹。

（1）在"扫描混合"操控板中单击 参照 按钮，在弹出的"参照"界面中单击 细节... 按钮，此时系统弹出"链"对话框。

（2）在"链"对话框中单击 选项 选项卡，在 排除 文本框中单击 单击此处添加项目 字符，在系统 选取一个或多个边或曲线以从链尾排除 的提示下，选取图 4.3.32 所示的曲线部分为要排除的链。

（3）在"链"对话框中单击 确定 按钮。

Step4. 重定义第二个截面。

（1）在"扫描混合"操控板中单击 截面 按钮，在 截面 界面单击 截面 列表中的 截面 2 。

（2）定义截面的位置点。选取图 4.3.33 所示的轨迹的过渡点作为截面在轨迹线上的位置点。

（3）"截面 2"的 旋转 角度值为 90.0。

选取此加粗的曲线部分为要排除的曲线

图 4.3.32　选取要排除的曲线

选取此过渡点

图 4.3.33　选取轨迹线的过渡点

（4）重新确定截面形状。在"截面"界面中单击 草绘 按钮，进入草绘环境后，将图 4.3.34a 所示的截面四边形改成图 4.3.34b 所示的梯形，单击草绘工具栏中的"完成"按钮 ✔ 。

Step5. 在"扫描混合"操控板中单击"预览"按钮 ✔ ∞ ，预览所创建的扫描混合特征。单击"完成"按钮 ✔ ，完成扫描混合特征的创建。

a）修改前　　　　　　　　　　　　b）修改后

图 4.3.34　截面草图

4. 扫描混合特征选项说明

➢ **截面控制**

三种混合选项的说明如下：

● 垂直于轨迹

截面平面在整个长度上保持与"原点轨迹"垂直，此选项为系统默认的设置。特征的每个横截面均与原始轨迹垂直，如图 4.3.35 a 所示。如果用 截面 界面中的 截面 X 轴方向 确定截面的方向，则截面的 X 向量（即截面坐标系的 X 轴方向）与选取的平面的法线方向、边线/轴线方向或者与选取的坐标系的某个坐标轴一致，如图 4.3.35 b 所示。

垂直于原始轨迹

a）扫描混合特征

该边线与 X 轴平行

放大图

b）X 轴与边线方向一致

图 4.3.35　垂直于轨迹

查看模型 D:\proewf5.8\work\ch04.03\sweepblend_normtotraj_ok.prt。

- 垂直于投影

沿投影方向看去，截面平面保持与"原点轨迹"垂直，Z 轴与指定方向上的"原点轨迹"的投影相切。此时需要首先选取一个方向参照，并且截面坐标系的 Y 轴方向与方向参照一致，如图 4.3.36b 所示。

查看模型 D:\proewf5.8\work\ch04.03\sweepblend_normtopro_ok.prt。

a）扫描混合特征　　　　　　　　b）Y 轴与边线方向一致

图 4.3.36　垂直于投影

- 恒定法向

Z 轴平行于指定方向向量，此时需要首先选取一个方向参照，如图 4.3.37 所示。

查看模型 D:\proewf5.8\work\ch04.03\sweepblend_consnormdire_ok.prt。

➢ **混合控制**

在 "扫描混合"操控板中单击 选项 按钮，系统弹出"选项"界面。通过在该界面中选中不同的单选按钮，可以控制特征截面的形状。

- 封闭端点 ：设置曲面的封闭端点。

- 无混合控制 ：将不设置任何混合控制。

- 设置周长控制 ：混合特征中的各截面的周长将沿轨迹线呈线性变化，通过修改某个已定义截面的周长便可以控制特征中各截面的形状。当选中 设置周长控制 单选按钮时，"选项"界面如图 4.3.38 所示。当选中 通过折弯中心创建曲线 复选框时，可将曲线放置在扫描混合的中心。

a）扫描混合特征　　　　　　　b）Z 轴平行于指定方向向量

图 4.3.37　恒定法向　　　　　　　　　　　图 4.3.38　"选项"界面

- 设置剖面面积控制 ：用户可以通过修改截面的面积来控制特征中各截面的形状。在下面的例子中，可以通过调整轨迹上基准点 PNT0 处的截面面积来调整特征的形状，如图 4.3.39 所示。

Step1. 设置工作目录和打开文件。将工作目录设置至 D:\proewf5.8\work\ch04.03，然后打开文件 sweepblend_area.prt。

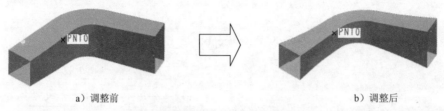

a）调整前   b）调整后

图 4.3.39   面积控制曲线

Step2. 在模型树中选择 ✎ **扫描混合 1**，右击，从弹出的快捷菜单中选择 **编辑定义** 命令。在"扫描混合"操控板中单击 选项 按钮，在"选项"界面中选中 ◉ **设置剖面面积控制** 单选项，如图 4.3.40 所示。

Step3. 定义控制点。

（1）在系统 ➪ **在原点轨迹上选择一个点或顶点以指定区域** 的提示下，选取图 4.3.41 所示的基准点 PNT0。

（2）在图 4.3.42 所示的"选项"界面中，将"PNT0:F6（基准点）"的"面积"值改为 300。

图 4.3.40   "选项"界面   图 4.3.41   选择基准点   图 4.3.42   "选项"界面

Step4. 在"扫描混合"操控板中单击"预览"按钮 ☑ ◷◷ ，预览所创建的扫描混合特征。单击"完成"按钮 ☑，完成扫描混合特征的创建。

➢ 相切

在"扫描混合"操控板中单击 相切 按钮，系统弹出图 4.3.43 所示的"相切"界面，用于控制扫描混合特征与其他特征的相切过渡，如图 4.3.44 所示。

Step1. 设置工作目录和打开文件。将工作目录设置至 D:\proewf5.8\work\ch04.03，然后打开文件 sweepblend_tangent.prt。

图 4.3.43　"相切"界面　　　　　　图 4.3.44　相切

Step2. 在模型树中选择 🔧**扫描混合**，右击，从系统弹出的快捷菜单中选择**编辑定义**命令。在"扫描混合"操控板中单击 **相切** 按钮，系统弹出"相切"界面。

Step3. 在弹出的"相切"界面中选择"终止截面"，将"终止截面"设置为"切线"，此时模型中如图 4.3.45 所示，边线被加亮显示。

Step4. 在模型上依次选取图 4.3.46 和图 4.3.47 所示的曲面。

Step5. 在"扫描混合"操控板中单击"预览"按钮 ✅👁️，预览所创建的扫描混合特征。单击"完成"按钮 ✅，完成扫描混合特征的创建。

图 4.3.45　边线被加亮显示　　图 4.3.46　选取一相切的面　　图 4.3.47　选取另一相切的面

说明：要注意特征截面必须要在与之相切的曲面上。例如，在本例打开的模型中，先在轨迹的端点处创建一个与轨迹垂直的基准平面 DTM1（图 4.3.48），然后用"相交"命令得到 DTM1 与混合特征的交线（图 4.3.48），用交线作为扫描混合特征的第一个截面（图 4.3.49），这样便保证了扫描混合特征第一个截面的图元在要相切的混合特征的表面上。

图 4.3.48　创建相交曲线

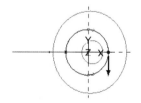

图 4.3.49　扫描混合特征的第一个截面

4.3.4　可变截面扫描

1. 特征简述

可变截面扫描（Var Sec Sweep）特征是将一个截面与多个扫描轨迹结合起来，并可以使截面随着扫描轨迹的变化而变化。如图 4.3.50 所示，可变截面扫描特征的创建一般要定义一条原始轨迹线、一条 X 轨迹线、多条一般轨迹线和一个截面。其中原始轨迹线是截面掠过的路线，即截面开始于原始轨迹线的起点，终止于原始轨迹线的终点；X 轨迹线决定截面上坐标系的 X 轴方向，X 轨迹线可以用于控制截面的方向；多条一般轨迹线用于控制截面的形状。另外，还需要定义一条法向轨迹线以控制特征每个截面的法向，法向轨迹线可以是原始轨迹线、X 轨迹线或某个一般轨迹线。

图 4.3.50   可变截面扫描特征

2．选项说明

选择下拉菜单 插入(I) ➡ 可变截面扫描(V)... 命令（或单击命令按钮 ），系统弹出图 4.3.51 所示的"可变截面扫描"操控板。

（1）截面方向控制。

在"可变截面扫描"操控板中单击 参照 按钮，在出现的操作界面中单击 剖面控制 下拉列表中的 按钮，有如下选项：

- 垂直于轨迹：可变截面扫描特征的每个截面垂直于某个轨迹。该轨迹可以是原始轨迹线、X 轨迹线或某个一般轨迹线。
- 垂直于投影：可变截面扫描特征的每个截面垂直于一个假想的曲线。该曲线是某个轨迹在指定平面上的投影曲线。
- 恒定法向：可变截面扫描特征的每个截面法线方向保持与指定的参照方向平行。

图 4.3.51   "可变截面扫描"操控板

（2）截面形状控制。

在操控板中单击 选项 按钮，出现如下选项：

- 可变截面 ：草绘截面在扫描过程中可变。
- 恒定剖面 ：草绘截面在扫描过程中不变。

3．用"垂直于轨迹"确定截面的法向

在图 4.3.52 中，特征的各个截面与曲线 2 垂直，操作过程如下：

a）特征　　　　　　　　　　　　　　　　b）轨迹曲线

图 4.3.52　截面垂直于轨迹

Step1. 设置工作目录和打开文件。将工作目录设置至 D:\proewf5.8\work\ch04.03，然后打开文件 varsecsweep_normtraj.prt。

Step2. 选择下拉菜单 插入(I) ➡ 可变截面扫描(V)... 命令。

Step3. 在操控板中按下"曲面"类型按钮 。

Step4. 选择轨迹曲线。第一个选择的轨迹必须是原始轨迹，先选择基准曲线 1，然后按住<Ctrl>键，选择基准曲线 2，此时模型如图 4.3.52b 所示。

Step5. 定义截面的控制。

（1）选择控制类型。在操控板中单击 参照 按钮，在 剖面控制 下拉列表中选择 垂直于轨迹 。由于 垂直于轨迹 为默认的选项，此步可省略。

（2）选择控制轨迹。在 参照 界面中选中"链 1"中的 N 栏，如图 4.3.53 所示。

Step6. 创建可变截面扫描特征的截面。在操控板中单击"草绘"按钮 ，进入草绘环境后，创建图 4.3.54 所示的可变截面扫描特征的截面，然后单击"草绘完成"按钮 。

Step7. 单击"完成"按钮 ，完成特征的创建。

图 4.3.53　"参照"界面

图 4.3.54　截面草图

4．用"垂直于投影"确定截面的法向

在图 4.3.55 中，特征的各个截面垂直于投影曲线 2 的投影，该特征的创建过程如下：

Step1. 设置工作目录和打开文件。将工作目录设置至 D:\proewf5.8\work\ch04.03，然后打开文件 varsecsweep_normproject.prt。

Step2. 选择下拉菜单 插入(I) ➡ ↘ 可变截面扫描(V)... 命令。

Step3. 在操控板中按下"曲面"类型按钮 □ 。

Step4. 选择轨迹曲线。第一个选择的轨迹必须是原始轨迹，在图 4.3.55 中，先选择基准曲线 1，然后按住<Ctrl>键，选择基准曲线 2。

Step5. 定义截面的控制。

（1）选择控制类型。在操控板中单击 参照 按钮，在 剖面控制 下拉列表中选择 垂直于投影 。

（2）选择方向参照。在图 4.3.55 所示的模型中选取基准平面 DTM1。

Step6. 创建可变截面扫描特征的截面。在操控板中单击"草绘"按钮 ☑ ，进入草绘环境后，创建图 4.3.56 所示的可变截面扫描特征的截面，然后单击"完成"按钮 ✔ 。

Step7. 单击操控板中的按钮 ✔ ，完成特征的创建。

图 4.3.55　垂直于投影　　　　　　　　　　　图 4.3.56　截面草图

5．用"恒定法向"确定截面的法向

在图 4.3.57 中，特征的截面的法向是恒定的。该特征的创建过程如下：

Step1. 设置工作目录和打开文件。将工作目录设置至 D:\proewf5.8\work\ch04.03，然后打开文件 varsecsweep_const.prt。

Step2. 选择下拉菜单 插入(I) ➡ ↘ 可变截面扫描(V)... 命令。

Step3. 在操控板中按下"曲面"类型按钮 □ 。

Step4. 选择轨迹曲线。第一个选择的轨迹必须是原始轨迹，在图 4.3.57 中，先选择基准曲线 1，然后按住<Ctrl>键，选择基准曲线 2。

Step5. 定义截面的控制。

（1）选择控制类型。在操控板中单击 参照 按钮，在 剖面控制 下拉列表中选择 恒定法向 。

（2）选择方向参照。在图 4.3.57 所示的模型中选择 DTM2 基准平面。

Step6. 创建可变截面扫描特征的截面。在操控板中单击"草绘"按钮 ☑ ，进入草绘环

境后，创建图 4.3.58 所示的可变截面扫描特征的截面，然后单击"完成"按钮。

Step7. 改变特征长度。单击曲线 2，使其两端显示 T＝0.0，将其左端的 T 值改为 50.0，如图 4.3.59 所示。

Step8. 单击操控板中的按钮，完成特征的创建。

图 4.3.57　恒定的法向

图 4.3.58　截面草图

图 4.3.59　改变特征长度

6. 使用 X 轨迹线

在图 4.3.60 中，特征截面坐标系的 X 轴方向由曲线 2 控制。该特征的创建过程如下：

Step1. 设置工作目录和打开文件。将工作目录设置至 D:\proewf5.8\work\ch04.03，然后打开文件 varsecsweep_xvector.prt。

Step2. 选择下拉菜单 插入(I) ➡️ 🔧 可变截面扫描(V)...命令。

Step3. 在操控板中按下"曲面"类型按钮 ▢。

Step4. 选择轨迹曲线。第一个选择的轨迹必须是原始轨迹，在图 4.3.60 中，先选择基准曲线 1，然后按住<Ctrl>键，选择基准曲线 2。

Step5. 定义截面的控制。在操控板中单击 参照 按钮，选中"链 1"中的 X 栏。

Step6. 创建可变截面扫描特征的截面。在操控板中单击"草绘"按钮 🖉，进入草绘环境后，创建图 4.3.61 所示的可变截面扫描特征的截面，然后单击"完成"按钮。

Step7. 单击操控板中的按钮，完成特征的创建。从完成后的模型中可以看到前后两个截面成 90°，如图 4.3.62 所示。

图 4.3.60　使用 X 轨迹线

图 4.3.61　截面草图

图 4.3.62　完成后的模型结果

7．使用轨迹线控制特征的形状

在图 4.3.63 中，特征的形状由曲线 2 和曲线 3 控制，该特征的创建过程如下：

Step1. 设置工作目录和打开文件。将工作目录设置至 D:\proewf5.8\work\ch04.03，打开文件 varsecsweep_traj.prt。

Step2. 选择下拉菜单 插入(I) ➡️ 🔧 可变截面扫描(V)... 命令。

Step3. 在操控板中按下"曲面"类型按钮 🔲。

Step4. 选择轨迹曲线。第一个选择的轨迹必须是原始轨迹，在图 4.3.63 中，先选择基准曲线 1，然后按住<Ctrl>键，选择基准曲线 2 和曲线 3。

Step5. 创建可变截面扫描特征的截面。在操控板中单击"草绘"按钮 ✏️，进入草绘环境后，创建图 4.3.64 所示的截面草图。

注意：点 P0、P1 是曲线 2 和曲线 3 的端点。为了使曲线 2 和曲线 3 能够控制可变扫描特征的形状，截面草图必须与点 P0、P1 对齐。绘制完成后，单击"完成"按钮 ✔️。

Step6. 单击操控板中的 ✔️ 按钮，完成特征的创建。

图 4.3.63　用轨迹线控制特征的形状　　　　图 4.3.64　截面草图

8．可变剖面扫描特征应用范例 1——异形壶的设计

图 4.3.65 所示的模型是用可变剖面扫描特征创建的异形壶，这是一个关于可变剖面扫描特征的综合练习。下面介绍其操作过程：

Step1. 将工作目录设置至 D:\proewf5.8\work\ch04.03，打开文件 tank.prt。打开的文件中，基准曲线 0、基准曲线 1、基准曲线 2、基准曲线 3 和基准曲线 4 是一般的平面草绘曲线，基准曲线 5 是用方程创建的螺旋基准曲线。

Step2. 创建可变剖面扫描特征。

（1）选择下拉菜单 插入(I) ➡️ 🔧 可变截面扫描(V)... 命令。

（2）在操控板中按下"曲面"类型按钮 🔲。

（3）选择轨迹曲线。第一个选择的轨迹必须是原始轨迹，在图 4.3.66 中，先选择基准曲线 0，然后按住<Ctrl>键，选择基准曲线 1、基准曲线 2、基准曲线 3、基准曲线 4 和基准曲线 5。

（4）定义 X 轨迹。在操控板中单击 参照 按钮，选中"链 5"中的 X 栏。

（5）创建可变截面扫描特征的截面。在操控板中单击"草绘"按钮 ✏️，进入草绘环境

后，创建图 4.3.67 所示的截面草图。完成后，单击"完成"按钮☑。

图 4.3.65　可变剖面扫描特征练习　　　图 4.3.66　选择曲线　　　　图 4.3.67　截面草图

注意：

● P1、P2、P3 和 P4 是曲线 1、曲线 2、曲线 3 和曲线 4 的端点，为了使这四条曲线能够控制可变扫描特征的形状，截面草图必须与点 P1、P2、P3 和 P4 对齐。

● 曲线 5 是一个具有 15° 旋转角的螺旋曲线。

（6）在操控板中单击 ☑ ∞ 按钮，预览所创建的特征，单击"完成"按钮☑。

Step3. 对模型边线倒圆角。

（1）选择下拉菜单 插入(I) ➡ ◉ 倒圆角 (D)... 命令。

（2）选取图 4.3.68 所示的四条边线，圆角半径值为 15.0。

Step4. 创建图 4.3.69 所示的填充曲面。

图 4.3.68　侧面圆角　　　　　　　　　图 4.3.69　创建填充曲面

（1）选择 编辑(E) ➡ ▨ 填充(L)... 命令，屏幕下方弹出"填充"的操控板。

（2）在操控板中单击 参照 按钮，在弹出的界面中单击 定义... 按钮；设置草绘平面为 TOP 基准平面，草绘平面的参照为 RIGHT 基准平面，方向为 左；利用"使用边"命令，绘制图 4.3.70 所示的截面草图。

Step5. 将可变截面扫描特征与填充曲面进行合并，合并后的曲面编号为面组 12。

（1）先按住<Ctrl>键，选取图 4.3.71 所示的可变截面扫描特征与填充曲面，再选择下拉菜单 编辑(E) ➡ ◉ 合并(G)... 命令。

（2）箭头方向如图 4.3.72 所示；单击 ☑ ∞ 按钮，预览合并后的面组，确认无误后，单击"完成"按钮☑。合并后的结果如图 4.3.73 所示。

图 4.3.70　截面草图

可变截面扫描特征

填充曲面

图 4.3.71　创建面组 12

图 4.3.72　箭头方向

图 4.3.73　合并后

Step6. 对图 4.3.74 所示的模型底部倒圆角，圆角半径值为 6.0。

Step7. 将曲面加厚，如图 4.3.75 所示。

（1）选取要将其变成实体的面组 12。

（2）选择下拉菜单 编辑(E) ➡ █ 加厚(K)... 命令，系统弹出"加厚"操控板。

（3）选取加材料一侧；输入薄板实体的厚度值 8.0；单击"完成"按钮 ✓，完成加厚操作。

a）倒圆角前

b）倒圆角后

图 4.3.74　底部圆角

图 4.3.75　曲面加厚

4.4　圆锥曲面和 N 侧曲面片

4.4.1　创建圆锥曲面

圆锥曲面的截面为圆锥线，其创建过程是先用两条曲线为边界形成曲面，然后再用另外一条曲线来控制并调整曲面的隆起形状。下面以图 4.4.1 所示的模型为例，说明创建圆锥曲面的一般过程。

边界曲线 2

控制曲线

边界曲线 1

a）创建前

b）创建后

图 4.4.1　创建"圆锥曲面"

Step1. 将工作目录设置至 D:\proewf5.8\work\ch04.04，打开文件 conic_sho_suf.prt。

Step2. 选择下拉菜单 插入(I) ➡ 高级(V)▶ ➡ 圆锥曲面和N侧曲面片 命令。

Step3. 在图 4.4.2 所示的 ▼ BNDRS OPTS (边界选项) 菜单中，选择 Conic Surf (圆锥曲面) ➡ Shouldr Crv (肩曲线) ➡ Done (完成) 命令，系统弹出图 4.4.3 所示的"曲面：圆锥，肩曲线"对话框。

图 4.4.2 所示的 ▼ BNDRS OPTS (边界选项) 菜单中各命令的说明如下：

- Conic Surf (圆锥曲面)：创建圆锥曲面。
- Approx Blend (逼近混合)：创建逼近混合曲面。
- N-Sided Surf (N侧曲面)：由 N 条曲线围成的曲面，且这 N 条曲线必须围成封闭的多边形。
- Shouldr Crv (肩曲线)：曲面过控制曲线，控制曲线定义曲面的每个截面圆锥肩的位置，如图 4.4.4a 所示。
- Tangent Crv (相切曲线)：曲面不过控制曲线，控制曲线定义过圆锥截面渐近线交点的直线，如图 4.4.4b 所示。

图 4.4.2　"边界选项"菜单

图 4.4.3　"曲面：圆锥，肩曲线"对话框

a）定义为"肩曲线"时的结果

b）定义为"相切曲线"时的结果

图 4.4.4　肩曲线和相切曲线的比较

Step4. 在图 4.4.5 所示的菜单管理器中选择 Boundaries (边界) ➡ Add Item (添加项目) ➡ Curve (曲线) 命令，选取图 4.4.6 所示的基准曲线 1 和基准曲线 2。

Step5. 在图 4.4.5 所示的菜单管理器中选择 Shouldr Crv (肩曲线) ➡ Add Item (添加项目) ➡ Curve (曲线) 命令，选取图 4.4.6 所示的基准曲线 3。

Step6. 在菜单管理器中选择 Done Curves (确认曲线) 命令。

Step7. 在系统 ▶ 输入圆锥曲线参数，从0.05 (椭圆)，到.95 (双曲线) ☑✕ 的提示下，接受系统默认的值 0.5，并按<Enter>键。

说明：圆锥参数有三种类型：

类型 1：当圆锥的形状为椭圆时，圆锥参数值大于 0 并且小于 0.5。

类型 2：当圆锥的形状为抛物线时，圆锥参数值等于 0.5。

类型 3：当圆锥的形状为双曲线时，圆锥参数值大于 0.5 并且小于 0.95 。

Step8. 预览所创建的特征。单击"曲面：圆锥，肩曲线"对话框中的 预览 按钮，预览所创建的特征。

Step9. 完成特征的创建。单击"曲面：圆锥，肩曲线"对话框中的 确定 按钮，至此完成圆锥曲面特征的创建。

4.4.2　创建 N 侧曲面片

N 侧曲面片的创建过程是用五条以上的曲线为边界来围成一个曲面，在创建曲面时，边界曲线的选择可以不分先后顺序，但是所选取的边界曲线必须连接成为一个封闭区域。下面以图 4.4.7 所示的模型为例，说明创建 N 侧曲面片的一般过程。

图 4.4.6　选取基准曲线

图 4.4.5　菜单管理器　　　a）创建前　　图 4.4.7　创建"N 侧曲面片"　b）创建后

Step1. 将工作目录设置至 D:\proewf5.8\work\ch04.04，打开文件 nsided_suf.prt。

Step2. 选择下拉菜单 插入(I) ➔ 高级(V)▶ ➔ 圆锥曲面和N侧曲面片 命令。

Step3. 在 ▼ BNDRS OPTS (边界选项) 菜单中选择 N-Sided Surf.(N侧曲面) ➔ Done (完成) 命令，系统弹出图 4.4.8 所示的"曲面：N 侧"对话框。

Step4. 在图 4.4.9 所示的 ▼ CHAIN (链) 菜单中选择 One By One (依次) ➔ Select (选取) 命令。

Step5. 在系统 ⇨从边界环选取边或曲线 的提示下，按住<Ctrl>键，选取图 4.4.10 所示的八条边界曲线；在图 4.4.11 所示的"选取"对话框中单击 确定 按钮；在 ▼ CHAIN (链) 菜单中选择 Done (完成) 命令。

Step6. 预览所创建的特征。单击"曲面：N 侧"对话框中的 预览 按钮，预览所创建的特征。

Step7. 完成特征的创建。单击"曲面：N 侧"对话框中的 确定 按钮，至此完成 N 侧曲面片特征的创建。

选取这八条曲线为边界

图 4.4.10　选取边界曲线

图 4.4.8　"曲面：N 侧"对话框

图 4.4.9　"链"菜单

图 4.4.11　"选取"对话框

图 4.4.8 所示的"曲面：N 侧"对话框中各元素的说明如下：

- Curves (曲线)：此元素用于定义 N 侧曲面的边界曲线。

- Bndry Conds (边界条)：用于设置 N 侧曲面与其他邻接面的边界条件。当双击此元素时，系统弹出图 4.4.12 所示的"边界"菜单。在"边界"菜单中选择一个即将定义的曲线，系统弹出图 4.4.13 所示的"信息"对话框和图 4.4.14 所示的"边界条件"菜单。

图 4.4.12　"边界"菜单

图 4.4.13　"信息"对话框

图 4.4.14　"边界条件"菜单

图 4.4.14 所示的"边界条件"菜单中各命令的说明如下：

- Free (自由)：沿着边界混合没有相切条件。

- Tangent (相切)：混合将与所选的参照相切。

- Normal (法向)：混合将与所选的参照垂直。

4.5 将截面混合到曲面

将截面混合到曲面是指在截面与指定表面之间创建曲面，这个曲面的一端与指定的表面相切，另一端为所绘的截面。下面以图 4.5.1 所示的模型为例，说明创建将截面混合到曲面的一般过程。

a）创建前　　　　　　　　　　　　　b）创建后

图 4.5.1　将截面混合到曲面

Step1. 将工作目录设置至 D:\proewf5.8\work\ch04.05，打开文件 blend_sec_to_ suf.prt。

Step2. 选择下拉菜单 插入(I) ➡ 高级(V)▶ ➡ 将截面混合到曲面 ▶ ➡ 曲面(S)... 命令，系统弹出图 4.5.2 所示的"曲面：截面到曲面混合"对话框。

Step3. 在系统 ➪为切边界选择曲面 的提示下，选取图 4.5.3 所示的曲面，在该对话框中单击 确定 按钮。

Step4. 选择 Plane (平面) 命令，选取 DTM2 基准平面作为草绘面；选择 Okay (确定) ➡ Left (左) 命令，选取 FRONT 基准平面作为参照面；系统进入草绘环境。进入草绘环境后，绘制图 4.5.4 所示的截面草图，然后单击草绘工具栏中的"完成"按钮 ✓。

图 4.5.2　"曲面：截面到曲面混合"对话框　　　图 4.5.3　选取曲面　　　图 4.5.4　截面草图

Step5. 预览所创建的特征。单击"曲面：截面到曲面混合"对话框中的 预览 按钮，预览所创建的特征。

Step6. 完成特征的创建。单击"曲面：截面到曲面混合"对话框中的 确定 按钮，至此完成截面到曲面混合特征的创建。

4.6　两曲面之间的混合

两曲面之间混合就是在两个曲面之间创建一个新的曲面，并且两个曲面都与新创建的曲面相切。下面以图 4.6.1 所示的模型为例，说明创建曲面到曲面混合的一般过程。

a）创建前　　　　　　　　　　　　　　b）创建后

图 4.6.1　两曲面之间的混合

Step1. 将工作目录设置至 D:\proewf5.8\work\ch04.06，打开文件 blend_2_ suf.prt。

Step2. 选择下拉菜单 插入(I) ➡ 高级(V)▶ ➡ 在曲面间混合▶ ➡ 曲面(S)... 命令，系统弹出图 4.6.2 所示的"曲面：曲面到曲面混合"对话框。

Step3. 分别选取图 4.6.3 所示的两个曲面。

选取这两个曲面

图 4.6.2　"曲面：曲面到曲面混合"对话框　　　　图 4.6.3　选取两个曲面

Step4. 预览所创建的特征。单击"曲面：曲面到曲面混合"对话框中的 预览 按钮，预览所创建的特征。

Step5. 完成特征的创建。单击"曲面：曲面到曲面混合"对话框中的 确定 按钮，至此完成曲面到曲面混合特征的创建。

4.7　将切面混合到曲面

"将切面混合到曲面"（Blend Tangent to Surfaces）这一功能允许用户以现有的边线或曲线为参照创建与某个曲面相切的拔模曲面（混合的曲面）。下面以图 4.7.1 所示的模型为例，说明创建将切面混合到曲面的一般过程。

Step1. 将工作目录设置至 D:\proewf5.8\work\ch04.07，打开文件 ble_tan_to _sur.prt。

Step2. 选择下拉菜单 插入(I) ➡ 高级(V)▶ ➡ 将切面混合到曲面(T)... 命令。

Step3. 在图 4.7.2 所示的"曲面：相切曲面"对话框中先按下 按钮，将 方向 设置

为 ⊙ 单侧，再选取 FRONT 基准平面，选择 **Okay（确定）** 命令，接受图 4.7.3 所示的方向。

a）创建前　　　　　　　　　　　b）创建后

图 4.7.1　将切面混合到曲面

图 4.7.3　选择基准平面　　　　　　图 4.7.2　"曲面：相切曲面"对话框

Step4. 在图 4.7.4 所示的 **参照** 选项卡中，单击 **拔模线选取** 下面的 ▶ 按钮，按住<Ctrl>键，选取图 4.7.5 所示的两条外边线，在图 4.7.6 所示的 **▼ CHAIN（链）** 菜单中选择 **Done（完成）** 命令，然后将 **角度** 一值设置为 15.0。

Step5. 在"曲面：相切曲面"对话框中单击"完成"按钮 ✓，完成特征的创建。

选取这两条外边线

图 4.7.4　"参照"选项卡　　　　图 4.7.5　选取这两条外边线　　　　图 4.7.6　"链"菜单

4.8　曲面自由形状

曲面自由形状（Surface Free Form）命令是通过网格对曲面表面进行变形的一种工具，下面以一个例子说明其一般操作过程。

Step1. 将工作目录设置至 D:\proewf5.8\work\ch04.08，打开文件 surface _free.prt。

Step2. 选择下拉菜单 插入(I) ➡ 高级(V)▶ ➡ 曲面自由形状(M)... 命令。

Step3. 此时系统弹出图 4.8.1 所示的"曲面：自由形状"对话框，并提示 ⇨为自由印贴特征选取基础曲面，选择图 4.8.2 所示的曲面为要变形的曲面。

Step4. 在系统 ⇨输入在指定方向的控制曲线号 的提示下，分别输入所选曲面上第一、第二方向的网格线数量 7 和 6。

Step5. 定义变形区域。

（1）系统弹出图 4.8.3 所示的"修改曲面"对话框，在 ▼ 区域 栏的 第一方向 中选中 ☑ 区域 复选框，此时系统提示 ⇨在绿色箭头所指的方向上选取两条控制曲线；按住<Ctrl>键，在变形曲面上选取第一方向的两条控制曲线，如图 4.8.4 所示。

（2）在 第二方向 中选中 ☑ 区域 复选框，并在 ⇨在暗红色箭头所指的方向上选取两条控制曲线 的提示下，按住<Ctrl>键，在曲面上选取第二方向的两条控制曲线，如图 4.8.5 所示。

图 4.8.1　"曲面：自由形状"对话框

选择此曲面

图 4.8.2　选择变形曲面

Step6. 系统提示 ⇨选取要移动的点，在曲面上拖移控制点，如图 4.8.6 所示。完成以上操作后，在"修改曲面"对话框中单击 ☑ 按钮。

Step7. 单击"信息"对话框中的 预览 按钮，再单击"重画"按钮 🔄，预览所创建的"实体自由形状"特征。

Step8. 单击"信息"对话框中的 确定 按钮，完成特征的创建，结果如图 4.8.7 所示。

此区域用于定义点移动的方向。

在此区域中，可定义两个方向的四条网格线确定变形的区域。

图 4.8.3 "修改曲面"对话框

图 4.8.4 选取两条控制曲线

选取这两条控制曲线

图 4.8.5 选取两条控制曲线

拖移此控制点

图 4.8.6 拖移控制点

图 4.8.7 特征创建结果

4.9 曲面的环形折弯

环形折弯（Toroidal Bend）命令是一种改变模型形状的操作，它可以对实体特征、曲面、基准曲线进行环状的折弯变形。下面以图 4.9.1 所示的汽车轮胎模型为例，说明创建"环形折弯"的一般过程。

a）创建前

b）创建后

图 4.9.1 创建环形折弯特征

Step1. 将工作目录设置至 D:\proewf5.8\work\ch04.09，打开文件 toroidal_bend.prt。

Step2. 选择下拉菜单 插入(I) ➡ 高级(V)▶ ➡ 环形折弯(T)... 命令，系统弹出图 4.9.2 所示的"环形折弯"操控板。

图 4.9.2 "环形折弯"操控板

Step3. 在"环形折弯"操控板中单击 参照 按钮，在弹出的下拉菜单 轮廓截面 区域中单击 "定义内部草图"按钮 定...。

Step4. 选取图 4.9.3 所示的端面为草绘平面，接受默认的草绘参照，单击 反向 按钮，然后在 方向 下拉列表选择 右，方向如图 4.9.3 所示，然后单击 草绘 按钮。

图 4.9.3 选取草绘平面

Step5. 进入草绘环境后，选取图 4.9.4 所示的边线为参照，然后绘制图 4.9.4 所示的截面草图。

Step6. 创建图 4.9.4 所示的草绘坐标系（几何坐标系），单击 ✓ 按钮，退出草绘环境。

图 4.9.4 截面草图　　　　图 4.9.5 选取端面

Step7. 在"环形折弯"操控板的"折弯类型"下拉列表中选择 360 度折弯，然后分别选取图 4.9.5 所示的两个端面。

Step8. 在操控板中单击 参照 按钮，然后在弹出的菜单的 面组 区域中激活 单击此处添加项目，选取图形区中的面组，单击 ✓ 按钮。

4.10　展平面组

展平面组就是将某个曲面投影到平面上从而得到一个新的平整面。在系统默认情况下，系统在与原始面组相切于原点的平面上放置展平面组，系统相对于所选定的固定原点展开此面组。下面以图 4.10.1 所示的模型为例，说明创建展开面组的一般过程：

Step1. 将工作目录设置至 D:\proewf5.8\work\ch04.10，打开文件 flatten_quilt.prt。

Step2. 选择下拉菜单 插入(I) ➡ 高级(V) ➡ 展平面组(Q)... 命令。

Step3. 系统弹出图 4.10.2 所示的"展平面组"对话框，单击图 4.10.3 所示的曲面作为"源面组"，单击图 4.10.3 所示的基准点 PNT0 作为"原点"，其余的参数采用系统默认的设置。

a）创建前　　　　b）创建后

图 4.10.1　创建展平曲组特征

图 4.10.2　"扁平面组"对话框

图 4.10.3　选取"源面组"和"原点"

Step4. 在"展平面组"对话框中，单击"完成"按钮 ✓，完成特征的创建。

图 4.10.2 所示的"展平面组"对话框中各选项的功能说明如下：

- 源面组：选取要展平的源面组。
- 原点：选取面组上的一个要作为原点的基准点。
- 参数化方法：设置面组参数化。
    - ☑ ⊙自动：由系统定义参数化方式。

☑　○ 手动：手动指定要用于参数化的参照曲面。在操作之前，模型中必须存在参照曲面。

☑　○ 有辅助：在面组的边界上，选取四个基准点或顶点，系统用这四个点来创建参照曲面。

● 放置：可按需要放置该展平面组，以使它位于所选坐标系的 XY 平面上，并可按需要定向该面组。

● 步数 1 和 步数 2：设置曲面参数化的栅格密度。

4.11　"带"曲面

"带"曲面在 Pro / ENGINEER 中作为一个参照基准，它相切于与基础曲线相交的参照曲线，表示一个相切区域的创建是沿基础曲线而进行的。下面以图 4.11.1 所示的模型为例，说明创建"带"曲面的一般过程。

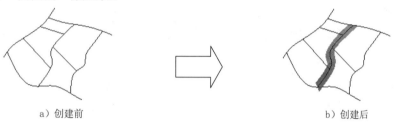

a) 创建前　　　　　　　　　　　　　　　　b) 创建后

图 4.11.1　"带"曲面的创建

Step1. 将工作目录设置至 D:\proewf5.8\work\ch04.11，打开文件 ribbon_surf.prt。

Step2. 选择下拉菜单 插入(I) ➡ 模型基准(D)▶ ➡ 带(B)...命令，系统弹出图 4.11.2 所示的"基准：带"对话框。

Step3. 在图 4.11.3 所示的菜单管理器中，选择 Add Curve (增加曲线) ➡ Curve (曲线)命令。

图 4.11.2　"基准：带"对话框

图 4.11.3　菜单管理器

Step4. 在系统 ● 选取带基础曲线. 的提示下，选取图 4.11.4 所示的曲线 1 作为带基础曲线。在 ▼ RIBBON ITEM (带项目) 菜单中选择 Done Curves (确认曲线)命令。

Step5. 在系统 ● 选取第一条带参照曲线 ● 的提示下，选取图 4.11.5 所示的曲线 2 和曲线 3 作为带参照曲线；在 ▼ RIBBON ITEM（带项目）菜单中选择 Done Curves（确认曲线）命令。

图 4.11.4　选取带基础曲线

图 4.11.5　选取带参照曲线

Step6. 预览所创建的特征。单击"基准：带"对话框中的 预览 按钮，预览所创建的特征。

Step7. 完成特征的创建。单击"基准：带"对话框中的 确定 按钮，至此完成"带"曲面的创建。

说明：

● 可以对图 4.11.6 所示的"带宽"进行修改。在图 4.11.7 所示的"基准：带"对话框中双击 Width（宽胰）元素，在系统 ⇨ 输入带宽[6.8124]： 的提示下输入"带宽"值，并按<Enter>键。

● 可以为"带"曲面预定义一个层。在不需要用"带"曲面的时候，可以把它隐藏起来。尽管利用"层"树中的曲面默认层可以把它隐藏起来，但是也可以为"带"曲面建立一个专属的层。通过设置配置文件 config.pro 中的 def_layer（LAYER_RIBBON_FEAT）配置选项为"带"曲面层指定名称。每次创建带曲面时，系统会自动将"带"曲面添加到该层中。下面简要说明一下其操作过程：

（1）选择下拉菜单 工具(T) ➡ 选项(O) 命令，系统弹出"选项"对话框。

（2）设置配置文件 config.pro 中的相关选项的值。先将 def_layer 的值设置为 layer_ribbon_feat ribbon_surface，然后单击"选项"对话框右边的 添加/更改 按钮。

（3）把设置加到工作环境中并存盘。单击 应用 按钮，再单击"存盘"按钮；保存的文件名为 config.pro；单击 Ok ➡ 确定 按钮。

（4）退出 Pro/ENGINEER，再次启动 Pro/ENGINEER。这样的设置对以后创建的零件都有效。

a）创建前　　　b）创建后

图 4.11.6　修改"带宽"

图 4.11.7　"基准：带"对话框

4.12　曲面的扭曲

4.12.1　进入扭曲（Warp）操控板

使用特征的扭曲（Warp）命令可以对实体、曲面、曲线的结构与外形进行变换。为了便于学习扭曲命令的各项功能，下面先打开一个图 4.12.1 所示的模型，然后启动"扭曲"命令，进入其操控板。具体操作如下：

Step1. 设置工作目录和打开文件。将工作目录设置至 D:\proewf5.8\work\ch04.12，打开文件 instance.prt。

Step2. 选择下拉菜单 插入(I) ➡ 扭曲(W)... 命令。

Step3. 此时屏幕上出现"扭曲"操控板（此时操控板中的各按钮以灰色显示，表示其未被激活）。在系统 ➡选取要扭曲的实体、面组、面或曲线 的提示下，选取图 4.12.1 中的曲面 1。

Step4. 单击操控板中的 参照 按钮，在"参照"界面的 方向 区域下单击"单击此处添加项目"字符，选取图 4.12.1 所示的坐标系（建议读者在模型树中选取 ✖ PRT_CSYS_DEF ）。

Step5. 完成以上操作后，"扭曲"操控板中的各按钮加亮显示（图 4.12.2），然后就可以选择所需工具按钮进行模型的各种扭曲操作了。

图 4.12.1　模型　　　　　　　　　　图 4.12.2　"扭曲"操控板

图 4.12.2 所示的"扭曲"操控板中的各按钮说明如下：

A: 启动变换工具　　　B: 启动扭曲工具　　　C: 启动骨架工具　　　D: 启动拉伸工具

E: 启动折弯工具　　　F: 启动扭转工具　　　G: 启动雕刻工具

● 参照：单击该按钮，在打开的面板中可以设定要进行扭曲操作的对象及其操作参考。

☑　☑ 隐藏原件：在扭曲操作过程中，隐藏原始几何体。

☑　□ 复制原件：在扭曲操作过程中，仍保留原始几何体。

☑　□ 多面预览：启用多面预览。

- 列表：单击该按钮，在打开的面板中将列出所有的扭曲操作过程，选择其中的一项，图形窗口中的模型将显示在该操作状态时的形态。

- 选项：单击该按钮，在打开的面板中可以进行一些扭曲操作的设置。选择不同的扭曲工具，面板中显示的内容各不相同。

4.12.2　变换工具

使用变换工具，可对几何体进行平移、旋转或缩放。下面以打开的文件模型 instance.prt 为例，说明其操作过程。

Step1. 在操控板中按下"变换"按钮，操控板进入图 4.12.3 所示的"变换"操作界面，同时图形区中的模型周围出现图 4.12.4 所示的控制杆和背景对罩框。

Step2. "变换"操作。利用控制杆和背景对罩框可进行旋转和缩放操作（操作中可用多级撤销功能），下面分别介绍。

- "旋转"操作：拖动控制杆的某个端点（图 4.12.5），可对模型进行旋转。

- "缩放"操作分以下几种情况：

　　☑　三维缩放操作：用鼠标拖动背景对罩框的某个拐角，如图 4.12.6 a 所示，可以对模型进行三维缩放。

图 4.12.3　"变换"操作界面

图 4.12.4　进入"变换"环境

图 4.12.5　"旋转"操作

说明：用鼠标拖动某点的操作方法是，将光标移至某点处，按下左键不放，同时移动鼠标，将该点移至所需位置后再松开左键。

　　☑　二维缩放：用鼠标拖动边线上的边控制滑块，可以对模型进行二维缩放。
　　☑　一维缩放：将鼠标指针移至边线上的边控制滑块时，立即显示图 4.12.6b 所示的操作手柄，若只拖动图 4.12.6 b 中的操作手柄的某个箭头，则相对于该边的对边进行一维缩放。

注意：若在进行缩放操作的同时按住<Alt > +<Shift>键（或在操控板的 缩放 下拉列表中选择 中心 ），则将相对于中心进行缩放。

Step3. 在操控板中单击"完成"按钮 ☑ 。

a）三维缩放　　　　　　　　　　　　　　　　　b）一维和二维缩放

图 4.12.6　"缩放"操作

4.12.3　扭曲工具

使用扭曲（warp）工具可改变所选对象的形状，如使对象的顶部或底部变尖、偏移对象的重心等。下面以打开的文件模型 instance.prt 为例，说明其操作过程。

Step1. 在操控板中按下"扭曲"按钮 ，操控板进入图 4.12.7 所示的"扭曲"操作界面，同时图形区中的背景对罩框上出现图 4.12.8 所示的控制滑块。

图 4.12.7　"扭曲"操作界面

Step2. "扭曲"操作。利用背景对罩框可进行不同的扭曲，下面分别介绍：

● 沿边拖动控制滑块的边箭头（图 4.12.9），可以调整模型的形状。

图 4.12.8　进入"扭曲"环境

图 4.12.9　拖动控制滑块的边箭头

● 将鼠标指针移至背景对罩框的某个拐角，系统即在该拐角处显示操作手柄（图 4.12.10），在平面中或沿边拖动箭头可调整模型的形状。

图 4.12.10 在背景对罩框的拐角处操作

● 将鼠标指针移至边线上的边控制滑块时，立即显示图 4.12.11 所示的操作手柄，在平面中或沿边拖动箭头可调整模型的形状。

注意:

若在拖动的同时按住<Alt>键（或在操控板的 **扭曲** 下拉列表中选择 **自由** ），可以进行自由拖动；若按住<Alt>+<Shift>键（或在操控板的 **扭曲** 下拉列表中选择 **中心** ），则可以相对于中心进行拖动。

图 4.12.11 在背景对罩框的边上操作

Step3. 在操控板中单击"完成"按钮 ✓。

4.12.4 骨架工具

骨架（Spline）操作是通过选取模型上的某边线而对模型进行变形操作。下面以打开的文件模型 instance.prt 为例，说明其操作过程。

Step1. 在操控板中按下"骨架"按钮 ，操控板进入图 4.12.12 所示的"骨架"操作界面。

图 4.12.12 "骨架"操作界面

图 4.12.12 所示的"骨架"操作界面中的各按钮说明如下：

A：相对于矩形罩框扭曲。

B：从中心快速扭曲。

C：沿轴快速扭曲。

Step2. 定义参照。

（1）在"骨架操作"界面中按下 ⬚ 按钮，然后在系统 ⬢选取一条曲线以定义变形 的提示下，单击操控板中的 参照 按钮，在弹出的"参照"界面中单击 ⬚ 细节 ⬚ 按钮，此时系统弹出"链"对话框。

（2）选取图 4.12.13 a 所示的模型边线，并单击"链"对话框中的 确定 按钮。

Step3. 完成上步操作后，图形区中的背景对罩框上出现图 4.12.13 b 所示的若干控制箭头，并且在所选边线上出现若干控制点。

Step4. 骨架操作：拖动控制点可使模型发生变形，拖动箭头起点或终点可限制变形。

Step5. 在操控板中单击"完成"按钮 ✔。

a）选取模型边线　　　　　b）操作前　　　　　c）操作后

图 4.12.13　"骨架"操作

4.12.5　拉伸工具

使用拉伸（Stretch）工具，可在指定的坐标轴方向对选择的对象进行拉长或缩短。下面以打开的文件模型 instance.prt 为例，说明其操作过程。

Step1. 在操控板中按下"拉伸"按钮 ▢，操控板进入图 4.12.14 所示的"拉伸"操作界面，同时图形区中出现图 4.12.15 所示的背景对罩框和控制柄。

图 4.12.14　"拉伸"操作界面

Step2. 在该界面中选中 ☑ 比例 复选框，然后输入拉伸比例值 2.0，并按<Enter>键，此时模型如图 4.12.16 所示。

Step3. 可进行如下"拉伸"操作：

- 拖动背景对罩框可以进行定位或调整大小（按住<Shift>键不放，进行法向拖动）。
- 拖动控制柄可以对模型进行拉伸，如图 4.12.17 所示。
- 拖动加亮面，可以调整拉伸的起点和长度。

Step4. 在操控板中单击"完成"按钮 ✓。

图 4.12.15　"拉伸"环境

图 4.12.16　设置拉伸比例值后的模型

图 4.12.17　操作过程

4.12.6　折弯工具

在图 4.12.18 所示的"折弯"操作界面中，使用折弯（Bend）工具，可以沿指定的坐标轴方向对所选对象进行弯曲，下面说明其操作过程。

图 4.12.18　"折弯"操作界面

图 4.12.18 所示的"折弯"操作界面中的各按钮说明如下：

A: 切换坐标轴。

B: 反转轴的方向。

C: 以 90° 增大倾角。

Step1. 将工作目录设置至 D:\proewf5.8\work\ch04.12，打开文件 bend.prt。

Step2. 选择下拉菜单 插入(I) ➡ 扭曲(W)... 命令。

Step3. 在系统 ⇨选取要扭曲的实体、面组、面或曲线 的提示下，选取图形区中图 4.12.19a 所示的模型；单击操控板中的 参照 按钮，在"参照"界面的 方向 区域下单击"单击此处添加项目"字符；在模型树中选取 ⌀ RIGHT 基准平面。

Step4. 此时"扭曲"操控板被激活，在操控板中按下"折弯"按钮 ⌐，操控板进入图 4.12.18 所示的"折弯"操作界面，同时图形区中的模型进入"折弯"环境，如图 4.12.19b 所示。

a）选取实体和参照平面　　b）进入"折弯"环境　　c）设置折弯角度值后　　d）操作过程

图 4.12.19　"折弯"操作

Step5. "折弯"操作。

- 在操控板中选中 ☑角度 复选框，输入折弯角度值 120.0，并按<Enter>键。此时模型按指定的角度折弯，如图 4.12.19c 所示。
- 拖动控制柄（图 4.12.20），可以控制折弯角度的大小。
- 拖动图 4.12.19d 中的面，可以调整拉伸的起点和长度。
- 拖动背景对罩框（按住键盘上的<Alt>键，进行法向拖动）。
- 拖动轴心点或拖动斜箭头（图 4.12.20），可以旋转背景对罩框。

Step6. 在操控板中单击"完成"按钮 ☑。

图 4.12.20　"折弯"环境中的各元素

4.12.7　扭转工具

使用扭转（Twist）工具可将所选对象进行扭转。下面以打开的文件模型 instance.prt 为例，说明其操作过程。

Step1. 将工作目录设置至 D:\proewf5.8\work\ch04.12，打开文件 instance.prt。

Step2. 选择下拉菜单 插入(I) ➡ 扭曲(W)... 命令。

Step3. 在系统 ⇨选取要扭曲的实体、面组、面或曲线。 的提示下，选取图形区中的曲面 2（图 4.12.1）；单击操控板中的 参照 按钮，在"参照"界面的 方向 区域下单击"单击此处添加项目"字符；在模型树中选取 ▱RIGHT 基准平面。

Step4. 在操控板中按下"扭转"按钮 ③，操控板进入图 4.12.21 所示的"扭转"操作界面，同时图形区中的模型进入"扭转"环境，如图 4.12.22 a 所示。

图 4.12.21 "扭转"操作界面

图 4.12.21 所示的"扭转"操作界面中的各按钮说明如下：

A：切换到下一个轴。

B：反转轴的方向。

Step5. 扭转操作。

- 拖动图 4.12.22b 中的控制柄可以进行扭转。

- 拖动面调整拉伸的起点和长度，拖动背景对罩框进行定位（按住<Shift>键不放，进行法向拖动），如图 4.12.22c 所示。

Step6. 在操控板中单击"完成"按钮 ✓ 。

a）进入"扭转"环境   b）"扭转"操作   c）进行定位

图 4.12.22   "扭转"操作

4.12.8   雕刻工具

雕刻（Sculpt）操作是通过拖动网格的点而使模型产生变形。下面以打开的文件模型 instance.prt 为例，说明其操作过程。

Step1. 在操控板中按下"雕刻"按钮 🔘，操控板进入图 4.12.23 所示的"雕刻"操作界面，同时图形区中的模型进入"雕刻"环境，如图 4.12.24a 所示。

图 4.12.23   "雕刻"操作界面

图 4.12.23 所示的"雕刻"操作界面中的各按钮说明如下：

A：将雕刻网格的方位切换到下一罩框面。

B：应用到选定项目的一侧。

C：应用到选定项目的双侧。

D：对称应用到选定项目的双侧。

E：雕刻网格的行数。

F：雕刻网格的列数。

Step2. 雕刻操作：

（1）在操控板中按下□按钮，然后在 行 文本框中输入雕刻网格的行数值 3，在 列 文本框中输入雕刻网格的列数值 3。

（2）拖动网格控制点进行雕刻操作，如图 4.12.24b 所示。

Step3. 在操控板中单击"完成"按钮☑。

a）操作前　　　　　　　　　　　b）操作后

图 4.12.24　"雕刻"操作

4.13　数　据　共　享

4.13.1　数据的传递

设计原则和设计数据的传递在 Pro / ENGINEER 中是非常重要的。只有把设计数据贯彻到各个零部件中，使各个零部件都以产品的规划数据为依据进行设计，才能保证最终的产品是正确的。

一般数据传递的方法主要有两种：

（1）布局传递：即进行比较宏观的传递，例如产品各类参数的传递、空间基准位置的传递。

（2）几何传递：即进行比较具体的传递，例如空间点、空间曲线、空间曲面等具体形状特征的传递。

布局是一个产品的设计思路，骨架则是用空间的点、线和面的形式勾画出此思路的轮廓，对此设计思路细化。在总装配中创建零部件，就是确定产品的结构和组成，并根据此结构组成进行设计任务的分配，接下来就该设计各个零部件了。

数据传递的优点有：

（1）协同设计。数据传递可以把设计任务分解为多个子任务，由不同的人员完成，并且设计所需要的上游条件在分配任务时就已经传递了，因此各子任务的设计人员在进行设计时，不需要了解整个产品的情况，也不用考虑与其他部件的配合，只需要专注于其相应部分的设计。

（2）实现整个产品的自动同步更新。当整个产品改变时，只需要改变最上游的设计数据，一般是布局和骨架，其他的零部件也将自动跟着改变。因为这些零部件都是按照此设计数据生成的，并且保持与它的关联。

（3）避免了不必要的外部参考和父子关系。在进行零部件设计时，不需要去引用其他不必要的参考。因为必要的参考数据已经清楚标识出来，并且在分配任务时就已经传递给了下级零部件。

4.13.2　几何传递

几何特征是 Pro / ENGINEER 的自顶向下设计工具，它包括复制几何、外部复制几何及发布几何特征等，它允许沟通互相之间相关的设计标准。在大型设计环境中进行信息传递时，几何特征体现得尤为重要，这些工具提供了传播大量信息的方法。

数据传递是通过发布几何和复制几何来实现的，并且发布几何和复制几何是成对使用的。发布几何中的数据只有通过"出版几何"操作后，才能完成整个数据传递的过程。此过程的描述如下：

（1）发布几何：即将需要传递的数据用发布几何准备好，对所需要传输的数据进行标识打包。

（2）复制几何：即将发布几何标识打包好的传递数据引用进来，在本地文件夹的设计中可见。

（3）参考几何：即在本地文件中进行设计时，复制参考这些数据，从而使设计能够跟着传递数据的改变而自动更新，实际上就是形成父子关系。

4.13.3　数据共享的几种常用方法

1. 共享 IGES 文件

共享 IGES 文件，就是将一个 igs 文件转换成一个 prt 文件。下面将举例简要说明共享 IGES 文件的操作步骤。

Step1. 选择下拉菜单 文件(F) ➡ 设置工作目录(W)...° 命令，将工作目录设置至 D:\proewf5.8\work\ch04.13。

Step2. 选择下拉菜单 文件(F) ➡ 新建(N)... 命令（或者单击"新建文件"按钮 ）。

Step3. 在弹出的"新建"对话框中，在 类型 选项组中选中 ⊙ 零件 单选项，在 子类型 选项组中选中 ⊙ 实体 单选项；在 名称 后的文本框中输入文件名 water_bollte；通过取消 使用缺省模板 复选框中的"√"号，来取消使用默认模板；单击对话框中的 确定 按钮。

Step4. 在弹出的 "新文件选项"对话框中，选取 mmns_part_solid 模板，单击 确定 按钮。

Step5. 选择下拉菜单插入(I) ➡ 共享数据(D) ➡ 自文件(F)...命令，如图 4.13.1 所示。

Step6. 执行命令后，系统弹出"打开"对话框，选取文件 water_bollte.igs，然后单击 打开 ▼ 按钮，此时系统弹出图 4.13.2 所示的"选择实体选项和放置"对话框。

Step7. 在"选择实体选项和放置"对话框中选取 ✱ PRT_CSYS_DEF 坐标系，然后单击该对话框中的 确定 按钮， 完成图形的输入，如图 4.13.3 所示。

Step8. 选择下拉菜单 文件(F) ➡ 保存(S)命令，保存输入的图形。

图 4.13.1　下拉菜单

图 4.13.3　输入后的图形

图 4.13.2　"选取实体选项和放置"对话框

2. 发布几何

发布几何是一种创建特征的方法，其结果是产生一个特征。它只是将设计中需要被参考和引用的数据集中标识出来，以供其他的文件能够一次性地集中地复制所有需要的参考，并不产生任何新的几何内容。下面将举例简要介绍发布几何的操作步骤。

Step1. 设置工作目录。选择下拉菜单 文件(F) ➡ 设置工作目录(W)...命令，将工作目录设置至 D:\proewf5.8\work\ch04.13。

Step2. 在工具栏中单击"打开文件"按钮 🗁，系统弹出"打开"对话框，选取文件 water_bollte_01.prt，然后单击 打开 ▼ 按钮。此时工作区中显示图 4.13.4 的零件模型。

Step3. 选择下拉菜单插入(I) ➡ 共享数据(D) ➡ 发布几何(B)...命令。

Step4. 系统弹出"出版几何"对话框。该对话框有图 4.13.5a 所示的 参照 选项卡和图 4.13.5b 所示的 属性 选项卡。

图 4.13.4　打开后的零件模型

a)"参考"选项卡

b)"属性"选项卡

图 4.13.5　"出版几何"对话框

图 4.13.5 所示的"出版几何"对话框中的各选项组的具体含义如下：

- 曲面集：选取图形中的平面和曲面传递数据。

- 链：选取图形中曲面边或边链传递数据。

- 参照：选取图形中的参照传递数据。参照包括曲线参照、曲面参照等。

- 注释：注释、符号、表面粗糙度、几何公差和参照尺寸等。

- 名称：定义出版几何特征的名称。

注意：单击每个选项后面的 细节... 按钮，可以从参照列表中查看、添加或删除参照。

Step5. 单击 曲面集 选项组后面的 细节... 按钮，系统弹出"曲面集"对话框。按住<Ctrl>

键，选取图 4.13.6 所示的所有加亮曲面，然后单击"曲面集"对话框中的 确定 按钮。

Step6. 单击"出版几何"对话框中的 ✔ 按钮，完成出版几何的创建。此时的模型树如图 4.13.7 所示。

Step7. 选择下拉菜单 文件(F) ➡ 保存(S) 命令。

选取所有加亮曲面

图 4.13.6　选取加亮曲面 　　　　　图 4.13.7　模型树

3. 复制几何

发布几何后，用户可以在零件、骨架等模型中创建"复制几何"特征。复制几何在构建复杂的外形时非常有用，比如在构建抽壳特征时，复杂的外形很可能抽不了壳，可以在未构建零件外形前先抽壳，将抽壳的曲面保存成为一个文件，等零件外形构建完成后用复制几何的命令，将先抽壳的文件里的曲面复制以进行剪切。下面将举例简要介绍复制几何的操作步骤。

Step1. 选择下拉菜单 文件(F) ➡ 设置工作目录(W)... 命令，将工作目录设置至 D:\proewf5.8\work\ch04.13。

Step2. 选择下拉菜单 文件(F) ➡ 新建(N)... 命令（或者单击"新建文件"按钮 □）。

Step3. 在系统弹出的"新建"对话框的 类型 选项组中选中 ⊙ □ 零件 单选项，在 子类型 选项组中选中 ⊙ 实体 单选项；在 名称 后的文本框中输入文件名 copy_water_bollte；通过取消 □ 使用缺省模板 复选框中的"√"号，来取消使用默认模板；单击对话框的 确定 按钮。

Step4. 在系统弹出的"新文件选项"对话框中选取 mmns_part_solid 模板，单击 确定 按钮。

Step5. 选择下拉菜单 插入(I) ➡ 共享数据(D) ▶ ➡ 复制几何(G)... 命令，此时出现图 4.13.8 所示的"复制几何"操控板。

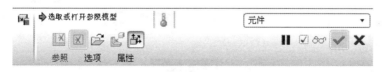

图 4.13.8　"复制几何"操控板

Step6. 在该操控板上单击"打开"按钮 📂，系统弹出"打开"对话框；选取文件 water_bollte_02.prt，然后单击 打开 ▼ 按钮。

Step7. 系统弹出图 4.13.9 所示的"放置"对话框，在 放置 选项组中选中 ⊙缺省 单选项，然后单击该对话框中的 确定 按钮。

Step8. 单击"复制几何"操控板中的 参照 按钮，弹出图 4.13.10 所示的"参照"界面。

图 4.13.9　"放置"对话框　　　　　　　　　图 4.13.10　"参照"界面

Step9. 单击 发布几何 下面的文本框，系统弹出图 4.13.11 所示的选取模型的预览子窗口。

Step10. 在选取模型预览子窗口中，选取图中所示的曲面（即前面所创建的发布几何）。

Step11. 单击操控板中的"预览"按钮 ☑️ 👓 ，可以预览复制几何，然后单击完成按钮 ✓，完成几何复制。复制结果如图 4.13.12 所示，此时的模型树如图 4.13.13 所示。

图 4.13.11　选取模型预览子窗口　　　图 4.13.12　复制结果　　　图 4.13.13　模型树

Step12. 选择下拉菜单 文件(F) ➡ 🖫保存(S) 命令，保存输入的图形。

4．合并/继承

合并/继承的几何特征和原来的参考文件之间同样存在参数关联性，即原文件发生的任何变更可以传递到被合并的特征中。下面将举例简要说明合并/继承的操作步骤。

Step1. 选择下拉菜单 文件(F) ➡ 设置工作目录(W)... 命令，将工作目录设置至 D:\proewf5.8\work\ch04.13。

Step2. 选择下拉菜单 文件(F) ➡ 新建(N)... 命令（或者单击"新建"按钮 🗋）。

Step3. 在系统弹出的"新建"对话框的 类型 选项组中选中 ⊙ ☐ 零件 单选项，在 子类型 选项组中选中 ⊙ 实体 单选项；在 名称 后的文本框中输入文件名 unite_water_bollte；通过取消 ☐ 使用缺省模板 复选框中的 "√" 号，来取消使用默认模板；单击对话框的 确定 按钮。

Step4. 在系统弹出的"新文件选项"对话框中，选取 模板，单击 确定 按钮。

Step5. 选择下拉菜单 插入(I) ➡ 共享数据(D) ▶ ➡ 合并/继承(M)... 命令。此时，出现图 4.13.14 所示的"合并/继承"操控板。

图 4.13.14　"合并/继承"操控板

Step6. 在该操控板上单击"打开"按钮 ，系统弹出"打开"对话框，选取文件 water_bollte_01.prt（该模型中也有"发布几何"特征），然后单击 打开 ▼ 按钮。

Step7. 系统弹出"选取模型预览"子窗口和图 4.13.15 所示的"外部合并"对话框。

图 4.13.15　"外部合并"对话框

Step8. 在"外部合并"对话框的 约束类型 下拉列表中，选择 ■ 缺省 命令，然后单击该对话框中的 ✓ 按钮。

Step9. 单击"合并/继承"操控板中的"预览"按钮 ☑ 66 ，可以预览合并/继承，然后单击完成按钮 ✓ ，完成外部合并。合并结果如图 4.13.16 所示，此时的模型树如图 4.13.17 所示。

图 4.13.16　合并结果　　　　　　　图 4.13.17　模型树

Step10. 选择下拉菜单 文件(F) ➡️ 💾 保存(S) 命令，保存输入的图形。

5. 收缩包络

对于传输含有孔或者小曲面的面和面组的形状或数据时，通过创建收缩包络特征，可以自动填孔、忽略小曲面等。下面举例简要介绍收缩包络的操作步骤。

Step1. 选择下拉菜单 文件(F) ➡️ 设置工作目录(W)... 命令，将工作目录设置至 D:\proewf5.8\work\ch04.13。

Step2. 选择下拉菜单 文件(F) ➡️ 新建(N)... 命令（或者单击"新建文件"按钮 □ ）。

Step3. 在系统弹出的"新建"对话框的 类型 选项组中选中 ⊙ □ 零件 单选项，在 子类型 选项组中选中 ⊙ 实体 单选项；在 名称 后的文本框中输入文件名 shrink_water_bollte；通过取消 □ 使用缺省模板 复选框中的"√"号，来取消使用默认模板；单击对话框的 确定 按钮。

Step4. 在系统弹出的"新文件选项"对话框中，选取 mmns_part_solid 模板，单击 确定 按钮。

Step5. 选择下拉菜单 插入(I) ➡️ 共享数据(D) ▶ ➡️ 收缩包络(S)... 命令，此时出现图 4.13.18 所示的"收缩包络"操控板。

图 4.13.18　"收缩包络"操控板

Step6. 在该操控板上单击"打开"按钮 📂 ，系统弹出"打开"对话框，选取文件 water_bollte_01.prt（该模型中已有"发布几何"特征），然后单击 打开 ▾ 按钮。

Step7. 系统弹出"放置"对话框。在该对话框中选中 ⊙ 缺省 单选项，然后单击 确定 按钮。

Step8. 单击"收缩包络"操控板中的 参照 按钮，弹出图 4.13.19 所示的"参照"界面。

Step9. 单击该界面中的 始终包括曲面 下面的文本框，系统弹出图 4.13.20 所示的选取模型的预览子窗口。单击 始终包括曲面 后面的 细节... 按钮，弹出"曲面集"对话框，然后按住<Ctrl>键，选取图 4.13.20 所示的模型预览子窗口中的加亮曲面，最后在"曲面集"对话框中单击 确定 按钮。

图 4.13.19　"参照"界面　　　　　　　图 4.13.20　选取模型预览子窗口

Step10. 单击"收缩包络"操控板中的 选项 按钮，弹出图 4.13.21 所示的"选项"界面。
把 质量 选项组中的 级: 设置升高时，系统弹出"收缩包络警告"对话框。一般情况下， 级:
的默认设置值为 1。

图 4.13.21　"选项"界面

Step11. 单击"收缩包络"操控板中的"完成"按钮✅。收缩包络结果如图 4.13.22 所示，此时的模型树如图 4.13.23 所示。

图 4.13.22 收缩包络结果   图 4.13.23   模型树

Step12. 选择下拉菜单 文件(F) ➡ 保存(S) 命令，保存输入的图形。

4.14　参数化设计

参数化设计的功能主要是使用"关联性约束"来定义和修改几何模型。"约束"包括尺寸约束、拓扑约束和工程约束。Pro/ENGINEER 就是一个参数化设计的 CAD/CAM/CAE 软件。在用 Pro/ENGINEER 进行设计时，除了可以用参数来控制尺寸值外（特征功能特有），还可以在参数之间建立一些关系（这些特征功能没有）。通过改变一些尺寸参数可以实现尺寸驱动。在图 4.14.1 所示的 工具(T) 下拉菜单中，有用于参数化设计的命令。

图 4.14.1　"工具"下拉菜单

4.14.1　关于关系

1. 关系的基本概念

关系（也被称为参数关系）是用户定义符号尺寸和参数之间的数学表达式。关系捕捉特征之间、参数之间或装配元件之间的设计联系，是捕捉设计意图的一种方式。用户可用它驱动模型——改变关系也就改变了模型。例如图 4.14.2 所示的模型中，通过创建关系 d26 ＝2*d23，可以使孔特征 1 的直径总是孔特征 2 的直径的两倍，而且孔特征 1 的直径始终由孔特征 2 的直径所驱动和控制。

图 4.14.2　关系的基本概念

➢　**关系类型**

有两种类型的关系：

● 　等式——使等式左边的一个参数等于右边的表达式。这种关系用于给尺寸和参数赋值。例如：简单的赋值 d1 = 4.75，复杂的赋值 d5 = d2* (SQRT（d7/3.0+d4))。

● 　比较——比较左边的表达式和右边的表达式。这种关系一般用来作为一个约束或用于逻辑分支的条件语句中。例如：

作为约束（d1 + d2）>（d3 + 2.5）

在条件语句中 IF（d1 + 2.5）>= d7

➢　**关系层次**

可以把关系增加到：

（1）特征的截面草图（在二维草绘模式下）。

（2）特征（在零件或装配模式下）。

（3）零件（在零件或装配模式下）。

（4）装配（在装配模式下）。

➢　**进入关系操作界面**

在零件和装配模式下，要进入关系操作界面，可以选择 **工具(T)** 下拉菜单中的 **关系(R)** 命令，此时系统弹出图 4.14.3 所示的"关系"对话框。当第一次进入关系操作界面时，系统默认查看或改变当前模型中的关系，可从"对象类型"列表中选择下列选项之一：

● 　**组件** ——访问装配中的关系。

● 　**骨架** ——访问装配中骨架模型的关系（只对装配适用）。

● 　**零件** ——访问零件中的关系。

● 　**元件** ——访问元件中的关系（只对装配适用）。

● 　**特征** ——访问特征特有的关系。

● 　**继承** ——访问继承关系。适用于"零件"和"装配"。

● 　**剖面** ——如果特征有一个截面，那么用户就可对截面中的关系或者对作为一个整体的特征中的关系进行访问。

● 　**阵列** ——访问阵列所特有的关系。

图 4.14.3 "关系"对话框

2．在关系中使用参数符号

在关系中，Pro/ENGINEER 支持四种类型的参数符号。

（1）尺寸符号：支持下列尺寸符号类型：

－d#——零件或装配模式下的尺寸。

－d#:#——装配模式下的尺寸。第二个 # 为装配或元件的进程标识。

－rd#——零件或顶层装配中的参考尺寸。

－rd#:#——装配模式中的参考尺寸。第二个 # 为装配或元件的进程标识。

－rsd#——草绘环境中截面的参考尺寸。

－kd#——在草绘环境下，截面中的已知尺寸（在父零件或装配中）。

（2）公差：与公差格式相关的参数，当尺寸由数字转向参数的时候出现这些符号。

－tpm#——加减对称格式中的公差，#是尺寸数。

－tp#——加减格式中的正公差，#是尺寸数。

－tm#——加减格式中的负公差，#是尺寸数。

（3）实例数：这些是整数参数，比如阵列方向上的实例个数。

－p#——阵列实例的个数。

注意：如果将实例数改变为一个非整数值，Pro/ENGINEER 将截去其小数部分。例如，2.90 将变为 2。

（4）用户参数：这些是用户为了增加参数或关系所定义的参数。

例如：Volume = d0*d1*d2   Vendor = "TWTI Corp."

注意：

● 用户参数名必须以字母开头（如果它们要用于关系的话）。

● 不能使用 d#、kd#、rd#、tm#、tp#或 tpm#作为用户参数名，因为它们是由尺寸保留使用的。

- 用户参数名不能包含非字母数字字符，例如!、@、#、$。
- 下列参数是由系统保留使用的：

PI（几何常数）：3.14159（不能改变该值）。

G（引力常数）：$9.8m/s^2$。

C1、C2、C3 和 C4：默认值，分别等于 1.0、2.0、3.0 和 4.0。

3．关系中的运算符

下列三类运算符可用于关系中：

（1）算术运算符：

+ 加	－ 减	/ 除
* 乘	^ 指数	（）分组括号

（2）赋值运算符：

= 是一个赋值运算符，它使得两边的式子或关系相等。应用时，等式左边只能有一个参数。

（3）比较运算符：只要能返回 TRUE 或 FALSE 值，就可使用比较运算符。

系统支持下列比较运算符：

==	等于	<=	小于或等于
>	大于	|	或
>=	大于或等于	&	与
<	小于	～或!	非
～=	不等于		

运算符 |、&、! 和 ～ 扩展了比较关系的应用，它们使得能在单一的语句中设置若干条件。例如，当 d1 在 2 和 3 之间且不等于 2.5 时，下面关系返回 TRUE：

d1 > 2 & d1 < 3 & d1 ～= 2.5

4．关系中使用的函数

（1）数学函数：

cos（）余弦	asin（）反正弦	cosh（）双曲线余弦
tan（）正切	acos（）反余弦	tanh（）双曲线正切
sin（）正弦	atan（）反正切	
sqrt（）平方根	sinh（）双曲线正弦	
log（）　以 10 为底的对数		abs（）　绝对值
Ln（）　自然对数		ceil（）　不小于其值的最小整数
exp（）　e 的幂		floor（）　不超过其值的最大整数

注意：

● 所有三角函数都使用单位"度"。

● 可以给函数 ceil 和 floor 加一个可选的自变量，用它指定要保留的小数位数。

这两个函数的语法如下：

ceil（参数名或数值，小数位数）

floor（参数名或数值，小数位数）

其中，小数位数是可选值：

可以被表示为一个数或一个用户自定义参数。如果该参数值是一个实数，则被截成为一个整数。

它的最大值是 8。如果超过 8，则不会舍入要舍入的数（第一个自变量），并使用其初值。

如果不指定它，则功能同前期版本一样。

使用不指定小数部分位数的 ceil 和 floor 函数，其举例如下：

ceil（10.2）值为 11   floor（10.2）值为 10

使用指定小数部分位数的 ceil 和 floor 函数，其举例如下：

ceil（10.255, 2）等于 10.26   floor（10.255, 1）等于 10.2

ceil（10.255, 0）等于 11   floor（10.255, 2）等于 10.25

（2）曲线表计算：曲线表计算使用户能用曲线表特征通过关系来驱动尺寸。尺寸可以是截面、零件或装配尺寸。格式如下：

evalgraph（"graph_name", X）

其中 graph_name 是曲线表的名称，X 是沿曲线表 X 轴的值，返回 Y 值。

对于混合特征，可以指定轨道参数 trajpar 作为该函数的第二个自变量。

注意：

曲线表特征通常是用于计算 X 轴上所定义范围内 X 值对应的 Y 值。当超出范围时，Y 值是通过外推的方法来计算的。对于小于初始值的 X 值，系统通过从初始点延长切线的方法计算外推值；同样，对于大于终点值的 X 值，系统通过将切线从终点往外延伸计算外推值。

（3）复合曲线轨道函数：在关系中可以使用复合曲线的轨道参数 trajpar_of_pnt。

下列函数返回一个 0.0 和 1.0 之间的值：

trajpar_of_pnt（"trajname", "pointname"）

其中，trajname 是复合曲线名，pointname 是基准点名。

5. 关系中的条件语句

● IF 语句

IF 语句可以加到关系中以形成条件语句。例如：

IF d1 > d2

length = 24.5

ENDIF

IF d1 <= d2

length = 17.0

ENDIF

条件是一个值为 TRUE（或 YES）或 FALSE（或 NO）的表达式。这些值也可以用于条件语句中。例如，下列语句都可以用同样的方式计算：

IF ANSWER == YES

IF ANSWER == TRUE

IF ANSWER

- ELSE 语句

即使再复杂的条件结构，都可以通过在分支中使用 ELSE 语句来实现。用这一语句，前一个关系可以修改成如下的样子：

IF d1 > d2

length = 14.5

ELSE

length = 7.0

ENDIF

在 IF、ELSE 和 ENDIF 语句之间可以有若个特征。此外，IF-ELSE-ENDIF 结构可以在特征序列（它们是其他 IF-ELSE-ENDIF 结构的模型）内嵌套。IF 语句的语法如下：

IF <条件>

若干个关系的序列或 IF 语句

ELSE <可选项>

若干个关系的序列或 IF 语句

ENDIF

注意：

- ENDIF 必须作为一个字来拼写。
- ELSE 本身必须占一行。
- 条件语句中的相等必须使用两个等号（==）；赋值号必须是一个等号（=）。

6. 关系中的联立方程组

联立方程组是这样的若干关系，在其中必须联立解出若干变量或尺寸。例如，假设有一个宽为 d1、高为 d2 的长方形，并要指定下列条件：其面积等于 200，且其周长要等于 60。

可以输入下列方程组：

SOLVE

d1*d2 = 200

2*（d1+d2）= 60

FOR d1 d2 ...or...FOR d1,d2

所有 SOLVE 和 FOR 语句之间的行成为方程组的一部分。FOR 行列出要求解的变量；所有在联立方程组中出现而在 FOR 列表中不出现的变量被解释为常数。

联立方程组中的变量必须预先初始化。

由联立方程组定义的关系可以同单变量关系自由混合。选择"显示关系"时，两者都显示，并且它们可以用"编辑关系"进行编辑。

注意：即使方程组有多组解，也只返回一组。但用户可以通过增加额外的约束条件来解决他所需要的那一组方程解。比如，上例中有两组解，用户可以增加约束 d1 <= d2，程序为：

IF d1 >d2

temp = d1

d1 = d2

d2 = temp

ENDIF

7．为参数设置字符串值

可以给参数赋予字符串值，字符串值放在双引号之间。例如，在工程图注释内可使用参数名，参数关系可以表示如下：

IF d1 > d2

MIL_REF = "MIL-STD XXXXA"

ELSE

MIL_REF = "MIL-STD XXXXB"

ENDIF

8．字符串运算符和函数

字符串可以使用下列运算符：

==　　　　比较字符串的相等。

!=, <>, ~=　比较字符串的不等。

+　　　　合并字符串。

下面是与字符串有关的几个函数：

（1）itos（int）：将整数转换为字符串。其中，int 可以是一个数或表达式，非整数将被舍入。

（2）search（字符串，子串）：搜索子串。结果值是子串在串中的位置（如未找到，返回 0）。

（3）extract（字符串，位置，长度）：提取一个子串。

（4）string_length（）：返回某参数中字符的个数。例如，串参数 material 的值是 steel，则 string_length（material）等于 5，因为 steel 有五个字母。

（5）rel_model_name（）：返回当前模型名。例如，如果当前在零件 A 中工作，则 rel_model_name（）等于 A。要在装配的关系中使用该函数，关系应为：

名称 = rel_model_name:2（）　　　　　　注意括号（）内是空的。

（6）rel_model_type（）：返回当前模型的类型。如果正在"装配"模式下工作，则 rel_model_type（）等于装配名。

（7）exists（）：判断某个项目（如参数、尺寸）是否存在。该函数适用于正在计算关系的模型。例如：

if exists（"d5:20"）检查运行时标识为 20 的模型的尺寸是否为 d5。

if exists（"par:fid_25:cid_12"）检查元件标识 12 中特征标识为 25 的特征是否有参数 par。该参数只存在于大型装配的一个零件中。例如，假设在机床等大型装配中有若干系统（诸如液压的、气动的、电气的系统），但大多数对象不属于任何系统，在这种情况下，为了进行基于参数的计算评估，只需给系统中所属的模型指派适当的参数。例如，如果电气系统中的项目需要使用 BOM 报表中的零件号，而不是模型名，则可以创建一个报表参数 bom_name，并写出如下关系：

IF exists（"asm_mbr_cabling"）

bom_name = part_no

ELSE

bom_name = asm_mbr_name

ENDIF

9．关系错误信息

系统会检查刚刚编辑的文件中关系的有效性，并且如果发现了关系文件中的错误，则立即返回到编辑模式，并给错误的关系打上标记，然后可以修正有标记的关系。

在关系文件中可能出现三种类型的错误信息：

（1）长行：关系行超过 80 个字符。可进行编辑改行，或把该行分成两行（其方法是输入反斜杠符号\，以表示关系在下一行继续）。

（2）长符号名：符号名超过 31 个字符。

（3）错误：发生语法错误。例如，出现没有定义的参数。此时可检查关系中的错误并编辑。

注意：这种错误检查捕捉不到约束冲突。如果联立关系不能成立，则在消息区出现警告；如果遇到不确定的联立关系，则在最后一个关系行下的空行上出现错误信息。

4.14.2　关于用户参数

选择下拉菜单 **工具(T)** ➡ **参数(P)** 命令，可以创建用户参数并给其赋值，我们也可以使用"模型树"将参数增加到项目中。用户参数同模型一起保存，不必在关系中定义。

用户参数的值不会在再生时随模型的改变而更新，即使是使用系统参数（如模型的尺寸参数或质量属性参数）定义的用户参数值也是这样。例如假设系统将 d5 这个参数自动分配给模型中某一尺寸 100，而又用 **参数(P)** 命令创建了一个用户参数 LENGTH，那么可用关系式 LENGTH = d5，将系统参数 d5 的值 100 赋给用户参数 LENGTH，当尺寸 d5 的值从 100 修改为 120 时，LENGTH 的值不会随 d5 的改变而更新，仍然为 100。

但要注意，如果把用户参数的值赋给系统参数，则再生时系统参数的值会随用户参数值的改变而更新。例如，如果用 **参数(P)** 命令创建 LENGTH=150，然后建立关系 d5=LENGTH，那么在模型再生后，d5 将更新为新的值 150。

4.14.3　曲面的参数化设计应用范例

下面举例说明建立几何关系的过程以及改变驱动尺寸的方法，具体步骤如下：

Step1. 新建一个零件的三维模型，将其命名为 relation。

Step2. 创建用户参数：碗口半径——L，碗体半径——R1，碗高——H，碗底倒角半径——R2。

（1）选择下拉菜单 **工具(T)** ➡ **参数(P)** 命令，系统弹出图 4.14.4 所示的"参数"对话框。

（2）在对话框的 **查找范围** 选项区域中，选择对象类型为 **零件**，然后单击 **+** 按钮。

（3）在 **名称** 栏中输入参数名 L，按<Enter>键；在 **类型** 栏中，选取参数类型为"实数"；在 **值** 栏中，输入参数 L 的值 100，按<Enter>键。

（4）用同样的方法创建用户参数 R1，设置为"实数"，初始值为 160；创建用户参数 H，设置为"实数"，初始值为 165；创建用户参数 R2，设置为"实数"，初始值为 65。

（5）单击对话框中的 确定 按钮。

图 4.14.4　"参数"对话框

Step3. 创建图 4.14.5 所示旋转曲面。步骤如下：

（1）选择下拉菜单 插入(I) ➡ ◆◆旋转(R)... 命令。

（2）按下"曲面"类型按钮 ；设置 FRONT 基准平面为草绘平面，RIGHT 基准平面为参照平面，方向为 右 ；采用系统默认参照 TOP 和 RIGHT 基准平面；特征的截面草图如图 4.14.6 所示（半径值可以任意给出，将来可由关系确定）；旋转类型为 ，旋转角度值为 360。

图 4.14.5　旋转曲面

图 4.14.6　截面草图

Step4. 创建关系。

（1）选择下拉菜单 工具(T) ➡ 关系(R) 命令。

（2）系统弹出"关系"对话框，在"对象类型"下拉列表中选择"零件"选项。

（3）选取上一步所绘制的旋转曲面，这时系统显示出此特征的所有尺寸参数符号，如图 4.14.7 所示（单击 按钮，可以使模型尺寸在符号与数值间进行切换）。

（4）添加关系。在对话框的关系编辑区，输入如下关系式：

d1=L

d4=R1

d2=H

d3=R2

说明：在以上关系式中，d1 代表碗口半径，d4 代表碗体半径，d2 代表碗高，d3 代表碗底倒角半径。读者在学习时可根据自己创建的模型建立关系。

（5）单击对话框中的 确定 按钮，完成关系定义，然后单击"再生"按钮 ⬛️，再生模型。

Step5. 应用编程的方法进行参数的输入控制，以达到快速设计新产品的目的。

（1）选择 工具(T) ➡️ 程序(P) 命令，系统弹出图 4.14.8 所示的"程序"菜单。

（2）选择 Edit Design（编辑设计） 命令，系统弹出图 4.14.9 所示的程序编辑器界面。

（3）如图 4.14.10 所示，在编辑器的 INPUT 和 END INPUT 语句之间加入以下内容：

L NUMBER

"请输入碗口半径"

R1 NUMBER

"请输入碗体半径"

H NUMBER

"请输入碗高"

R2 NUMBER

"请输入碗底倒角半径"

图 4.14.7　符号状态

图 4.14.8　"程序"菜单

图 4.14.9　程序编辑器界面　　　　　图 4.14.10　输入程序

（4）完成后存盘退出。当系统提示 ➡️ 要将所做的修改体现到模型中？是　　　　是　否 时，回答"是"。

Step6. 验证程序设计效果。

（1）完成上一步操作后，系统弹出"得到输入"菜单，选择其中的 Enter（输入） 命令，如图 4.14.11 所示。

（2）在出现的图 4.14.12 所示的 INPUT SEL 菜单界面中，选中 L、R1、H、R2 这四个复选框，然后选择 **Done Sel（完成选取）** 命令。

（3）在系统提示 ⇨请输入碗口半径 时，请输入值 150。

（4）在系统提示 ⇨请输入碗体半径 时，请输入值 200。

（5）在系统提示 ⇨请输入碗高 时，请输入值 250。

（6）在系统提示 ⇨请输入碗底倒角半径 时，请输入值 60。

此时系统开始生成模型，新模型如图 4.14.13 所示。

Step7. 保存零件模型文件。

图 4.14.11　"得到输入"菜单

图 4.14.12　INPUT SEL 菜单界面

图 4.14.13　新模型

第 5 章　曲面的修改与编辑

本章提要　本章将介绍曲面的修改与编辑。主要内容包括：曲面的修剪、用面组或曲线修剪面组、用"顶点倒圆角"选项修剪面组、薄曲面的修剪、曲面的合并与延伸操作、曲面的移动和旋转、曲面的拔模和将曲面面组转化为实体或实体表面。

5.1　曲面的修剪

　　曲面的修剪（Trim）就是将选定曲面上的某一部分切除掉，它类似于实体的切削（Cut）功能。曲面的修剪有许多方法，下面将分别介绍。

5.1.1　一般的曲面修剪

　　在 拉伸(E)... 、 旋转(R)... 和 扫描混合(S)... 命令操控板中按下"曲面类型"按钮 及"切削特征"按钮 ，或选择 扫描(S) ▶ 、 混合(B) ▶ 和 螺旋扫描(H) ▶ 命令下的 曲面修剪(S)... 命令，可产生一个"修剪"曲面。用这个"修剪"曲面可将选定曲面上的某一部分剪除掉。注意：产生的"修剪"曲面只用于修剪，而不会出现在模型中。

　　下面以对图 5.1.1 中的鼠标盖进行修剪为例，说明基本形式的曲面修剪的一般操作过程。

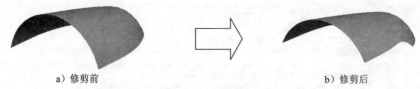

a）修剪前　　　　　　　　　　　　　　　　　　　　b）修剪后

图 5.1.1　曲面的修剪

Step1. 将工作目录设置至 D:\proewf5.8\work\ch05.01，打开文件 surface_trim.prt。

Step2. 单击"拉伸"按钮 ，系统弹出"拉伸特征"操控板。

Step3. 按下操控板中的"曲面类型"按钮 及"移除材料"按钮 。

Step4. 选择要修剪的曲面，如图 5.1.2 所示。

Step5. 定义修剪曲面特征的截面要素：设置 TOP 基准平面为草绘平面，RIGHT 基准平面为参照平面，方向为 左 ；特征截面如图 5.1.3 所示。

Step6. 在操控板中，选取两侧深度类型均为 非 （穿过所有）；切削方向如图 5.1.4 所示。

图 5.1.2　选择要修剪的曲面　　　　图 5.1.3　特征截面　　　　图 5.1.4　切削方向

Step7. 在操控板中单击"预览"按钮 ，查看所创建的特征，然后单击 按钮，完成操作。

5.1.2　用面组或曲线修剪面组

通过选择下拉菜单 编辑(E) ➡️ 修剪(T)...命令，可以用另一个面组、基准平面或沿一个选定的曲线链来修剪面组。

下面以图 5.1.5 为例，说明其操作过程：

Step1. 将工作目录设置至 D:\proewf5.8\work\ch05.01，打开 surface_sweep_trim.prt。

Step2. 选取要修剪的曲面，如图 5.1.5 所示。

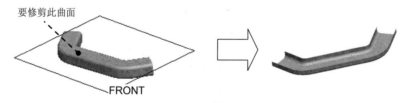

图 5.1.5　修剪面组

Step3. 选择下拉菜单 编辑(E) ➡️ 修剪(T)...命令，系统弹出"修剪"操控板。

Step4. 在系统 ➪选取任意平面、曲线链或曲面以用作修剪对象 的提示下，选取修剪对象；此例中选取 FRONT 基准平面作为修剪对象。

Step5. 确定要保留的部分。可以通过更改箭头的方向确定要保留的部分，箭头所指的方向为要保留的方向。

Step6. 在操控板中单击 按钮，预览修剪的结果；单击 按钮，则完成修剪。

说明：如果按下"用侧面投影的方法修剪面组" 按钮，则结果如图 5.1.6 所示。利用侧面影像技术可以很容易地将拔模方向的曲面剪开，因此它在分模时非常有用。

图 5.1.6　用侧面投影的方法修剪面组

如果用曲线进行曲面的修剪，则要注意如下几点：

- 修剪面组的曲线可以是基准曲线，或者是模型内部曲面的边线，或者是实体模型边的连续链。
- 用于修剪的基准曲线应该位于要修剪的面组上，并且不应延伸超过该面组的边界。
- 如果曲线未延伸到面组的边界，则系统将计算其到面组边界的最短距离，并在该最短距离方向继续修剪。

5.1.3　用"顶点倒圆角"选项修剪面组

当要在曲面上的顶点处进行圆角修剪时，可以使用顶点倒圆角命令。

选择下拉菜单 插入(I) ➡ 高级(V)▶ ➡ 顶点倒圆角(X)... 命令，可以创建一个圆角来修剪面组，如图 5.1.7 所示。

a）顶点倒圆角前　　　　　　　　　　　b）顶点倒圆角后

图 5.1.7　用"顶点倒圆角"选项修剪面组

操作步骤如下：

Step1. 先将工作目录设置至 D:\proewf5.8\work\ch05.01，然后打开文件 surface_trim_adv.prt。

Step2. 选择下拉菜单 插入(I) ➡ 高级(V) ➡ 顶点倒圆角(X)... 命令，此时系统弹出图 5.1.8 所示的"特征信息"对话框及图 5.1.9 所示的"选取"对话框。

Step3. 在系统 ➪选取求交的基准面组 的提示下，选取图 5.1.7a 中要修剪的面组。

Step4. 此时系统提示 ➪选取要倒圆角/圆角的拐角顶点，按住<Ctrl>键不放，选取图 5.1.7a 中的两个顶点，并单击"选取"对话框中的 确定 按钮。

Step5. 在系统 ➪输入修整半径 的提示下，输入半径值 2.0，并按<Enter>键。

Step6. 单击对话框的 预览 按钮，预览所创建的顶点圆角，然后单击 确定 按钮完成操作。

5.1.4　薄曲面的修剪

薄曲面的修剪（Thin Trim）也是一种曲面的修剪方式，它类似于实体的薄壁切削功能。

在 拉伸(E)... 、 旋转(R)... 和 扫描混合(S)... 命令操控板中按下"曲面类型"按钮 、"切削特征"按钮 及"薄壁"按钮 ，或选择 扫描(S)▶ 、 混合(B)▶ 和 螺旋扫描(H)▶ 命令下的 薄曲面修剪(T)... 命令，产生一个"薄壁"曲面。用这个"薄壁"曲面将选定曲面上的某一部分剪除掉。同样，产生的"薄壁"曲面只用于修剪，而不会出现在模型中，如图 5.1.10 所示。

图 5.1.9　"选取"对话框

a）薄曲面修剪前　　　　　　　　b）薄曲面修剪后

图 5.1.8　"特征信息"对话框　　　　　　　　图 5.1.10　薄曲面的修剪

5.2　曲面的合并与延伸操作

5.2.1　曲面的合并

选择下拉菜单 编辑(E) ➡ 合并(G)...命令，可以对两个相邻或相交的曲面（或者面组）进行合并（Merge）。

合并后的面组是一个单独的特征，"主面组"将变成"合并"特征的父项。如果删除"合并"特征，那么原始面组仍将保留。在"组件"模式中，只有属于相同元件的曲面，才可用曲面合并。曲面合并的操作步骤如下：

Step1. 将工作目录设置至 D:\proewf5.8\work\ch05.02，打开文件 surface_merge.prt。

Step2. 按住<Ctrl>键，选取要合并的两个面组（曲面）。

Step3. 选择下拉菜单 编辑(E) ➡ 合并(G)...命令，系统弹出"曲面合并"操控板，如图 5.2.1 所示。

图 5.2.1　"曲面合并"操控板

图 5.2.1 中操控板各命令按钮的说明：

A：合并两个相交的面组，可有选择性地保留原始面组各部分。

B：合并两个相邻的面组，一个面组的一侧边必须在另一个面组上。

C：改变要保留的第一面组的侧边。

D：改变要保留的第二面组的侧边。

Step4. 选择合适的按钮，定义合并类型。默认时，系统使用 ◉ 相交 合并类型。

● ◉ 相交 单选项：即交截类型，合并两个相交的面组。通过单击图 5.2.1 中的 C 按钮或 D 按钮，可指定面组的相应的部分包括在合并特征中，如图 5.2.2 所示。

b）保留第二面组的下侧   a）合并前（交截）   c）保留第二面组的上侧

图 5.2.2   "相交"类型

● ◉ 连接 单选项：即连接类型，合并两个相邻面组，其中一个面组的边完全落在另一个面组上。如果一个面组超出另一个面组，则通过单击图 5.2.1 中的 C 按钮或 D 按钮，可指定面组的哪一部分包括在合并特征中，如图 5.2.3 所示。

图 5.2.3   "连接"类型

Step5. 单击 ✓ ∞ 按钮，预览合并后的面组，确认无误后，单击"完成"按钮 ✓。

5.2.2   曲面的延伸

曲面的延伸（Extend）就是将曲面延长某一距离或延伸到某一平面。下面以图 5.2.4 所示为例，说明曲面延伸的一般操作过程。

a）延伸前   b）延伸后

图 5.2.4   曲面延伸

Step1. 将工作目录设置至 D:\proewf5.8\work\ch05.02，打开文件 surface_extend.prt。

Step2. 在"智能选取"栏中选取 几何 选项（图 5.2.5），然后选取图 5.2.4 所示的边作为要延伸的边。

图 5.2.5　"智能选取"栏

Step3. 选择下拉菜单 编辑(E) ━━▶ ■ 延伸(X)... 命令，出现图 5.2.6 所示的操控板。

Step4. 在操控板中按下按钮 （延伸类型为"至平面"）。

Step5. 选取延拓中止面，如图 5.2.4 所示。

延伸类型说明：

- ： 将曲面边延伸到一个指定的终止平面。

- ： 沿原始曲面延伸曲面，包括下列三种方式，如图 5.2.7 所示。

  ☑ 相同 ： 创建与原始曲面相同类型的延伸曲面（例如平面、圆柱、圆锥或样条曲面）。将按指定距离并经过其选定的原始边界延伸原始曲面。

  ☑ 相切 ： 创建与原始曲面相切的延伸曲面。

  ☑ 逼近 ： 延伸曲面与原始曲面形状逼近。

Step6. 单击 ☑ 60 按钮，预览延伸后的面组，确认无误后，单击"完成"按钮 ☑。

图 5.2.6　操控板　　　　　　　　　　　　　图 5.2.7　"选项"界面

5.3　曲面的移动和旋转

如果要使用"移动"和"旋转"工具，可以通过 编辑(E) 下拉菜单下的 复制(C) 和 选择性粘贴(S)... 来实现。利用此工具，可进行下列操作：

- 应用多个平移及旋转变换可以在单个移动特征中进行。

- 平移特征、曲面、面组、基准曲线和轴时，是沿着参照指定的方向而进行的。可沿着垂直于某平面或曲面的方向，或者沿着某条曲线或线性边、轴或坐标系的其中一个轴进行平移。

- 旋转特征、曲面、面组、基准曲线和轴时，是绕某个现有的轴、线性边、曲线，或绕坐标系的某个轴而进行的。

说明：使用"移动"工具是创建和移动现有曲面或曲线的副本，并不是移动原曲面或曲线。

5.3.1　曲面的移动

下面以图 5.3.1 所示的模型为例，说明"曲面移动"的一般过程。

Step1. 将工作目录设置至 D:\proewf5.8\work\ch05.03，打开 surf_move.prt。

Step2. 首先确认在"智能选取"栏中的选项为 智能 ，然后选取要复制的曲面。

Step3. 选择下拉菜单 编辑(E) ➡ 复制(C) 命令。

Step4. 选择下拉菜单 编辑(E) ➡ 选择性粘贴(S)... 命令，系统弹出"选择性粘贴"对话框。

Step5. 在"选择性粘贴"对话框中选中 ☑ 对副本应用移动/旋转变换(A) 复选框，然后单击 确定 按钮。

Step6. 此时系统弹出"曲面移动和旋转"操控板，选取图 5.3.2 所示的边线为参照，在操控板中接受系统的选项，并输入移动值 200.0，然后按<Enter>键。

Step7. 在操控板中单击"完成"按钮 ✔ 。

图 5.3.1　曲面的移动

图 5.3.2　选取参照

5.3.2　曲面的旋转

下面以图 5.3.3 所示的模型为例，说明"曲面旋转"的一般过程。

Step1. 将工作目录设置至 D:\proewf5.8\work\ch05.03，打开 surf_rot.prt。

Step2. 在"智能选取"栏中选取 面组 ，再选取要复制的曲面。

Step3. 选择下拉菜单 编辑(E) ➡ 复制(C) 命令。

Step4. 选择下拉菜单 编辑(E) ➡ 选择性粘贴(S)... 命令，系统显示"曲面移动和旋转"操控板。

Step5. 选取图 5.3.4 所示的边线为参照，在操控板中按下"旋转"按钮 ↻ ，并输入旋转值 20，然后按<Enter>键。

Step6. 在操控板中单击"完成"按钮✓。

a）旋转前　　　　　　　　　b）旋转后

图 5.3.3　曲面的旋转　　　　　　　　　图 5.3.4　选取参照

5.4　曲面的拔模

5.4.1　拔模特征简述

注射件和铸件往往需要一个拔模斜面才能顺利脱模。Pro/ENGINEER 的拔模（斜度）特征就是用来创建模型的拔模斜面。下面先介绍有关拔模的几个关键术语：

- 拔模曲面：要进行拔模的模型曲面（图 5.4.1）。
- 枢轴平面：拔模曲面可绕着枢轴平面与拔模曲面的交线旋转而形成拔模斜面（图 5.4.1）。
- 枢轴曲线：拔模曲面可绕着一条曲线旋转而形成拔模斜面。这条曲线就是枢轴曲线，它必须在要拔模的曲面上。
- 拔模参照：用于确定拔模方向的平面、轴、模型的边。
- 拔模方向：拔模方向可用于确定拔模的正负方向，它总是垂直于拔模参照平面或平行于拔模参照轴或参照边。
- 拔模角度：拔模方向与生成的拔模曲面之间的角度。如果拔模曲面被分割，则可为拔模的每个部分定义两个独立的拔模角度（图 5.4.1）。
- 旋转方向：拔模曲面绕枢轴平面或枢轴曲线旋转的方向。
- 分割区域：可对其应用不同拔模角的拔模曲面区域。

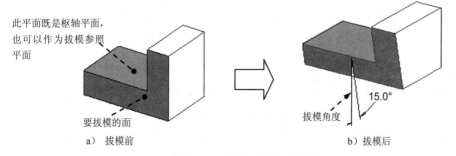

a）拔模前　　　　　　　　　b）拔模后

图 5.4.1　拔模（斜度）特征

5.4.2　使用枢轴平面拔模

1．使用枢轴平面创建不分离的拔模特征

下面以图 5.4.1 为例，讲述如何创建一个枢轴平面和不分离的拔模特征。

Step1. 将工作目录设置至 D:\proewf5.8\work\ch05.04，打开文件 draft_general.prt。

Step2. 选择下拉菜单 插入(I) ➡️ 斜度(F)… 命令，系统出现图 5.4.2 所示的"拔模"操控板。

图 5.4.2　"拔模"操控板

Step3. 选取要拔模的曲面。在模型中选取图 5.4.3 所示的表面为要拔模的曲面。

Step4. 选取拔模枢轴平面。

（1）在操控板中，单击 图标后的 ● 单击此处添加项目 字符。

（2）选取图 5.4.4 所示的模型表面为拔模枢轴平面。完成此步操作后，模型如图 5.4.5 所示。

图 5.4.3　选取要拔模的曲面

图 5.4.4　选取拔模枢轴平面

说明：拔模枢轴既可以为一个平面，也可以是一条曲线。当选取一个平面作为拔模枢轴时，该平面称为枢轴平面，此时以枢轴平面的方式进行拔模；当选取一条曲线作为拔模枢轴时，该曲线称为枢轴曲线，此时以枢轴曲线的方式进行拔模。

Step5. 选取拔模参照平面及改变拔模方向。一般情况下不进行此步操作，因为用户在选取拔模枢轴平面后，系统通常默认地以拔模枢轴平面为拔模参照平面（图 5.4.5）。如果要重新选取拔模参照平面，例如选取图 5.4.6 中的模型表面为拔模参照平面，则可进行如下操作：

（1）在图 5.4.7 所示的"拔模"操控板中，单击 图标后的 1个平面 字符。

（2）选取图 5.4.6 所示的模型表面。如果要改变拔模方向，可单击按钮 。

Step6. 修改拔模角度及方向。在图 5.4.7 所示的"拔模"操控板中，可输入新的拔模角度值（图 5.4.8），并可改变拔模角的方向（图 5.4.9）。

Step7. 在操控板中单击 ✓ 按钮，完成拔模特征的创建。

图 5.4.5　拔模参照平面（一）　　　　图 5.4.6　拔模参照平面（二）

图 5.4.7　"拔模"操控板

图 5.4.8　调整拔模角度大小　　　　　　图 5.4.9　改变拔模角度方向

2. 使用枢轴平面创建分离的拔模特征

图 5.4.10 a 所示为拔模前的模型。图 5.4.10 b 所示为拔模后的模型。由该图可看出，拔模面被枢轴平面分离成两个拔模侧面（拔模 1 和拔模 2），这两个拔模侧面可以有独立的拔模角度和方向。下面以此模型为例，讲述如何使用枢轴平面创建一个分离的拔模特征。

图 5.4.10　创建分离的拔模特征

Step1. 将工作目录设置至 D:\proewf5.8\work\ch05.04，打开文件 draft_split.prt。

Step2. 选择下拉菜单 插入(I) ➡ 斜度(F)... 命令，系统弹出 "拔模" 操控板。

Step3. 选取要拔模的曲面。选取图 5.4.11 中的模型表面为要拔模的曲面。

Step4. 选取拔模枢轴平面。先在操控板中单击 图标后的 ● 单击此处添加项目 字符，再选取图 5.4.12 所示的模型表面为拔模枢轴平面。

　　Step5. 采用系统默认的拔模枢轴平面为拔模参照平面，如图 5.4.13 所示。

选取此表面为要拔模的曲面　　　选取此表面为拔模枢轴平面　　　此平面同时也是拔模参照平面　　拔模方向箭头　1.0

　　图 5.4.11　要拔模的曲面　　　　图 5.4.12　拔模枢轴平面　　　　图 5.4.13　拔模参照平面

　　Step6. 选取分割选项和侧选项。

　　（1）选取分割选项：在"拔模"操控板中单击 分割 按钮，然后在 分割选项 下拉列表中选取 根据拔模枢轴分割 。

　　（2）选取侧选项：接着在 侧选项 下拉列表中选取 独立拔模侧面 ，如图 5.4.14 所示。

独立拔模侧面 ——两个拔模侧面可以有独立的拔模角度和方向
从属拔模侧面 ——两个拔模侧面具有共同的拔模角度和方向
只拔模第一侧 ——只对枢轴平面的第一侧进行拔模
只拔模第二侧 ——只对枢轴平面的第二侧进行拔模

图 5.4.14　"分割"界面

　　Step7. 在操控板中的相应区域依次修改两个拔模侧的拔模角度和方向，如图 5.4.15 所示。

　　Step8. 单击操控板中的 ✔ 按钮，完成拔模特征的创建。

修改第一拔模侧的拔模角度和方向　　　　　　修改第二拔模侧的拔模角度和方向

图 5.4.15　"拔模"操控板

5.4.3　草绘分割的拔模特征

　　图 5.4.16 a 为拔模前的模型，图 5.4.16 b 为进行草绘分割拔模后的模型。由此图可看出，拔模面被草绘截面分离成两个拔模面，这两个拔模面可以有独立的拔模角度和方向。下面以此模型为例，讲述如何创建一个草绘分割的拔模特征。

此平面既是枢轴平面，也可以作为拔模参照平面　　要拔模的面　　　　　草绘区的拔模　　非草绘区的拔模

a）拔模前　　　　　　　　　　　　　　b）拔模后

图 5.4.16　草绘分割的拔模特征

Step1. 将工作目录设置至 D:\proewf5.8\work\ch05.04，打开文件 draft_sketch.prt。

Step2. 选择下拉菜单 插入(I) ➡ 斜度(F)... 命令。

Step3. 选取图 5.4.17 中的模型表面为要拔模的曲面。

Step4. 单击操控板中 ▨ 图标后的 • 单击此处添加项目 字符，再选取图 5.4.18 中的模型表面为拔模枢轴平面。

Step5. 采用系统默认的拔模枢轴平面为拔模参照平面，如图 5.4.19 所示。

图 5.4.17　拔模曲面　　　　图 5.4.18　拔模枢轴平面　　　　图 5.4.19　拔模方向

Step6. 选取草绘分割选项，绘制分割截面。

（1）在图 5.4.20 所示操控板中单击 分割 按钮，然后在 分割选项 下拉列表框中选取 根据分割对象分割 。

图 5.4.20　"拔模"操控板

（2）在 分割 界面中单击 定义... 按钮，进入草绘环境。设置图 5.4.21 中的拔模面为草绘平面，图中另一表面为参照平面，方向为 左 ；特征截面草图为图 5.4.21 所示的三角形。

Step7. 在操控板中的相应区域修改两个拔模区的拔模角度和方向，也可在模型上动态修改拔模角度，如图 5.4.22 所示。

Step8. 单击操控板中的 ☑ 按钮，完成特征的创建。

图 5.4.21　定义草绘属性　　　　　　图 5.4.22　修改拔模角度和方向

5.4.4 枢轴曲线的拔模

图 5.4.23a 为拔模前的模型，图 5.4.23b 为进行枢轴曲线拔模后的模型。下面以此为例，讲述如何创建一个枢轴曲线拔模特征。

先绘制一条基准曲线，方法是单击"草绘基准曲线"按钮 ，草绘一条由数个线段构成的基准曲线。注意曲线的两端点必须与模型边线重合。

a）拔模前　　　　　　　　　　　　b）拔模后

图 5.4.23　枢轴曲线的拔模

Step1. 将工作目录设置至 D:\proewf5.8\work\ch05.04，打开文件 draft_curve.prt。

Step2. 选择下拉菜单 插入(I) ➡ ⬛ 斜度(F)... 命令。

Step3. 选取图 5.4.24 中的模型表面为要拔模的曲面。

图 5.4.24　选取拔模的曲面

Step4. 单击操控板中 图标后的 单击此处添加项目 字符，再选取图 5.4.25 中的草绘曲线为拔模枢轴曲线。选中后的模型如图 5.4.26 所示。

图 5.4.25　选取拔模枢轴曲线前　　　　图 5.4.26　选取拔模枢轴曲线后

Step5. 单击 图标后的 单击此处添加项目 字符，再选取图 5.4.27 中的模型表面为拔模参照平面。

Step6. 动态修改拔模角度，如图 5.4.28 所示；也可在操控板中修改拔模角度和方向，如图 5.4.29 所示。

Step7. 单击操控板中的按钮 ，完成操作。

图 5.4.27　选取参照平面　　　　　　　　图 5.4.28　修改拔模角度及方向

图 5.4.29　"拔模"操控板

5.5　将曲面面组转化为实体或实体表面

5.5.1　使用"实体化"命令创建实体

选择下拉菜单 编辑(E) ➡ 实体化(Y)... 命令，可以将曲面或面组生成为实体。

1．使用面组创建实体

如图 5.5.1 所示，一个封闭的面组可转化为实体特征，操作过程如下：

Step1. 将工作目录设置至 D:\proewf5.8\work\ch05.05，打开文件 surface_solid-1.prt。

Step2. 选取要将其变成实体的面组。

Step3. 选择下拉菜单 编辑(E) ➡ 实体化(Y)... 命令，出现图 5.5.2 所示的操控板。

图 5.5.1　实体化面组操作

Step4. 单击按钮 ✓，完成实体化操作。完成后的模型树如图 5.5.3 所示。

注意：使用该命令前，须将模型中所有分离的曲面"合并"成一个封闭的整体面组。

图 5.5.2　操控板

图 5.5.3　模型树

2. 使用"曲面"创建实体

如图 5.5.4 所示，可以用一个面组替代实体表面的一部分，替换面组的所有边界都必须位于实体表面上。其操作过程如下：

图 5.5.4　用"曲面"创建实体

Step1. 将工作目录设置至 D:\proewf5.8\work\ch05.05，打开 surface_solid_replace.prt。

Step2. 选取要将其变成实体的曲面。

Step3. 选择下拉菜单 编辑(E) ➡ 实体化(Y)... 命令，此时出现图 5.5.5 所示的操控板。

图 5.5.5　操控板

Step4. 确认实体保留部分的方向。箭头指向的方向为实体保留的部分。

Step5. 单击"完成"按钮，完成实体化操作。

5.5.2　使用"偏移"命令创建实体

使用"偏移"命令创建实体，就是用一个面组替换实体零件的某一部分表面来生成新的实体形状，如图 5.5.6 所示。其操作过程如下：

Step1. 将工作目录设置至 D:\proewf5.8\work\ch05.05，打开文件 surface_surface _patch.prt。

Step2. 选取要被替换的一个实体表面，如图 5.5.6 所示。

Step3. 选择下拉菜单 编辑(E) ➡ 偏移(O)... 命令，此时出现图 5.5.7 所示的操控板。

图 5.5.6　用面组"替换"创建实体

Step4. 在操控板中选择"替换曲面特征"选项 。

图 5.5.7　操控板

Step5. 在系统 ➡选取要替换实体曲面的面组 的提示下，选取替换曲面，如图 5.5.6 所示。

Step6. 单击按钮 ✔，完成替换操作。

5.5.3　使用"加厚"命令创建实体

用户可以使用"加厚"命令将开放的曲面（或面组）转化为薄板实体特征。图 5.5.8 所示即为一个转化的例子，其操作过程如下：

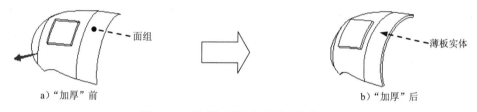

a)"加厚"前　　　　　　　　　　　　　　　b)"加厚"后

图 5.5.8　用"加厚"命令创建实体

Step1. 将工作目录设置至 D:\proewf5.8\work\ch05.05，打开文件 surface_mouse_solid. prt。

Step2. 选取要将其变成实体的面组。

Step3. 选择下拉菜单 编辑(E) ➡ 加厚(K)...命令，系统弹出图 5.5.9 所示的"特征"操控板。

图 5.5.9　"特征"操控板

Step4. 选取加材料的一侧，输入薄板实体的厚度值 1.1，选取偏距类型为 垂直于曲面。

Step5. 单击 ✔ 按钮，完成加厚操作。

第 6 章　曲面中的倒圆角

本章提要　本章将介绍曲面中的倒圆角。主要内容包括倒圆角的各种类型：恒定倒圆角、可变倒圆角、曲面至曲面可变倒圆角、由曲线驱动的倒圆角、完全倒圆角和圆锥倒圆角。

6.1　倒圆角的特征

在进行造型设计时，常常因为加工或美观的需要，必须将尖锐的边角变得圆滑，这时候使用圆角（Round）命令就可以创建曲面间的圆角或中间曲面位置的圆角。曲面可以是实体模型的曲面，也可以是曲面特征。在 Pro/ENGINEER 中，可以创建两种不同类型的圆角：简单圆角和高级圆角。创建简单圆角时，只能指定单个参照组，并且不能修改过渡类型；当创建高级圆角时，可以定义多个"圆角组"，即圆角特征的段。

创建圆角时，应注意下面几点：

● 在设计中尽可能晚些添加圆角特征。

● 可以将所有圆角放置到一个层上，然后隐含该层，以便加快工作进程。

● 为避免创建从属于圆角特征的子项，标注时，不要以圆角创建的边或相切边为参照。

6.2　倒圆角的参照

所选取的参照类型可以决定创建的倒圆角类型，下面简要说明在创建各种倒圆角类型时所使用的各种不同的参照。

（1）边链或边。通过使用一个边链或者选取一条或多条边作为参照来放置倒圆角，倒圆角的滚动相切连接由以参照边为边界的曲面所形成，如图 6.2.1a 所示。

主要适用的类型：恒定倒圆角、完全倒圆角、可变倒圆角和通过曲线倒圆角。假如是完全倒圆角，可以在倒圆角参照组（集）中转换两个倒圆角段。但要注意：在完全倒圆角时，一个公共曲面必须被这两个边共享。

注意：一般说来，倒圆角的传播方式是沿着相切的邻边进行的，直至遇到切线中的断点。但是在使用"依次"链时例外，倒圆角的传播方式将不会沿着相切的邻边而进行。

（2）曲面到曲面。倒圆角的放置参照为两个曲面，倒圆角的参照曲面与边要保持相切。

　　主要适用的类型：恒定倒圆角、完全倒圆角、可变倒圆角和通过曲线倒圆角。假如是完全倒圆角，则将"驱动曲面"定义为第三个曲面（图 6.2.1b）。倒圆角的位置由"驱动曲面"所决定，有时候"驱动曲面"还能决定倒圆角的大小。

　　（3）边到曲面。倒圆角的放置参照是通过先选取曲面，然后选取边来完成的。此曲面参照必须与倒圆角保持相切，边参照可以不保持相切，如图 6.2.1c 所示。

　　主要适用的类型：完全倒圆角、恒定倒圆角和可变倒圆角。

a）边链或边　　　　　　b）曲面到曲面　　　　　　c）边到曲面

图 6.2.1　倒圆角的参照

6.3　倒圆角的类型

　　"倒圆角"是通过向一条或多条边、边链或在曲面之间添加半径而形成的。在 Pro/ENGINEER 中，它是一种边处理的特征。下面介绍几种常用的倒圆角类型。

6.3.1　恒定倒圆角

　　恒定倒圆角是指在当前活动的倒圆角集中由一个半径值来驱动而形成的圆角。下面以图 6.3.1 所示的模型为例，说明创建恒定倒圆角的过程。

　　Step1. 将工作目录设置至 D:\proewf5.8\work\ch06.03，打开文件 round_1.prt。

　　Step2. 选择 插入(I) ➡ 倒圆角(O)... 命令，系统弹出"圆角特征"操控板。

　　Step3. 选取圆角放置参照。在图 6.3.2 中的模型上选取要倒圆角的边线，此时模型的显示状态如图 6.3.3 所示。

　　Step4. 在操控板中输入圆角半径值 10.0，然后单击"完成"按钮，完成圆角特征的创建。

图 6.3.1　恒定倒圆角

图 6.3.2　选取圆角边线

图 6.3.3　调整圆角的大小

6.3.2 可变倒圆角

可变倒圆角是指在当前活动的倒圆角集中添加多个不同的半径值来生成圆角。下面以如图 6.3.4 所示的模型为例，说明创建可变圆角的过程。

Step1. 将工作目录设置至 D:\proewf5.8\work\ch06.03，打开文件 variable_round.prt。

Step2. 选择下拉菜单 插入(I) ➡ 倒圆角(O)... 命令。

Step3. 选取圆角的放置参照：在模型上选择图 6.3.5 中的边线。

Step4. 在操控板中单击 集 按钮，在定义半径的栏中右击，选择 添加半径 命令。

Step5. 如图 6.3.6 所示，修改各处的半径值。完成后，"设置"界面如图 6.3.7 所示。

Step6. 浏览所创建的圆角特征；单击"完成"按钮 ✔，即完成特征的创建。

a）倒圆角前 b）倒圆角后

图 6.3.4 创建可变圆角

选择此边线

图 6.3.5 选择边线

图 6.3.6 设置各位置的半径值

图 6.3.7 "设置"界面

6.3.3 曲面至曲面可变倒圆角

下面以图 6.3.8 所示的模型为例，说明创建曲面至曲面可变倒圆角的过程。

Step1. 将工作目录设置至 D:\proewf5.8\work\ch06.03，打开文件 suf_to_suf_round.prt。

Step2. 选择下拉菜单 插入(I) ➡ 倒圆角(O)... 命令。

Step3. 按住<Ctrl>键，在模型上选择图 6.3.9 所示的两个曲面。

Step4. 在图 6.3.10 所示的半径控制方框上右击，从快捷菜单中选择 添加半径 命令。

Step5. 选择图 6.3.9 所示的边线。

Step6. 在 "设置" 界面中的定义半径的栏中右击，选择 添加半径 命令，并添加各处的半径值，如图 6.3.11 所示。

Step7. 浏览所创建的圆角特征；单击 "完成" 按钮，完成特征的创建。

a) 倒圆角前　　　　　　　　　b) 倒圆角后

图 6.3.8　创建曲面至曲面可变倒圆角

图 6.3.9　选择边线

图 6.3.10　右击半径控制方框

#	半径	位置
1	30.0	顶点:边:...
2	30.0	顶点:边:...
3	10.0	0.5

| 1 | 值 ▼ | 参照 ▼ |

图 6.3.11　"添加半径" 对话框

6.3.4　由曲线驱动的倒圆角

由曲线驱动的倒圆角是指在创建倒圆角的过程中，以指定的曲线为驱动对象，来驱动活动的倒圆角半径值所形成的圆角。下面以图 6.3.12 所示的模型为例，说明创建由曲线驱动的倒圆角的过程。

a) 倒圆角前　　　　　　　　　b) 倒圆角后

图 6.3.12　创建有曲线驱动的倒圆角

Step1. 将工作目录设置至 D:\proewf5.8\work\ch06.03，打开文件 cur_dri_round.prt。

Step2. 选择下拉菜单 插入(I) ➡ 倒圆角 (D)... 命令。

Step3. 选取圆角的放置参照：在模型上选择图 6.3.13 所示的边线。

Step4. 如图 6.3.14 所示，按住<Shift>键，在模型中拖动半径控制方框，并捕捉至曲线链。

Step5. 单击 "完成" 按钮，完成特征的创建。

图 6.3.13　选择边线

图 6.3.14　操作过程

6.3.5　完全倒圆角

如图 6.3.15 所示，通过指定一对边可创建完全倒圆角。此时这一对边所构成的曲面会被删除，圆角的大小由该曲面的大小所控制。下面说明创建完全倒圆角的过程。

图 6.3.15　创建完全圆角

Step1. 将工作目录设置至 D:\proewf5.8\work\ch06.03，打开文件 full_round.prt。

Step2. 选择下拉菜单 插入(I) ➡ ⚫ 倒圆角(O)... 命令。

Step3. 选取圆角的放置参照。在模型上选取图 6.3.15 所示的两条边线，操作方法为：先选取一条边线，然后按住<Ctrl>键，再选取另一条边线。

Step4. 在操控板中单击 集 按钮，系统弹出图 6.3.16 所示的"圆角"设置界面。在该界面中单击 完全倒圆角 按钮。

Step5. 在操控板中单击"完成"按钮 ✔，完成特征的创建。

6.3.6　圆锥倒圆角

圆锥倒圆角是指从外形来看创建具有圆锥截面形状和独立尺寸（X 轴和 Y 轴）的倒圆角集。下面以图 6.3.17 所示的模型为例，说明创建圆锥倒圆角的过程。

Step1. 将工作目录设置至 D:\proewf5.8\work\ch06.03，打开文件 taper_round.prt。

Step2. 选择下拉菜单 插入(I) ➡ ⚫ 倒圆角(O)... 命令。

Step3. 按住<Ctrl>键，在模型上选择图 6.3.17 所示的边线。

Step4. 在 集 界面中选择 圆锥 ，将圆锥参数值设置为 0.2，在圆锥距离值框的 D 列输入值 20。

Step5. 浏览所创建的圆角特征；单击"完成"按钮，则完成特征的创建。

单击此按钮，即可创建完全圆角

在该参照列表中，系统会列出要倒圆角的边线等内容。如果要删除其中的某项，可先单击该项，然后右击，在弹出的快捷菜单中选择 移除 命令。

图 6.3.16　"圆角"的设置界面

选择此边线

a）倒圆角前　　　　　　　　　　　　　b）倒圆角后

图 6.3.17　创建圆锥倒圆角

第 7 章　曲线和曲面的信息与分析

本章提要　　本章将介绍曲线和曲面的信息与分析。主要内容包括：点信息分析、半径分析、曲率分析、截面分析、偏移分析、偏差分析、高斯曲率分析、拔模分析、反射分析以及用户定义分析。

7.1　曲线的分析

7.1.1　曲线上某点信息分析

曲线上某点信息分析是指分析并报告曲线或边上的所选位置的各种信息，包括点、法向、曲率和曲率向量。在进行产品设计的过程中，利用此功能可以清楚地了解指定点位置的确切信息。下面简要说明对曲线上某点信息分析的操作过程。

Step1. 将工作目录设置至 D:\proewf5.8\work\ch07.01，打开文件 curve_point.prt。

Step2. 选择下拉菜单 分析(A) ➡ 几何(G) ▶ ➡ 点(P) 命令。

Step3. 在图 7.1.1 所示的"点"对话框中打开 分析 选项卡，在 点 文本框中单击"选取项目"字符，然后选取图 7.1.2 所示的基准点 PNT0，在图 7.1.3 所示的"查询范围"对话框中单击 接受 按钮。

图 7.1.1　"点"对话框

图 7.1.2　选取基准点 PNT0

图 7.1.3　"查询范围"对话框

Step4. 在图 7.1.4 所示的 分析 选项卡中，显示此点所在曲线的各种信息（包括点、法向、切向、曲率和曲率向量）。

图 7.1.4　"分析"选项卡

7.1.2　曲线的半径分析

曲线的半径分析是指计算并显示曲线或边在所选位置的最小半径值，下面简要说明曲线的半径分析的操作过程。

Step1. 将工作目录设置至 D:\proewf5.8\work\ch07.01，打开文件 curve_radius.prt。

Step2. 选择下拉菜单 分析(A) ➡ 几何(G) ▶ ➡ 半径(R) 命令。

Step3. 在图 7.1.5 所示的"半径"对话框中打开 分析 选项卡，并在 几何 文本框中单击"选取项目"字符，然后选取图 7.1.6 所示的曲线。此时在图 7.1.7 所示的 分析 选项卡中，显示最小半径值: 27.6450；单击 ✓ 按钮，完成曲线半径分析。

图 7.1.5　"半径"对话框

选取此曲线

图 7.1.6　要分析的曲线

图 7.1.7　"分析"选项卡

7.1.3　曲线的曲率分析

曲线的曲率分析是指在使用曲线创建曲面之前，先检查曲线的质量，从曲率图中观察是否有不规则的"回折"和"尖峰"现象。这对以后创建高质量的曲面有很大的帮助，同时也有助于验证曲线间的连续性。下面简要说明曲线的曲率分析的操作过程。

Step1. 将工作目录设置至 D:\proewf5.8\work\ch07.01 打开文件 curve_curvature.prt。

Step2. 选择下拉菜单 分析(A) ➡ 几何(G) ▸ ➡ 曲率(C) 命令。

Step3. 在图 7.1.8 所示的"曲率"对话框的"分析"选项卡中进行下列操作：

（1）单击 几何 文本框中的"选取项目"字符，然后选取要分析的曲线。

（2）在 质量 文本框中输入质量值 9.00。

（3）在 比例 文本框中输入比例值 50.00。

（4）其余均按默认设置，此时在绘图区中显示图 7.1.9 所示的曲率图，通过显示的曲率图可以查看该曲线的曲率走向。

Step4. 在 分析 选项卡中，可查看曲线的最大曲率和最小曲率，如图 7.1.8 所示。

7.1.4　对曲线进行偏差分析

对曲线进行偏差分析是指计算并显示曲线或者边线到基准点、曲线或基准点阵列的偏差，包括最大偏差值和最小偏差值。下面简要说明对曲线进行偏差分析的操作过程。

Step1. 将工作目录设置至 D:\proewf5.8\work\ch07.01，打开文件 curve_deviation.prt。

Step2. 选择下拉菜单 分析(A) ➡ 几何(G) ▸ ➡ 偏差(V) 命令。

Step3. 在弹出的"偏差"对话框中：

（1）打开 分析 选项卡，在 起始 文本框中单击"选取项目"字符，然后选取图 7.1.10 所示的 TOP 基准平面为起始参照。

（2）打开 分析 选项卡，在 至点 文本框中单击"选取项目"字符，然后选取图 7.1.10 所示的曲线为至点参照，此时模型的显示结果如图 7.1.11 所示。

（3）此时在 分析 选项卡中，显示最小偏差值为 36.8263，最大偏差值为 99.4000；单击 ✔ 按钮，完成操作。

图 7.1.10　选取要分析的曲线

图 7.1.8　"曲率"对话框　　　图 7.1.9　曲率图　　　图 7.1.11　模型的显示结果

7.2　曲面的分析

7.2.1　曲面上某点信息分析

曲面上某点信息分析是指计算在曲面上的基准点或指定点位置的法向曲率向量，包括点、法向、最大曲率和最小曲率。在进行产品设计的过程中，利用此功能可以清楚地了解曲面上指定点位置的确切信息。下面简要说明对曲面上某点信息分析的操作过程。

Step1. 将工作目录设置至 D:\proewf5.8\work\ch07.02，打开文件 surf_point.prt。

Step2. 选择下拉菜单 分析(A) ➡ 几何(G) ▸ ➡ 点(P) 命令。

Step3. 在图 7.2.1 所示的"点"对话框中打开 分析 选项卡，在 点 文本框中单击"选取项目"字符，然后选取图 7.2.2 所示的基准点 PNT0，在图 7.2.3 所示的"查询范围"对话框中单击 接受 按钮。

Step4. 在图 7.2.4 所示的 分析 选项卡中显示此点所在曲面的各种信息（包括点、法向、最大曲率和最小曲率）。

7.2.2　曲面的半径分析

　　曲面的半径分析可以为以后创建曲面的加厚特征提供重要的信息，并且还可以帮助决定在制造过程中所能使用的最大刀具的半径值，从曲面的半径分析结果中可以得到最小内侧半径值和最小外侧半径值。下面简要说明曲面的半径分析的操作过程。

图 7.2.2　选取基准点 PNT0

图 7.2.1　"点"对话框　　　图 7.2.3　"查询范围"对话框　　　图 7.2.4　"分析"选项卡

　　Step1. 将工作目录设置至 D:\proewf5.8\work\ch07.02，打开文件 surf_radius.prt。

　　Step2. 选择下拉菜单 分析(A) ➡ 几何(G) ▸ ➡ 半径(R)命令。

　　Step3. 在图 7.2.5 所示的"半径"对话框中打开 分析 选项卡，在 几何 文本框中单击"选取项目"字符，并在"智能选取"栏中选取 面组 ，然后选取图 7.2.6 所示的要分析的曲面。此时在图 7.2.7 所示的 分析 选项卡中，显示最小内侧半径值：−5.0853，最小外侧半径值：166.9683；单击 ✓ 按钮，完成曲面半径分析。

选取此曲面为要分析的曲面

图 7.2.5　"半径"对话框　　　图 7.2.6　要分析的曲面　　　图 7.2.7　"分析"选项卡

Step4. 在曲面半径分析的过程中，分析结果是最小内侧半径值为−5.0853，也就是说此面组的加厚值不能超过最小内侧半径值。下面将对此分析结果进行验证。

（1）选择下拉菜单 编辑(E) ➡ ▇ 加厚(K)... 命令；加厚的箭头方向如图 7.2.8 所示；在操控板中输入薄壁实体的厚度值 5.1，并按<Enter>键。

（2）单击按钮 ☑ ∞ ，预览加厚的面组，系统弹出图 7.2.9 所示的"定义特殊处理"对话框；单击 是 按钮，在预览中可以观察到图 7.2.8 所示的两个曲面没有加厚。

图 7.2.8　定义加厚方向

图 7.2.9　"定义特殊处理"对话框

（3）再次单击按钮 ☑ ∞ ，退出预览环境。在操控板的 选项 界面中显示系统已经自动排除了不符合加厚要求的曲面，如图 7.2.10 所示。

（4）在操控板中将薄壁实体的厚度值修改为 5.0（提示：在图 7.2.10 所示的列表中右击，在弹出的快捷菜单中选择 移除全部 命令，将列表中的两个曲面移除掉），并按<Enter>键。然后进行预览，结果显示特征创建成功，如图 7.2.11 所示。

图 7.2.10　"选项"界面

图 7.2.11　特征创建成功

7.2.3　曲面的曲率分析

曲面的曲率分析是从分析的曲率图中观察曲线是否光滑，有没有不规则的"回折"和"尖峰"现象，从而帮助用户得到高质量的曲面，以达到符合产品的设计意图。下面简要说明曲面的曲率分析的操作过程。

Step1. 将工作目录设置至 D:\proewf5.8\work\ch07.02，打开文件 surf_curvature.prt。

Step2. 选择下拉菜单 分析(A) ➡ 几何(G) ▸ ➡ 曲率(C) 命令。

Step3. 在图 7.2.12 所示的"曲率"对话框中打开 分析 选项卡，并在 几何 文本框中单击"选取项目"字符，然后选取要分析的曲面，此时曲面上呈现出一个分析曲线的曲率图（图7.2.13）。从曲率图上可以观察到此分析曲线内部曲率连续情况良好，曲线比较光滑，没有不规则的"回折"和"尖峰"现象，符合产品的设计意图，最大曲率值与最小曲率值可以在"分析"选项卡中查看（图 7.2.14）。

图 7.2.12   "曲率"对话框

图 7.2.13   要分析的曲面

图 7.2.14   "分析"选项卡

7.2.4   曲面的截面分析

曲面的截面分析是指计算曲面的连续性，尤其是在共用边界上的连续性。下面简要说明曲面的截面分析的操作过程。

Step1. 将工作目录设置至 D:\proewf5.8\work\ch07.02，打开文件 surf_sections.prt。

Step2. 选择下拉菜单 分析(A) ➡ 几何(G) ▸ ➡ 📊剖面(S)命令。

Step3. 在图 7.2.15 所示的"截面"对话框中打开 分析 选项卡，在 曲面 文本框中单击"选取项目"字符，在"智能选取"栏中选取 面组 ，选取图 7.2.16 所示的面组，在 方向 文本框中单击 单击此处添加项目 字符，然后选取图 7.2.16 所示的 DTM3 基准平面。

Step4. "截面"对话框"分析"选项卡"截面"选项中有两种子分析类型，它们分别是 横切 和 加亮 。

方法一：用 横切 方法进行截面分析，接受系统默认的 截面 为 横切 ，分析结果如图 7.2.17 所示。

方法二：用 加亮 方法进行截面分析，在图 7.2.18 所示的"截面"对话框"分析"选项卡中将设置为，分析结果如图 7.2.19 所示。

Step5. 在 分析 选项卡中单击 ✔ 按钮。

图 7.2.15 "截面"对话框

图 7.2.18 "分析"选项卡

图 7.2.16 选取参照　　　　图 7.2.17 "横切"方法

图 7.2.19 "加亮"方法

7.2.5 曲面的偏移分析

曲面的偏移分析可以为以后对曲面进行加厚提供重要的信息。其过程是从所选的曲面上显示偏距网格，从网格中的变化来检查曲面的质量。下面简要说明曲面偏移分析的操作过程。

Step1. 将工作目录设置至 D:\proewf5.8\work\ch07.02，打开文件 surf_offset.prt。

Step2. 选择下拉菜单 分析(A) ➡ 几何(G) ▶ ➡ 偏移(O) 命令。

Step3. 在弹出的"偏距"对话框中打开 分析 选项卡，在 几何 文本框中单击"选取项目"字符，在"智能选取"栏中选取 面组 ，选取图 7.2.20 所示的面组，在 偏移 文本框中输入偏距值 15，并按<Enter>键。此时系统计算出图 7.2.20 所示的偏移后的曲面组，分析的结果表示当曲面组向外偏移 15mm 时，偏移网格中没有任何相交的地方。因此将曲面的加厚值设置到此数值时不会出现错误。

Step4. 在 分析 选项卡中单击 ☑ 按钮。

7.2.6　对曲面进行偏差分析

对曲面进行偏差分析是计算并显示从基准平面或者曲面到其要测量偏差的基准点、曲线或者基准点阵列的偏差，包括最大偏差值和最小偏差值。下面简要说明对曲面进行偏差分析的操作过程。

Step1. 将工作目录设置至 D:\proewf5.8\work\ch07.02，打开文件 surf_deviation.prt。

Step2. 选择下拉菜单 分析(A) ➡ 几何(G) ▶ ➡ 偏差(V) 命令。

Step3. 在弹出的"偏差"对话框中：

（1）打开 分析 选项卡，在 起始 文本框中单击"选取项目"字符，然后选取图 7.2.21 所示的曲面为起始参照。

（2）打开 分析 选项卡，在 至点 文本框中单击"选取项目"字符，然后选取图 7.2.21 所示的曲线为至点参照。

（3）此时在 分析 选项卡中，显示最小偏差值为 6.6119，最大偏差值为 49.2589；单击 ☑ 按钮，完成操作。

图 7.2.20　偏移分析结果

图 7.2.21　选取要分析的曲面

7.2.7　曲面的高斯曲率分析

曲面的高斯曲率分析是计算并显示曲面上每点处的最小和最大法向曲率，可以根据显示在边缘绘图中的非连续性来检测曲面中的非连续性。系统在显示曲率的范围内进行分配颜色值，在系统的"颜色分布图"中，红色端和蓝色端的值分别表示最大和最小曲率。下面简要说明曲面的高斯曲率分析的操作过程。

Step1. 将工作目录设置至 D:\proewf5.8\work\ch07.02，打开文件 surf_gaussian_curvature.prt。

Step2. 选择下拉菜单 分析(A) ➡ 几何(G) ▶ ➡ 着色曲率(H) 命令。

Step3. 在弹出的"着色曲率"对话框中，打开 分析 选项卡，在 曲面 文本框中单击"选取项目"字符，然后选取要分析的曲面，此时曲面上呈现出一个彩色分布图（图 7.2.22），同时系统弹出"颜色比例"对话框。彩色分布图中的不同颜色代表不同的曲率大小，颜色与曲率大小的对应关系可以从"颜色比例"对话框中查阅。

Step4. 在 分析 选项卡区域中，可查看曲面的最大高斯曲率和最小高斯曲率。

7.2.8　曲面的拔模分析

曲面的拔模分析可以预先分析出在实际的零件生产过程中，从模具拔出时可能产生的问题。下面简要说明曲面的拔模分析的操作过程。

Step1. 将工作目录设置至 D:\proewf5.8\work\ch07.02，打开文件 surf_draft.prt。

Step2. 选择下拉菜单 分析(A) ➡ 几何(G) ▸ ➡ 拔模(T)命令。

Step3. 在"斜度"对话框中打开 分析 选项卡，在 曲面 文本框中单击"选取项目"字符，在"智能选取"栏中选取 面组 ；选取图 7.2.23 所示的面组，在 方向 文本框中单击 单击此处添加项目 字符；选取图 7.2.23 所示的 FRONT 基准平面作为拔模参照平面。此时系统开始进行分析，然后在参照模型上以色阶分布的方式显示出检测的结果，同时弹出一个颜色窗口以作说明。从图中可以看出，零件的外表面显示为蓝色，表明由此方向拔模时没有干涉。但是手柄旋钮部位显示为淡红色，表明由此方向拔模时，此部位有干涉，如图 7.2.24 所示。

Step4. 在 分析 选项卡中单击 ✔ 按钮。

图 7.2.22　要分析的曲面　　　图 7.2.23　选取参照　　　图 7.2.24　拔模检测分析

7.2.9　曲面的反射分析

曲面的反射分析俗称"斑马纹"分析，显示从指定方向观察时，在曲面上来自线性光源的反射的曲线。可以在视图中旋转模型并观察显示过程中的动态变化，以查看反射中的变化。下面简要说明曲面的反射分析的操作过程。

Step1. 将工作目录设置至 D:\proewf5.8\work\ch07.02，打开文件 surf_reflection.prt。

Step2. 选择下拉菜单 分析(A) ➡ 几何(G) ▸ ➡ 反射(N)命令。

Step3. 在弹出的"反射"对话框中，在 曲面 文本框中单击"选取项目"字符，并在"智能选取"栏中选取 面组 ，然后选取要分析的曲面，此时曲面上呈现出曲面的分析结果，如

图 7.2.25 所示。从分析结果中可以观察到曲面在对称的地方过渡比较好，符合产品的设计要求。

Step4. 单击 ☑ 按钮。

选取此曲面为要分析的曲面

图 7.2.25　要分析的曲面

7.3　用户定义分析——UDA

7.3.1　关于用户定义分析

使用用户定义分析（UDA）来创建"分析"菜单以外的测量和分析。用户定义分析由一组特征构成，该组特征是为进行所需的测量而创建的。这组特征称为"构造"组。可以把"构造"组认为是进行测量的定义。根据需要可以保存和重新使用该定义。要定义一个"构造"组，就应创建一个以"分析"特征为最后特征的局部组。

如果"构造"组将一个域点作为它的第一个特征，那么在域内的任何选定点处或域点的整个域内都能执行分析。当分析在整个域内执行时，UDA 所起作用相当于曲线或曲面分析。因此，系统在域内的每一个点都临时形成构建，然后显示与标准曲线和曲面分析结果相同的结果。如果 UDA 不基于域点，则它表示一个可用做任何其他标准测量的简单测量。

执行用户定义分析包括两个主要过程：

●　创建"构造"组。创建将用于所需测量的所有必要特征，然后使用"局部组"命令将这些特征分组。创建"构造"组所选定的最后一项必须是"分析"特征。

●　应用"构造"组创建 UDA。选择下拉菜单 分析(A) ➡ 用户定义分析(U)... 命令，并使用"用户定义分析"对话框来执行分析。

7.3.2　使用 UDA 功能的规则和建议

使用 UDA 创建定制测量来研究模型的特征。用这些测量可以查找满足用户定义约束的建模解决方案。

注意下列规则和建议：

●　创建几何的目的仅在于定义 UDA "构造"组（域点、基准平面等）。不要将这些特征用于常规建模活动。

● 在创建了"构造"组之后，必须隐含它，以确保其特征不用于建模的目的。在隐含时，"构造"组仍然可以用于 UDA 的目的。

● 为了避免"构造"组特征用于建模，一些特征可能需要创建两次：一次用于建模的目的，而另一次用于 UDA 的目的。

域点（Field Point）：属基准点的一种，是专门用来协助 UDA 分析的。域点的特征如下：

● 为基准点的一种。

● 可位于曲线、边、曲面等参考几何上，仅能在这些参考几何上自由移动。

● 没有尺寸的限制。

● 在参考几何上的每一次移动间距相当小，可视为连续且遍布整个参考几何，协助寻找出某性质的最大值/最小值位置。

下面举例说明 UDA 分析特征的应用范例，如图 7.3.1 所示。

Step1. 设置工作目录和打开文件。

（1）选择下拉菜单 文件(F) ➡ 设置工作目录(W)... 命令，将工作目录设置至 D:\proewf5.8\work\ch07.03。

（2）选择下拉菜单 文件(F) ➡ 打开(O)... 命令，打开文件 pipe_udf.prt。

Step2. 在轨迹曲线上创建一个域点。

（1）单击工具栏上的"创建基准点"按钮 中的 ▶，再单击 。

（2）如图 7.3.2 所示，单击选取轨迹曲线，系统立即在单击处的轨迹曲线上产生一个基准点 FPNT0，这就是域点。

（3）在"域基准点"对话框中单击 确定 按钮。

图 7.3.1　UDA 分析特征应用范例

单击此轨迹曲线

图 7.3.2　创建域点

Step3. 创建一个通过域点的基准平面，如图 7.3.3 所示。

（1）选取基准平面的创建命令。单击工具栏上的"创建基准平面"按钮 （或选择下拉菜单 插入(I) ➡ 模型基准(D)▶ ➡ 平面(L)... 命令），此时系统弹出 "基准平面"对话框。

（2）选取约束。

① 穿过域点：单击图 7.3.4 所示的域点。

② 垂直于曲线：按住<Ctrl>键，选择图 7.3.2 所示的曲线；设置为"法向"。

③ 完成基准面的创建：单击 确定 按钮。

图 7.3.3　创建基准平面　　　　　　图 7.3.4　操作过程

Step4. 创建一个"分析"特征来测量管道的横截面。

（1）选择下拉菜单 分析(A) ➡ 模型 ➡ 剖面质量属性(X) 命令。

（2）在图 7.3.5 所示的"剖面属性"对话框中，进行如下操作：

① 输入分析特征的名称。在 分析 选项卡的"类型"区域中，选中 特征 选项，并在文本框中输入分析特征的名称"PIPE_AREA"。

② 定义分析特征。在图 7.3.6 所示的 平面 区域中，选取图中的基准平面 DTM1，此时在"分析"界面显示结果。

③ 在 特征 选项卡的 再生 下拉列表中选取 始终 选项。在 参数 区域中将参数 XSEC_AREA 的 创建 栏选中，在 基准 区域中将参数 CSYS_XSEC_COG 的 创建 栏选中，如图 7.3.7 所示。

图 7.3.5　"剖面属性"
对话框（一）　　　　　　图 7.3.6　"剖面属性"
对话框（二）　　　　　　图 7.3.7　"剖面属性"
对话框（三）

（3）完成分析特征的创建。单击"剖面属性"对话框中的 ✓ 按钮。

Step5. 通过归组所有需要的特征和参数来创建 UDA 构造组。

（1）在模型树中按住<Ctrl>键，选择图 7.3.8 所示的三个特征。

（2）右击，在弹出的菜单中选择"组"命令，如图 7.3.9 所示。此时模型树中会生成一个局部组，如图 7.3.10 所示。

（3）右击模型树中的 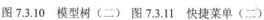 组LOCAL_GROUP，从弹出的菜单中选取"重命名"命令，如图 7.3.11 所示，并将组的名称改为"GROUP_1"。

Step6. 用已经定义过的"构造"组创建用户定义分析。

（1）选择下拉菜单 插入(I) ➡ 模型基准(D)▶ ➡ 分析(A)... 命令。

（2）在"分析"对话框中，进行如下操作：

① 输入分析特征的名称：在 名称— 区域输入分析特征的名称 UDF_AREA，然后按<Enter>键。

② 选择分析特征类型：在 类型— 区域选中 ⊙ UDA 单选按钮。

③ 选择再生请求类型：在 再生请求— 区域选中 ⊙ 始终 单选按钮。

④ 单击 下一页 按钮。

（3）在图 7.3.12 所示的"用户定义分析"对话框中进行如下操作：

图 7.3.8　模型树（一）　图 7.3.9　快捷菜单（一）

图 7.3.10　模型树（二）　图 7.3.11　快捷菜单（二）

图 7.3.12　"用户定义分析"对话框

① 选择 GROUP_1 作为测量类型。

② 选中 ☑缺省 复选框，采用默认参照。

③ 在 计算设置— 区域设定"参数"为"XSEC_AREA"，"区域"为"整个场"。

④ 单击 计算 按钮，此时系统显示图 7.3.13 所示的曲线图，并在模型上显示出曲线分布图，如图 7.3.14 所示。

⑤ 关闭曲线图，然后单击"用户定义分析"对话框中的 关闭 按钮。

图 7.3.13　曲线图

图 7.3.14　曲线分布图

（4）在图 7.3.15 所示的"分析"对话框中，进行如下操作：

① 在 结果参数 下选择参数 UDM_min_val ，并选中 ⊙是 单选项来创建这个参数；用同样的方法创建参数 UDM_max_val。

② 单击 下一页 按钮，转到下一页来创建基准参数。

（5）在图 7.3.16 所示的"分析"对话框中进行如下操作：

图 7.3.15　"分析"对话框（一）

图 7.3.16　"分析"对话框（二）

① 在 结果数据 下选择 UDA_min_pnt_147 基准名，然后选中 ⊙是 单选项，来创建此基准参数；用同样的方法创建基准参数 UDA_max_pnt_147 及 GraphEntity_147。

② 单击"分析"对话框中的 ✓ 按钮。

第8章　普通曲面设计综合范例

本章提要　本章主要对 7 个典型的普通曲面设计综合范例进行详细的讲解。其中参数化圆柱齿轮、参数化蜗杆和参数化锥齿轮比较复杂，在它们的设计过程中都用到了"参数化"和"关系"命令。最后一个手机范例用到了"自顶向下"的建模思想来设计。

8.1　普通曲面综合范例 1——淋浴把手

范例概述

本例是一个典型的曲面建模的范例，先使用基准平面、基准轴和基准点等创建基准曲线，再利用基准曲线构建边界混合曲面，然后合并、倒圆角以及加厚。零件模型及模型树如图 8.1.1 所示。

图 8.1.1　零件模型和模型树

Step1. 新建并命名零件的模型为 MUZZLE_HANDLE。

Step2. 创建图 8.1.2 所示的基准曲线 1。

（1）单击工具栏上的"草绘"按钮 ⬚。

（2）定义草绘截面放置属性。选取 TOP 基准平面为草绘平面，并选取 RIGHT 基准平面为草绘参照平面，方向为 右；单击 草绘 按钮。

（3）创建基准曲线 1。进入草绘环境后，绘制图 8.1.3 所示的草图，完成后单击按钮 ✔。

Step3. 创建图 8.1.4 所示的 DTM1 基准平面。单击"创建基准平面"按钮 ⬚；选取 RIGHT 基准平面，约束类型为 偏移，偏移值为 80.0，然后单击 确定 按钮。

Step4. 创建图 8.1.5 所示的基准曲线 2。单击工具栏上的"草绘"按钮；选取 DTM1 基准平面为草绘平面，并选取 FRONT 基准平面为草绘参照平面，方向为 左，然后选择"椭圆"按钮，绘制图 8.1.6 所示的草图。

图 8.1.2　基准曲线 1（建模环境）　图 8.1.3　基准曲线 1（草绘环境）　图 8.1.4　创建 DTM1 基准平面

图 8.1.5　基准曲线 2（建模环境）　　图 8.1.6　基准曲线 2（草绘环境）

Step5. 创建图 8.1.7 所示的基准点 PNT0 、PNT1、 PNT2 和 PNT3。

（1）单击"创建基准点"按钮，选择基准曲线 2 的一个端点，创建基准点 PNT0；选择基准曲线 2 的另一个端点，创建基准点 PNT1。

（2）选择基准曲线 1 的两个端点，创建基准点 PNT2、PNT3，如图 8.1.8 所示。

图 8.1.7　创建基准点 PNT0 和 PNT1

图 8.1.8　创建基准点 PNT2 和 PNT3

（3）创建完毕后，单击 确定 按钮。

Step6. 创建图 8.1.9 所示的基准曲线 3_1 和 3_2。单击工具栏上的"草绘"按钮；选择 FRONT 基准平面为草绘平面，RIGHT 基准平面为草绘参照平面，方向为 右；进入草绘环境后，选取基准点 PNT0、PNT1、PNT2 和 PNT3 以及基准平面 DTM1 为草绘参照，绘制图 8.1.10 所示的草图，完成后单击 按钮。

图 8.1.9　基准曲线 3（建模环境）

图 8.1.10　基准曲线 3（草绘环境）

Step7. 创建图 8.1.11 所示的 DTM2 基准平面。单击"创建基准平面"按钮 <u>□</u>；选取 RIGHT 基准平面，约束类型为 偏移 ，偏移值为 50.0；单击 确定 按钮。

Step8. 创建图 8.1.12 所示的基准点 PNT4 和 PNT5。

图 8.1.11　创建基准平面 DTM2　　　　　图 8.1.12　基准点 PNT4 和 PNT5

（1）单击"创建基准点"按钮 。

（2）如图 8.1.13 所示，选择基准曲线 3_1 的直线部分，按住<Ctrl>键，再选择 DTM2 基准平面，创建基准点 PNT4；如图 8.1.14 所示，选择基准曲线 3_2 的直线部分，按住<Ctrl> 键，再选择基准平面 DTM2，创建基准点 PNT5。完成后单击 确定 按钮。

图 8.1.13　创建基准点 PNT4　　　　　　图 8.1.14　创建基准点 PNT5

Step9. 创建图 8.1.15 所示的基准点 PNT6 和 PNT7。

（1）单击"创建基准点"按钮 。

（2）创建基准点 PNT6。如图 8.1.16 所示，选择基准曲线 3_1 直线部分的端点。

图 8.1.15　基准点 PNT6 和 PNT7　　　　图 8.1.16　创建基准点 PNT6

（3）创建基准点 PNT7。如图 8.1.17 所示，选择基准曲线 3_2 的样条曲线部分，系统立即产生一个基准点 PNT7，选择定位方式 比率 ，定位数值为 0.4，单击 确定 按钮。

Step10. 创建图 8.1.18 所示的基准平面 DTM3。单击"创建基准平面"按钮 □ 。选取基准点 PNT6，约束类型为 穿过 ；按住<Ctrl>键，选择基准点 PNT7，约束类型为 穿过 ；按住

<Ctrl>键，选取 FRONT 基准平面，约束类型为 法向 。单击"基准平面"对话框中的 确定 按钮。

图 8.1.17　创建基准点 PNT7

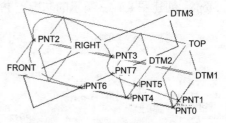

图 8.1.18　创建基准平面 DTM3

Step11. 创建图 8.1.19 所示的基准曲线 4。单击工具栏上的"草绘"按钮 ；选取 DTM2 基准平面为草绘平面，选取 FRONT 基准平面为草绘参照平面，方向为 左 ；进入草绘环境后，选取基准点 PNT4 和 PNT5 为草绘参照；选择"椭圆"按钮 ，绘制图 8.1.20 所示的草图，完成后单击 按钮。

图 8.1.19　基准曲线 4（建模环境）　　　　图 8.1.20　基准曲线 4（草绘环境）

Step12. 创建图 8.1.21 所示的基准曲线 5。单击工具栏上的"草绘"按钮 ；选取 DTM3 基准平面为草绘平面，FRONT 基准平面为参照平面，方向为 左 ；进入草绘环境后，选取基准点 PNT6 和 PNT7 为草绘参照；选择"椭圆"按钮 ，绘制图 8.1.22 所示的草图，完成后单击 按钮。

图 8.1.21　基准曲线 5（建模环境）

图 8.1.22　基准曲线 5（草绘环境）

Step13. 创建图 8.1.23 所示的基准曲线 6。单击工具栏上的"草绘"按钮 ；选取 FRONT 基准平面为草绘平面，选取 RIGHT 基准平面为参照平面，方向为 右 ；进入草绘环境后，选取图 8.1.24 所示的两条直线段为草绘参照；绘制图 8.1.24 所示的草图。

图 8.1.23　基准曲线 6（建模环境）

图 8.1.24　基准曲线 6（草绘环境）

Step14. 创建图 8.1.25 所示的边界曲面 1。

（1）选择下拉菜单 插入(I) ➡ 边界混合(B)...命令。

（2）定义边界曲线。按住<Ctrl>键，依次选择基准曲线 2、基准曲线 4、基准曲线 5 和基准曲线 1（图 8.1.26）为第一方向边界曲线；单击操控板中的第二方向曲线操作栏，按住<Ctrl>键，依次选择基准曲线 3_1 和基准曲线 3_2（图 8.1.27）为第二方向边界曲线。

图 8.1.25　创建边界曲面 1　　　图 8.1.26　第一方向边界曲线　　　图 8.1.27　第二方向边界曲线

（3）定义边界曲线的约束。单击操控板中的 约束 按钮，在弹出的对话框的第一列表区域中将方向 2 的第一条链和最后一条链的约束条件设置为垂直；其余按默认设置。

（4）单击操控板中的"完成"按钮 ✓。

Step15. 创建图 8.1.28 所示的边界曲面 2。选择下拉菜单 插入(I) ➡ 边界混合(B)...命令；按住<Ctrl>键，依次选择基准曲线 2 和基准曲线 6；在 约束 界面中将方向 1 的第一条链的约束条件设置为切线，再单击该界面的第二列表区域，选取图 8.1.29 示的边界曲面 1；单击第一列表区域，将方向 1 的最后一条链的约束条件设置为垂直，第二列表区域采用系统默认设置。完成后，单击操控板中的"完成"按钮 ✓。

图 8.1.28　创建边界曲面 2　　　　　图 8.1.29　选择第一方向曲线

Step16. 将边界曲面 1 与边界曲面 2 进行合并。

（1）在"智能"选取栏的下拉列表中选择 面组 选项，这样将会很容易地选取到曲面。按住<Ctrl>键，选取图 8.1.30 所示的边界曲面 1 和边界曲面 2。

（2）选择下拉菜单 编辑(E) ➡ 合并(G)... 命令，预览合并后的面组，确认无误后，单击"完成"按钮 ✔。合并后的面组编号为"面组 1"。

Step17. 创建图 8.1.31 所示的镜像复制特征。

（1）选择图 8.1.32 所示的面组 1，选择下拉菜单 编辑(E) ➡ 镜像(I)... 命令。

图 8.1.30　选取边界曲面　　　图 8.1.31　镜像复制特征　　　图 8.1.32　选择面组 1 和镜像平面

（2）在 选取要镜像的平面或目的基准平面 的提示下，选取 FRONT 基准平面。

（3）单击操控板中的 ✔ 6σ 按钮，预览所创建的特征；单击"完成"按钮 ✔，镜像所得到的面组编号为"面组 2"。

Step18. 将面组 1 与面组 2 进行合并。

按住<Ctrl>键，选取图 8.1.33 所示的面组 1 和面组 2；选择下拉菜单 编辑(E) ➡ 合并(G)... 命令；预览合并后的面组，确认无误后，单击"完成"按钮 ✔。合并后的面组编号为"面组 3"。

Step19. 创建图 8.1.34 所示的基准平面 DTM4。单击"创建基准平面"按钮 ▱；选取 TOP 基准平面，约束类型为 偏移，偏移值为 30.0；单击 确定 按钮。

图 8.1.33　选取面组 1 和面组 2　　　图 8.1.34　创建基准平面 DTM4

Step20. 在面组 3 上创建图 8.1.35 所示的局部偏移。

（1）选取面组 3，然后选择下拉菜单 编辑(E) ➡ 偏移(O)... 命令。

（2）定义偏移类型。在操控板中的偏移类型栏中选取 ▱ （即"具有拔模特征"）。

（3）定义偏移属性。单击操控板中的 选项 按钮，选取 垂直于曲面，然后选取 侧曲面垂直于 为 ◉ 曲面，再选取 侧面轮廓 为 ◉ 直 。

（4）草绘拔模区域。在绘图区中右击，选择 定义内部草绘... 命令；设置 DTM4 基准平面为草绘平面，并选取 RIGHT 基准平面为草绘平面的参照，方向为 右 ；单击 草绘 按钮，绘制图 8.1.36 所示的截面草图 1，完成后单击 ✓ 按钮。在操控板界面输入偏距值为 2.0，拔模角度值为 60.0，单击"完成"按钮 ✓ 。

图 8.1.35 创建局部偏移

图 8.1.36 截面草图 1

Step21. 创建图 8.1.37 所示的倒圆角。选择下拉菜单 插入(I) ➡ 🔘 倒圆角 (O)... 命令；圆角参照为图 8.1.38 所示的两条边链；圆角半径值为 5.0；单击"完成"按钮 ✓ 。

Step22. 将曲面加厚。如图 8.1.39 所示。选取要将其变成实体的面组 3，选择下拉菜单 编辑(E) ➡ ⊏ 加厚 (K)... 命令；在厚度文本框中输入厚度值 0.6；单击"完成"按钮 ✓ 。

图 8.1.37 创建倒圆角

图 8.1.38 选取边链

图 8.1.39 曲面加厚

Step23. 创建图 8.1.40 所示的拉伸切削特征。

（1）选择下拉菜单 插入(I) ➡ 拉伸(E)... 命令，在操控板中确认"实体"按钮 □ 被按下，并按下"移除材料"按钮 ⬜ 。

（2）在绘图区右击，选择 定义内部草绘... 命令；设置 RIGHT 基准平面为草绘面，采用默认的草绘视图方向，TOP 基准平面为草绘平面的参照，方向为 顶 ，单击 草绘 按钮；绘制图 8.1.41 所示的截面草图 2，完成后，单击"完成"按钮 ✓ ；选择正确的切削方向，设置深度类型为 ⪫ （穿过所有）。

（3）在操控板中单击 ✓ 按钮，完成切削特征的创建。

图 8.1.40 拉伸切削特征

图 8.1.41 截面草图 2

Step24. 遮蔽曲线层。选择导航选项卡中的 ➡️ 层树(L) 命令，进入"层"的操作界面；在"层"操作界面中，选取曲线所在的层 ⊞ 📁 03__PRT_ALL_CURVES ，然后右击，在弹出的快捷菜单中选择 隐藏 命令；再次右击曲线所在的层 ⊞ 📁 03__PRT_ALL_CURVES ，在弹出的快捷菜单中选择 保存状态 命令。

Step25. 保存零件模型文件。

8.2 普通曲面综合范例 2——塑料瓶

范例概述

本例是一个综合性的曲面建模的范例，先使用旋转命令创建实体特征，进行倒圆角修饰，然后使用基准点创建基准曲线，利用基准曲线构建边界混合曲面，再进行实体化切削，最后通过抽壳完成模型的创建。零件模型及模型树如图 8.2.1 所示。

图 8.2.1 零件模型和模型树

说明：本例前面的详细操作过程请参见随书光盘中 video\ ch08.02\reference\文件夹下的语音视频讲解文件 bottle-r01.exe。

Step1. 打开文件 D:\proewf5.8\work\ch08.02\bottle_ex.prt。

Step2. 添加图 8.2.2 所示的曲线 1——草绘 1。

（1）单击工具栏上的"草绘"按钮 🔲，系统弹出"草绘"对话框。

（2）定义草绘截面放置属性。选取 FRONT 基准平面为草绘平面，并选取 RIGHT 基准平面为参照平面，方向为 顶 ；单击对话框中的 草绘 按钮。

（3）进入草绘环境后，选取合适的草绘参照，绘制图 8.2.3 所示的草图（草绘曲线为样条曲线，形状大致相同即可）。

（4）单击按钮 ✔，退出草绘环境。

图 8.2.2 草绘 1（建模环境）   图 8.2.3 草绘 1（草图环境）

Step3. 添加图 8.2.4 所示的曲线 2——投影 1。

（1）在模型树中单击上一步创建的"草绘 1"。

（2）选择下拉菜单 编辑(E) ➡ 投影(I)... 命令；选取图 8.2.4 所示的模型表面为投影面，FRONT 基准平面为方向参照面。

（3）在操控板中单击按钮 ✓，完成基准曲线的创建。

Step4. 创建图 8.2.5 所示的基准点 PNT0 和 PNT1。单击"创建基准点"按钮 ✗✗，选择投影曲线 1 的一个端点，创建基准点 PNT0；选择另一个端点创建基准点 PNT1。完成后，单击对话框中的 确定 按钮。

图 8.2.4　投影 1

图 8.2.5　创建基准点 PNT0 和 PNT1

Step5. 创建图 8.2.6 所示的基准点 PNT2。单击"创建基准点"按钮 ✗✗，系统弹出"基准点"对话框；选取图 8.2.6 所示的曲面为参照，并选择约束类型为 偏移，偏距值为-5.0；单击对话框中的"偏移参照"区域，选取 TOP 基准平面为参照，在文本框中输入偏移值 58.0；按住<Ctrl>键，继续选择 RIGHT 基准平面为参照，偏移值为 0。完成后单击 确定 按钮。

图 8.2.6　创建基准点 PNT2

Step6. 创建图 8.2.7 所示的曲线 3。

（1）单击"创建基准曲线"按钮 ~；在弹出的菜单中，选择 Thru Points (通过点) ➡ Done (完成) 命令。

（2）选择 Spline (样条) ➡ Whole Array (整个阵列) ➡ Add Point (添加点) 命令，然后依次选取 PNT0、PNT2 和 PNT1 三个点；选择 Done (完成) 命令。

（3）单击"信息"对话框中的 确定 按钮。

图 8.2.7　创建曲线 3

Step7. 创建图 8.2.8 所示的边界曲面。

（1）选择下拉菜单 插入(I) ➡ 边界混合(B)... 命令。

（2）定义边界曲线。

① 选取曲线 2 的上部为第一链，如图 8.2.8 所示。单击操控板中的 曲线 按钮，在曲线 2 上右击，在快捷菜单中选择 从列表中拾取 命令，然后在列表中选择第二个 曲线:F13(投影_1)，单击 确定 按钮。

② 按住<Ctrl>键，选取曲线 3 为第二链。

③ 参照操作①，选取曲线 2 的下部为第三链。

（3）单击操控板中的"完成"按钮 ✓。

a）创建前   图 8.2.8 创建边界曲面   b）创建后

Step8. 创建图 8.2.9 所示的实体化特征——实体化 1。

（1）在"智能选取栏"中选择 几何 选项，然后选取上一步创建的边界曲面。

（2）选择下拉菜单 编辑(E) ➡ 实体化(I)... 命令。

（3）在操控板中按下按钮 ，移除材料方向如图 8.2.9 所示。

（4）在操控板中单击"完成"按钮 ✓，完成特征的创建。

Step9. 创建组——LOCAL_GROUP。按住<Ctrl>键，在模型树中选择 Step7 创建的边界曲面 Boundary Blend 1 和 Step8 创建的实体化特征 实体化 1，然后右击，在弹出的快捷菜单中选择 组 。

a）实体化前   图 8.2.9 实体化 1   b）实体化后

Step10. 创建图 8.2.10 所示的阵列特征——阵列 1 / LOCAL_GROUP。

（1）在模型树中单击要阵列的特征——上一步创建的组 LOCAL_GROUP，再右击，在弹出的快捷菜单中选择 阵列... 命令。

（2）在操控板中选择以 轴 方式控制阵列，然后选取图 8.2.11 所示的 A_1 轴为旋转轴，在操控板中第一方向的阵列个数栏中输入值 4.0，输入方向 1 的角度增量值为 90.0。单击"完成"按钮✅。

图 8.2.10　阵列 1 / LOCAL_GROUP

图 8.2.11　选取旋转轴

Step11. 创建图 8.2.12 所示的倒圆角特征——倒圆角 1。选取四个阵列特征的边链为圆角放置参照，如图 8.2.13 所示，圆角半径值为 3.0。

图 8.2.12　倒圆角 1

图 8.2.13　选取参照

Step12. 创建图 8.2.14 所示的旋转切削特征——旋转 1。

（1）选择下拉菜单 插入(I) ➡ 旋转(R)... 命令，在系统弹出的操控板中，按下"实体"按钮□和"移除材料"按钮☑。

（2）定义截面放置属性。在操控板中点击 放置 ➡ 定义... 按钮，系统弹出"草绘"对话框；设置草绘平面与参照平面，选取 FRONT 基准平面为草绘平面，并选取 RIGHT 基准平面为参照平面，方向为 右 ；单击对话框中的 草绘 按钮，系统进入截面草绘环境，绘制图 8.2.15 所示的旋转中心线和截面草图 1；完成绘制后，单击"完成"按钮✅。

（3）在操控板中选取旋转类型⊔，输入旋转角度值为 360.0。

（4）单击 ☑⊙⊙ 按钮，预览所创建的特征；单击"完成"按钮✅。

图 8.2.14　旋转 1

图 8.2.15　截面草图 1

Step13. 后面的详细操作过程请参见随书光盘中 video\ch08.02\reference\文件夹下的语音视频讲解文件 bottle-r02.exe。

8.3   普通曲面综合范例 3——座椅

范例概述

本例是曲面零件设计的一个综合范例，涉及了较多的曲面命令，例如曲面边界混合、曲面的切剪、曲面的偏距、曲面的合并等。练习时，注意镜像前后的两个曲面平滑过渡的方法。零件模型如图 8.3.1 所示。

说明：本范例的详细操作过程请参见随书光盘中 video\ch08.03\文件夹下的语音视频讲解文件。模型文件为 D:\proewf5.8\work\ch08.03\CHAIR。

图 8.3.1   座椅

8.4   普通曲面综合范例 4——加热丝

范例概述

本例是一个比较复杂的曲面建模的范例。注意在本例中一个重要曲线的创建方法，就是先运用可变截面扫描命令和关系式 sd4=trajpar*360*6 创建曲面，然后利用该曲面的边线产生所需要的曲线。零件模型如图 8.4.1 所示。

说明：本范例的详细操作过程请参见随书光盘中 video\ch08.04\文件夹下的语音视频讲解文件。模型文件为 D:\proewf5.8\work\ch08.04\instance_boiler。

图 8.4.1   加热丝

8.5   普通曲面综合范例 5——在曲面上创建文字

范例概述

本范例介绍在曲面上创建文字的一般方法，其操作过程是先在平面上创建草绘文字，然后将其印贴（包络）到曲面上，再利用曲面的偏移工具使曲面上的草绘文字凸起（当然也可以实现凹陷效果），最后利用实体化工具将文字变成实体。零件模型如图 8.5.1 所示。

说明：本范例的详细操作过程请参见随书光盘中 video\ch08.05\文件夹下的语音视频讲

解文件。模型文件为 D:\proewf5.8\work\ch08.05\TEXT。

8.6　普通曲面综合范例 6——参数化圆柱齿轮

范例概述

　　本范例将创建一个由用户参数通过关系式控制的圆柱齿轮模型。首先创建用户参数，然后利用渐开线方程创建基准曲线，在基准曲线基础上创建拉伸曲面，再由拉伸曲面构建齿型轮廓，最后再阵列、实体化。每一步创建的特征都由用户参数、关系式进行控制，这样最终的模型就是一个完全由用户参数控制的模型。通过编程的方法，将参数转化为输入提示，以达到良好的人机交互界面。本范例所使用的是一种典型的系列化产品的设计方法，它使产品的更新换代更加快捷、方便。圆柱齿轮零件模型如图 8.6.1 所示。

图 8.5.1　在曲面上创建文字　　　　　图 8.6.1　参数化圆柱齿轮

　　说明：本范例的详细操作过程请参见随书光盘中 video\ch08.06\文件夹下的语音视频讲解文件。模型文件为 D:\proewf5.8\work\ch08.06\INSTANCE_CY_GEAR。

8.7　普通曲面综合范例 7——涡轮

范例概述

　　本例是曲面零件设计的一个综合范例，主要运用了曲线投影，边界混合、曲面修剪、曲面旋转移动和曲面实体化等命令，读者在学习时要注意体会将封闭的曲面实体化来设计零件的思路和技巧。所建的零件模型如图 8.7.1 所示。

　　说明：本范例的详细操作过程请参见随书光盘中 video\ch08.07\文件夹下的语音视频讲解文件。模型文件为 D:\proewf5.8\work\ch08.07\turbine。

8.8　普通曲面综合范例 8——异型环

范例概述

　　本例详细讲解了一个异型环装饰曲面造型的整个设计过程。通过练习本例，读者可以了解拉伸特征、边界曲面特征、镜像特征等的应用及其模型的设计技巧。该曲面模型如图 8.8.1 所示。

图 8.7.1 涡轮

图 8.8.1 异型环

说明：本范例的详细操作过程请参见随书光盘中 video\ch08.08\文件夹下的语音视频讲解文件。模型文件为 D:\proewf5.8\work\ch08.08\allotype-adornment-surf。

8.9 普通曲面综合范例 9——自顶向下 （Top_Down）设计手机

8.9.1 概述

本范例详细讲解了一款手机的整个设计过程，该设计过程中采用了一种最为先进的设计方法——自顶向下（Top_down Design）的设计方法。这种自顶向下的设计方法可以加快产品更新换代的速度，极大地提高新产品的上市时间，并且可以获得较好的整体造型。许多家用电器（如电脑机箱、吹风机以及电脑鼠标）都可以采用这种方法进行设计。本例设计的产品成品模型如图 8.9.1 所示。

在使用自顶向下的设计方法进行设计时，我们先引入一个新的概念——控件。控件即控制元件，用于控制模型的外观及尺寸等，控件在设计过程中起着承上启下的作用。最高级别的控件（通常称之为"一级控件"或"骨架模型"，是在整个设计开始时创建的原始结构模型），所承接的是整体模型与所有零件之间的位置及配合关系；一级控件之外的控件（二级控件或更低级别的控件）从上一级别控件得到外形和尺寸等，再把这种关系传递给下一级控件或零件。在整个设计过程中，一级控件的作用非常重要，创建之初就把整个模型的外观勾勒出来，后续工作都是对一级控件的分割或细化。在整个设计过程中创建的所有控件或零件都与一级控件存在着根本的联系。本例中一级控件是一种特殊的零件模型，或者说它是一个装配体的 3D 布局。

图 8.9.1 零件模型和模型树

设计流程图如图 8.9.2 所示。

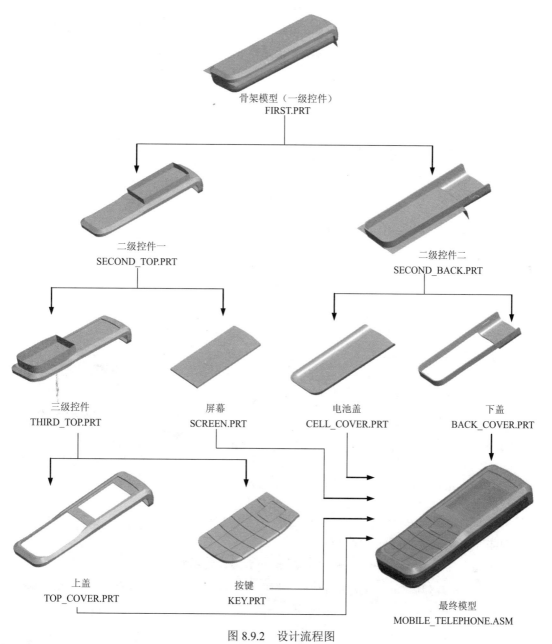

图 8.9.2 设计流程图

使用自顶向下的设计方法有如下两种方法：

方法一：首先创建产品的整体外形，然后分割产品从而得到各个零部件，再对零部件各结构进行设计。

方法二：首先创建产品中的重要结构，然后将装配几何关系的线与面复制到各零件，再插入新的零件并进行细节的设计。

本实例采用第一种设计方法，即将创建的产品的整体外形分割而得到各个零件。

8.9.2　创建手机的骨架模型

下面讲解骨架模型（一级控件）的创建过程。一级控件在整个设计过程中起着十分重要的作用，它不仅为两个二级控件提供原始模型，并且确定了手机的整体外观形状。

Task1．设置工作目录

将工作目录设置至 D:\ proewf5.8\work\ch08.09。

Task2．新建一个装配体文件。

Step1. 选择下拉菜单 文件(F) ➡ 新建... 命令，在弹出的文件"新建"对话框中进行下列操作：

（1）选中 -类型- 选项组中的 ⊙ 🔲 组件 单选项。

（2）选中 -子类型- 选项组中的 ⊙ 设计 单选项。

（3）在 名称 文本框中输入文件名 MOBILE_TELEPHONE。

（4）取消选中 🔲 使用缺省模板 复选框中的"√"号。

（5）单击该对话框中的 确定 按钮。

Step2. 选取适当的装配模板。

（1）系统弹出"新文件选项"对话框，在模板选项组中选择 mmns_asm_design 模板。

（2）单击该对话框中的 确定 按钮。

Step3. 设置模型树的显示。在模型树操作界面中，选择 🏠▾ ➡ ▾ 树过滤器(F)... 命令，然后在"模型树项目"对话框中，选中 ☑ 特征 复选框，并单击 确定 按钮。

Task3．创建手机的骨架模型

在装配环境下，创建图 8.9.3 所示的手机的骨架模型及模型树。

Step1. 在装配体中建立骨架模型 FIRST。

（1）选择下拉菜单 插入(I) ➡ 元件(C)▸ ➡ 创建(C)... 命令。

（2）此时系统弹出"元件创建"对话框，选中 -类型- 选项组中的 ⊙ 骨架模型 单选项，在 名称 文本框中输入文件名 FIRST，然后单击 确定 按钮。

从 A 向查看

A 向

图 8.9.3　骨架模型及模型树

（3）在弹出的"创建选项"对话框中，选中 ⊙ 空 单选项，单击 确定 按钮。

Step2. 激活骨架模型。在模型树中单击 FIRST.PRT ，然后右击，在弹出的快捷菜单中选择 激活 命令。

（1）选择下拉菜单 插入(I) ➞ 共享数据(D) ▸ ➞ 复制几何(G)... 命令，系统弹出"复制几何"操控板，在该操控板中进行下面操作。

（2）在"复制几何"操控板中，先确认"将参照类型设置为组件上下文"按钮 🗵 被按下，然后单击"仅限发布几何"按钮 🔊（使此按钮为弹起状态）。

（3）复制几何。在"复制几何"操控板中单击 参照 按钮，系统弹出"参照"界面；单击 参照 区域中的 单击此处添加项目 字符。在"智能选取栏"的下拉列表中选择"基准平面"选项，然后选取装配文件中的三个基准平面。

（4）在"复制几何"操控板中单击 选项 按钮，选中 ⊙ 按原样复制所有曲面 单选项。

（5）在"复制几何"操控板中单击"完成"按钮 ✓ 。

（6）完成操作后，所选的基准平面就复制到 FIRST.PRT 中。

Step3. 在装配体中打开主控件 FIRST.PRT。在模型树中单击 FIRST.PRT 后右击，在弹出的快捷菜单中选择 打开 命令。

Step4. 创建图 8.9.4 所示的实体拉伸特征。选择 插入(I) ➞ 拉伸(E)... 命令；右击，从菜单中选择 定义内部草绘... 命令；设置草绘平面为 ASM_TOP 基准平面，参照平面为 ASM_RIGHT 基准平面，方向为 左 ；绘制截面草图 1，如图 8.9.5 所示；选取深度类型 日 ，深度值为 16。

图 8.9.4　实体拉伸特征

图 8.9.5　截面草图 1

Step5. 添加拔模特征——斜度。

（1）选择下拉菜单 插入(I) ➞ 斜度(F)... 命令。

（2）选取要拔模的曲面。选取图 8.9.6 所示的两侧面为拔模的表面。

（3）选取拔模枢轴平面。在操控板中，单击 图标后的 ⬤ 单击此处添加项目 字符，选取图 8.9.6a 所示的模型表面作为拔模枢轴平面，方向如图 8.9.6a 所示。

拔模枢轴平面　拔模方向　选取模型两侧为拔模面

a）拔模前　　　　　　　　　　b）拔模后

图 8.9.6　斜度

（4）设置拔模角度。在操控板中输入拔模角度值 5.0。

（5）单击操控板中的 ✓ 按钮，完成拔模特征的创建。

Step6. 添加圆角特征——倒圆角 1。

（1）选择下拉菜单 插入(I) ➡ 🔘 倒圆角 (O)... 命令。

（2）选取圆角放置参照。按住<Ctrl>键，选取图 8.9.7 所示的边链为圆角放置参照，在操控板的圆角尺寸框中输入圆角半径值 8.0。

（3）在操控板中单击 ✓ 60 按钮，预览所创建圆角的特征；单击"完成"按钮 ✓。

Step7. 添加倒圆角特征——倒圆角 2。选取图 8.9.8 所示的边链为圆角放置参照，在操控板的圆角尺寸框中输入圆角半径值 6.0。

Step8. 添加倒圆角特征——倒圆角 3。选取图 8.9.9 所示的边链为圆角放置参照，在操控板的圆角尺寸框中输入圆角半径值 6.0。

注意：圆角特征 3 与圆角特征 2 分别在模型的两侧，完成后的模型如图 8.9.10 所示。

此边链为圆角参照　　　　　此边链为圆角参照　　　　　此边链为圆角参照

图 8.9.7　倒圆角 1　　　　图 8.9.8　倒圆角 2　　　　图 8.9.9　倒圆角 3

Step9. 添加图 8.9.11 所示的"移除材料"特征——拉伸 2。

（1）选择下拉菜单 插入(I) ➡ 🔲 拉伸(E)... 命令。

（2）定义截面放置属性。在绘图区右击，从弹出的快捷菜单中选择 定义内部草绘... 命令，系统弹出"草绘"对话框。选取 ASM_FRONT 基准平面为草绘平面，ASM_RIGHT 基准平面为参照平面，方向为 左；单击对话框中的 草绘 按钮。

（3）此时系统进入截面草绘环境，绘制图 8.9.12 所示的截面草图 2，完成绘制后，单击"完成"按钮 ✓。

（4）在操控板中单击"移除材料"按钮 🗗，选取两侧深度类型均为 ⫤。

（5）在操控板中单击 按钮，预览所创建的特征；确认无误后单击"完成"按钮 ☑。

图 8.9.10　倒圆角后

图 8.9.11　拉伸 2

图 8.9.12　截面草图 2

Step10. 添加切口扫描特征——切剪。

（1）选择下拉菜单 插入(I) ➡ 扫描(S)▶ ➡ 切口(C)... 命令。

（2）定义扫描轨迹。在 ▼ SWEEP TRAJ (扫描轨迹) 菜单中选择 Select Traj (选取轨迹) ➡ One By One (依次) ➡ Select (选取) 命令；按住<Ctrl>键，选取图 8.9.13 所示的边链为扫描轨迹，选择 Done (完成) 命令。

（3）在弹出的菜单中选择 Accept (接受) ➡ Okay (确定) 命令。

（4）系统进入草绘环境，绘制图 8.9.14 所示的扫描截面草图 3，单击按钮 ☑。

（5）单击"扫描特征信息"对话框下部的 确定 按钮，完成扫描特征操作。

图 8.9.13　扫描轨迹

图 8.9.14　截面草图 3

Step11. 添加图 8.9.15 所示的倒圆角特征——倒圆角 4。选择下拉菜单 插入(I) ➡ 倒圆角(O)... 命令，选取图 8.9.16 所示的边链为圆角参照，在操控板的圆角尺寸框中输入圆角半径值 1.0。

图 8.9.15　倒圆角 4

图 8.9.16　选取参照

Step12. 添加图 8.9.17 所示的曲面拉伸特征——拉伸 3。

（1）选择下拉菜单 插入(I) ➡ 拉伸(E)... 命令，在系统弹出的操控板中，将"曲面"按钮 ⬜ 按下。

（2）定义草绘截面放置属性。在绘图区右击，从弹出的快捷菜单中选择 定义内部草绘... 命令，系统弹出"草绘"对话框。选取 ASM_FRONT 基准平面为草绘平面，ASM_RIGHT 基准平面为参照平面，方向为 左 ；单击对话框中的 草绘 按钮，进入截面草绘环境；绘制图 8.9.18 所示的特征截面草图 4；完成特征截面绘制后，单击"完成"按钮 ✓ 。

（3）在操控板中选取深度类型 ⊟ ，输入深度值 50.0。

（4）在操控板中单击 ✓ ∞ 按钮，预览所创建的特征；单击"完成"按钮 ✓ 。

图 8.9.17　拉伸 3

图 8.9.18　截面草图 4

Step13. 添加图 8.9.19 所示的曲面拉伸特征——拉伸 4。

（1）选择下拉菜单 插入(I) ➡ 拉伸(E)... 命令，在系统弹出的操控板中，将"曲面"按钮 ▢ 按下。

（2）定义草绘截面放置属性。在绘图区右击，从弹出的快捷菜单中选择 定义内部草绘... 命令，系统弹出"草绘"对话框。选取 Step4 创建的拉伸曲面（无切削特征的一侧）为草绘平面，ASM_RIGHT 基准平面为参照平面，方向为 左 ；单击对话框中的 草绘 按钮。进入截面草绘环境后，选择图 8.9.20 所示的曲线为参照绘制截面草图 5；完成特征截面绘制后，单击"草绘完成"按钮 ✓ 。

（3）在操控板中选取深度类型 ⬚ ，输入深度值 20.0。

（4）在操控板中单击 ✓ ∞ 按钮，预览所创建的特征；确认无误后单击"完成"按钮 ✓ 。

图 8.9.19　拉伸 4

选此曲线为参照

4.0

图 8.9.20　截面草图 5

Step14. 将 Step11 与 Step12 创建的曲面进行合并——合并 1。

（1）设置"选择"类型。在 "智能"选取栏的下拉列表中选择 面组 选项，这样将会很轻易地选取到曲面。

（2）按住<Ctrl>键，选取图 8.9.21 所示的两曲面， 再选择下拉菜单 编辑(E) ➡ 合并(G)... 命令。

（3）在操控板中单击 ✓ ∞ 按钮，预览合并后的面组，确认无误后，单击"完成"按钮 ✓ 。

a）合并前   图 8.9.21 合并曲面   b）合并后

Step15. 添加图 8.9.22 所示的倒圆角特征——倒圆角 5。选择下拉菜单 插入(I) ➡

倒圆角(O)... 命令，选取图 8.9.23 所示的边链为圆角放置参照，在操控板的圆角尺寸框中输入圆角半径值 1.5；在操控板中单击 ☑️ ∞ 按钮，预览所创建圆角的特征；确认无误后单击"完成"按钮 ☑️。

图 8.9.22 倒圆角 5   图 8.9.23 选取参照

Step16. 系统返回到 MOBILE_TELEPHONE.ASM。选择下拉菜单 窗口(W) ➡

1 MOBILE_TELEPHONE.ASM 命令。

8.9.3 创建二级主控件 1

二级主控件 1（SECOND_TOP）是从骨架模型中分割出来的一部分，它继承了骨架模型的相应外观形状，同时它又作为控件模型为三级控件和手机屏幕提供相应外观和对应尺寸，也保证了设计零件的可装配性。下面讲解二级主控件 1（SECOND_TOP.PRT）的创建过程，零件模型及模型树如图 8.9.24 所示。

图 8.9.24 二级主控件 1 及模型树

Step1. 在装配体中建立二级主控件 SECOND_TOP。

（1）选择下拉菜单 插入(I) ➡ 元件(C)▶ ➡ 创建(C)... 命令。

（2）在弹出的"元件创建"对话框中选中 类型 选项组的 ⊙ 零件 单选项；选中 子类型 选

项组中的 ⊙ 实体 单选项；在 名称 文本框中输入文件名 SECOND_TOP，单击 确定 按钮。

（3）在弹出的"创建选项"对话框中选中 ⊙ 空 单选项，单击 确定 按钮。

Step2. 激活 SECOND_TOP 模型。

（1）激活零件。在模型树中单击 SECOND_TOP.PRT，然后右击，在弹出的快捷菜单中选择 激活 命令。

（2）选择下拉菜单 插入(I) ➡ 共享数据(D) ▸ ➡ 合并/继承(M)... 命令，系统弹出"复制几何"操控板，在该操控板中进行下列操作：

① 在操控板中，先确认"将参照类型设置为组件上下文"按钮 ⊠ 被按下。

② 复制几何。在操控板中单击 参照 按钮，系统弹出"参照"界面；选中 ☑ 复制基准 复选框，然后选取骨架模型特征；单击"完成"按钮 ✓。

Step3. 在模型树中选择 SECOND_TOP.PRT，然后右击，在弹出的快捷菜单中选择 打开 命令。

Step4. 添加图 8.9.25 所示的实体化特征——实体化 1。

（1）在"智能选取栏"中选择 几何 选项，然后选取图 8.9.25 a 所示的曲面。

（2）选择下拉菜单 编辑(E) ➡ 实体化(Y)... 命令。

（3）在操控板中单击"移除材料"按钮 ⬚，移除材料方向如图 8.9.25a 所示。

（4）在操控板中单击"完成"按钮 ✓，完成特征的创建。

a）实体化前　　　　　　　　　　b）实体化后

图 8.9.25　实体化 1

Step5. 添加图 8.9.26 所示的抽壳特征——壳 1。

（1）选择下拉菜单 插入(I) ➡ 壳(L)... 命令。

（2）选取图 8.9.27 所示的模型表面为移除面。

（3）定义壁厚。在操控板的"厚度"文本框中，输入壁厚值 1.5。

（4）点击操控版中的 参照 按钮，在"非缺省厚度"栏中添加图 8.9.28 所示的模型表面，依次输入壁厚值 1.0。

（5）在操控板中单击 ☑ ∞ 按钮，预览所创建的特征；确认无误后单击"完成"按钮 ✓。

a）抽壳前　　　　　　　　　　b）抽壳后

图 8.9.26　壳 1

图 8.9.27　要移除的面

图 8.9.28　非缺省壁厚

Step6. 创建图 8.9.29 所示的曲面特征——偏距 1。

（1）在屏幕右下方的"智能选取"栏中选择 几何 选项，然后选取要偏移的曲面。

（2）选择下拉菜单 编辑(E) ➡ 偏移(O)... 命令。

（3）定义偏移类型。在操控板中的偏移类型栏中选取 （标准偏移）。

（4）定义偏移值。在操控板中的偏移数值栏中输入偏移距离值 1.0。

（5）在操控板中单击 按钮，预览所创建的偏移曲面，确认无误后单击按钮 ，完成偏移曲面的创建。

Step7. 添加图 8.9.30 所示的曲面拉伸特征——拉伸 1。

图 8.9.29　偏距　1　　　　　　　　　　图 8.9.30　拉伸　1

（1）选择下拉菜单 插入(I) ➡ 拉伸(E)... 命令，在系统弹出的操控板中，将"曲面"按钮 按下。

（2）定义草绘截面放置属性。在绘图区右击，从弹出的快捷菜单中选择 定义内部草绘... 命令，系统弹出"草绘"对话框。选取图 8.9.31 所示的模型表面为草绘平面，ASM_RIGHT 基准平面为参照平面，方向为 左 ；单击对话框中的 草绘 按钮。进入截面草绘环境后，选择图 8.9.32 所示的曲线为参照绘制草图；完成特征截面绘制后，单击"完成"按钮 。

（3）在操控板中选取深度类型 ，输入深度值 10.0。

（4）在操控板中单击 按钮，预览所创建的特征；确认无误后单击"完成"按钮

图 8.9.31　草绘平面

图 8.9.32　截面草图

Step8. 创建图 8.9.33 所示的曲面合并——合并 1。

（1）设置"选择"类型。在 "智能"选取栏的下拉列表中选择 面组 选项，这样将会很容易地选取到曲面。

（2）按住<Ctrl>键，选取图 8.9.33a 所示的两曲面，选择下拉菜单 编辑(E) ➡ 合并(G) 命令。

（3）在操控板中单击 按钮，预览合并后的面组，确认无误后，单击"完成"按钮 。

a）合并前   b）合并后

图 8.9.33　合并曲面

Step9. 添加图 8.9.34 所示的倒圆角特征——倒圆角 1。选择下拉菜单 插入(I) ➡ 倒圆角(O) 命令。选取图 8.9.35 所示的边链为圆角放置参照，在操控板的圆角尺寸框中输入圆角半径值 1.0。在操控板中单击 按钮，预览所创建圆角的特征；单击"完成"按钮 。

图 8.9.34　倒圆角 1   图 8.9.35　选取参照

Step10. 返回到 MOBILE_TELEPHONE.ASM。

8.9.4　创建三级主控件

三级控件是从上部二级控件上分割出来的一部分（另一部分是后面要创建的"手机屏幕"零件），同时为手机上盖的创建提供了参考外形及尺寸。下面讲解三级主控件（THIRD_TOP.PRT）的创建过程，零件模型及模型树如图 8.9.36 所示。

图 8.9.36　三级主控件及模型树

Step1. 在装配体中建立 THIRD_TOP.PRT。

（1）选择下拉菜单 插入(I) ➡ 元件(C) ➡ 创建(C) 命令。

（2）在弹出的"元件创建"对话框中，选中 类型 选项组中的 ⊙ 零件 单选项；选中 子类型 选项组中的 ⊙ 实体 单选项；在 名称 文本框中输入文件名 THIRD_TOP，单击 确定 按钮。

（3）在弹出的"创建选项"对话框中，选中 ⊙ 空 单选项，单击 确定 按钮。

Step2. 激活三级主控件模型。

（1）激活三级主控件。在模型树中选择 THIRD_TOP.PRT，然后右击，在弹出的快捷菜单中选择 激活 命令。

（2）选择下拉菜单 插入(I) ➡ 共享数据(D) ▶ ➡ 合并/继承(M)... 命令，系统弹出"复制几何"操控板，在该操控板中进行下列操作：

① 在操控板中，先确认"将参照类型设置为组件上下文"按钮 X 被按下。

② 复制几何。在操控板中，单击 参照 按钮，系统弹出"参照"界面；选中 ☑ 复制基准 复选框，然后选取二级主控件 SECOND_TOP；单击"完成"按钮 ✓。

Step3. 在模型树中选择 THIRD_TOP.PRT，然后右击，在弹出的快捷菜单中选择 打开 命令。

Step4. 创建图 8.9.37 所示的实体化"移除材料"特征——实体化 1。

（1）在"智能选取栏"中选择 几何 选项，然后选取图 8.9.37 所示的曲面。

（2）选择下拉菜单 编辑(E) ➡ 实体化(Y)... 命令。

（3）在操控板中单击"移除材料"按钮 ⬦，移除材料方向如图 8.9.37 所示。

（4）在操控板中单击"完成"按钮 ✓，完成特征的创建。

a）实体化前　　　　图 8.9.37　实体化 1　　　　b）实体化后

Step5. 添加曲面拉伸特征——拉伸 1。

（1）选择下拉菜单 插入(I) ➡ 拉伸(E)... 命令，在系统弹出的操控板中，将"曲面"按钮 ⬚ 按下。

（2）定义草绘截面放置属性。在绘图区右击，从弹出的快捷菜单中选择 定义内部草绘... 命令，系统弹出"草绘"对话框；选取 ASM_TOP 基准平面草绘平面，ASM_RIGHT 基准平面为参照平面，方向为 左；单击对话框中的 草绘 按钮，进入截面草绘环境；绘制图 8.9.38 所示的截面草图；完成特征截面绘制后，单击"完成"按钮 ✓。

（3）在操控板中选取深度类型 ⬥，输入深度值 15.0。

（4）在操控板中单击 ☑ ◌ 按钮，预览所创建的特征；确认无误后单击"完成"按钮 ✓。

图 8.9.38　截面草图

Step6. 返回到 MOBILE_TELEPHONE.ASM。

8.9.5　创建二级主控件 2

二级主控件是从骨架模型中分割出来的一部分，它继承了一级控件的相应外观形状，同时它又作为控件模型为电池盖和手机下盖提供相应外观和对应尺寸，也保证了设计零件的可装配性。下面讲解二级主控件 2（SECOND_BACK.PRT）的创建过程，零件模型及模型树如图 8.9.39 所示。

图 8.9.39　二级主控件 2 及模型树

Step1. 在装配体中建立二级主控件 SECOND_BACK.PRT。

（1）选择下拉菜单 插入(I) ➡ 元件(C)▶ ➡ 创建(C) 命令。

（2）在弹出的"元件创建"对话框中选中 类型 选项组中的 ⊙ 零件 单选项；选中 子类型 选项组中的 ⊙ 实体 单选项；在 名称 文本框中输入文件名 SECOND_BACK，单击 确定 按钮。

（3）在弹出的"创建选项"对话框中选中 ⊙ 空 单选项，单击 确定 按钮。

Step2. 激活 SECOND_BACK 模型。

（1）激活零件。在模型树中单击 SECOND_BACK.PRT，然后右击，在弹出的快捷菜单中选择 激活 命令。

（2）选择下拉菜单 插入(I) ➡ 共享数据(D)▶ ➡ 合并/继承(M)... 命令，系统弹出"复制几何"操控板，在该操控板中进行下列操作：

① 在操控板中，先确认"将参照类型设置为组件上下文"按钮 ⊠ 被按下。

② 复制几何。在操控板中单击 参照 按钮，系统弹出"参照"界面；选中 ☑ 复制基准 复选框，然后选取骨架模型特征；单击"完成"按钮 ✓。

Step3. 在模型树中选择 SECOND_BACK.PRT，然后右击，在弹出的快捷菜单中选择 打开 命令。

Step4. 添加图 8.9.40 所示的实体化特征——实体化 1。

（1）在"智能选取栏"中选择 几何 选项，选取图 8.9.40a 所示的曲面。

（2）选择下拉菜单 编辑(E) ➡ 实体化(Y)... 命令。

（3）在操控板中单击"移除材料"按钮 △ ，移除材料方向如图 8.9.40a 所示。

（4）在操控板中单击"完成"按钮 ✓ ，完成特征的创建。

a）实体化前 　　　　　　　　　　　　　　　　b）实体化后

图 8.9.40　实体化 1

Step5. 添加图 8.9.41 所示的抽壳特征——壳 1。

（1）选择下拉菜单 插入(I) ➡ 壳(L)... 命令。

（2）选取图 8.9.41a 所示的面为移除面。

（3）定义壁厚。在操控板的"厚度"文本框中，输入壁厚值 1.0。

（4）在操控板中单击 ✓ ∞ 按钮，预览所创建的特征；确认无误后单击"完成"按钮 ✓ 。

a）抽壳前 　　　　　　　　　　　　　　　　b）抽壳后

图 8.9.41　壳 1

Step6. 添加图 8.9.42 所示的曲面拉伸特征——拉伸 1。

（1）选择下拉菜单 插入(I) ➡ 拉伸(E)... 命令，在系统弹出的操控板中，将"曲面"按钮 □ 按下。

（2）定义草绘截面放置属性。在绘图区右击，从弹出的快捷菜单中选择 定义内部草绘... 命令，系统弹出"草绘"对话框；选取 ASM_FRONT 基准平面为草绘平面，ASM_RIGHT 基准平面为参照平面，方向为 左 ；单击对话框中的 草绘 按钮，进入截面草绘环境；绘制图 8.9.43 所示的截面草图 1；完成特征截面绘制后，单击"完成"按钮 ✓ 。

（3）在操控板中，选取深度类型 ╬ ，输入深度值 50.0。

（4）在操控板中，单击按钮 ✓ ∞ 预览所创建的特征；确认无误后单击"完成"按钮 ✓ 。

图 8.9.42 拉伸 1

图 8.9.43 截面草图 1

Step7. 添加图 8.9.44 所示的曲面拉伸特征——拉伸 2。

（1）选择下拉菜单 插入(I) ➡ 拉伸(E)... 命令，在系统弹出的操控板中，将"曲面"按钮 按下。

（2）定义草绘截面放置属性。在绘图区右击，从弹出的快捷菜单中选择 定义内部草绘... 命令，系统弹出"草绘"对话框；选取图 8.9.44 所示的模型表面为草绘平面，ASM_RIGHT 基准平面为参照平面，方向为 左 ；单击对话框中的 草绘 按钮，进入截面草绘环境；选择图 8.9.45 所示的曲线为参照绘制草图；完成特征截面绘制后，单击"完成"按钮 。

（3）在操控板中选取深度类型 ，输入深度值 10.0。

（4）在操控板中单击 按钮，预览所创建的特征；确认无误后单击"完成"按钮 。

图 8.9.44 拉伸 2

图 8.9.45 截面草图 2

Step8. 创建图 8.9.46 所示的曲面合并——合并 1。

（1）设置"选择"类型。在 "智能"选取栏的下拉列表中选择 面组 选项，这样将会很容易地选取到曲面。

（2）按住<Ctrl>键，选取要合并两曲面——拉伸 1 和拉伸 2，选择下拉菜单 编辑(E) ➡ 合并(G)... 命令。

（3）在操控板中单击 按钮，预览合并后的面组，确认无误后，单击"完成"按钮 。

a）合并前   b）合并后

图 8.9.46 合并曲面

Step9. 添加图 8.9.47 所示的倒圆角特征——倒圆角 1。选择下拉菜单 插入(I) ➡ 倒圆角(D)... 命令。选取图 8.9.48 所示的边链为圆角放置参照，在操控板的圆角尺寸框中输入圆角半径值 2.5, 在操控板中单击 按钮, 预览所创建圆角的特征; 确认无误后单击"完成"按钮。

Step10. 返回到 MOBILE_TELEPHONE.ASM。

图 8.9.47　倒圆角 1　　　　　　　　　　　　图 8.9.48　选取参照

8.9.6　创建手机屏幕

屏幕从二级控件中分割出来后经过细化就是最终的模型零件, 下面讲解手机屏幕(SCREEN.PRT)的创建过程, 零件模型及模型树如图 8.9.49 所示。

Step1. 在装配体中建立 SCREEN.PRT。

(1) 选择下拉菜单 插入(I) ➡ 元件(C) ▶ ➡ 创建(C). 命令。

(2) 在弹出的"元件创建"对话框中选中 类型 选项组中的 ⊙ 零件 单选项; 选中 子类型 选项组中的 ⊙ 实体 单选项; 在 名称 文本框中输入文件名 SCREEN, 单击 确定 按钮。

(3) 在弹出的"创建选项"对话框中选中 ⊙ 空 单选项, 单击 确定 按钮。

Step2. 激活手机屏幕模型。

(1) 激活手机屏幕零件。在模型树中选择 SCREEN.PRT, 然后右击, 在弹出的快捷菜单中选择 激活 命令。

(2) 选择下拉菜单 插入(I) ➡ 共享数据(D) ▶ ➡ 合并/继承(M). 命令, 系统弹出"复制几何"操控板, 在该操控板中进行下列操作:

① 在操控板中, 先确认"将参照类型设置为组件上下文"按钮 被按下。

② 复制几何。在操控板中, 单击 参照 按钮, 系统弹出"参照"界面; 选中 ☑ 复制基准 复选框, 然后选取二级主控件 SECOND_TOP; 单击"完成"按钮。

Step3. 在模型树中选择 SCREEN.PRT, 然后右击, 在弹出的快捷菜单中选择 打开 命令。

Step4. 创建图 8.9.50 所示的实体化"移除材料"特征——实体化 1。

(1) 在"智能选取栏"中选择 几何 选项, 然后选取图 8.9.50 所示曲面。

(2) 选择下拉菜单 编辑(E) ➡ 实体化(Y). 命令。

(3) 在操控板中单击"移除材料"按钮, 移除材料方向如图 8.9.50 所示。

(4) 在操控板中单击"完成"按钮, 完成特征的创建。

图 8.9.49　零件模型及模型树　　　　　　　　图 8.9.50　实体化 1

Step5. 返回到 MOBILE_TELEPHONE.ASM。

8.9.7　创建手机上盖

手机上盖是从三级控件中分割出来的，经过细化后就是最终的模型零件，下面讲解手机上盖（TOP_COVER.PRT）的创建过程，零件模型及模型树如图 8.9.51 所示。

图 8.9.51　零件模型及模型树

Step1. 在装配体中建立 TOP_COVER.PRT。

（1）选择下拉菜单 插入(I) ➙ 元件(C)▶ ➙ 创建(C)... 命令。

（2）在弹出的"元件创建"对话框中选中 类型 选项组中的 ⊙ 零件 单选项；选中 子类型 选项组中的 ⊙ 实体 单选项；在 名称 文本框中输入文件名 TOP_COVER，单击 确定 按钮。

（3）在弹出的"创建选项"对话框中选中 ⊙ 空 单选项，单击 确定 按钮。

Step2. 激活手机上盖模型。

（1）激活手机上盖零件。在模型树中选择 TOP_COVER.PRT，然后右击，在弹出的快捷菜单中选择 激活 命令。

（2）选择下拉菜单 插入(I) ➙ 共享数据(D)▶ ➙ 合并/继承(M)... 命令，系统弹出"复制几何"操控板，在该操控板中进行下列操作：

① 在操控板中，先确认"将参照类型设置为组件上下文"按钮 🗵 被按下。

② 复制几何。在操控板中单击 参照 按钮，系统弹出"参照"界面；选中 ☑ 复制基准 复选框，然后选取三级主控件 THIRD_TOP；单击"完成"按钮 ✔。

Step3. 在模型树中选择 TOP_COVER.PRT，然后右击，在弹出的快捷菜单中选择 打开 命令。

Step4. 创建图 8.9.52 所示的实体化"移除材料"特征——实体化 1。

（1）在"智能选取栏"中选择 几何 选项，然后选取图 8.9.52a 所示的曲面。

（2）选择下拉菜单 编辑(E) ➙ 实体化(Y)... 命令。

（3）在操控板中单击"移除材料"按钮 ◢，移除材料方向如图 8.9.52a 所示。

（4）在操控板中单击"完成"按钮，完成特征的创建。

a）实体化前　　　　　图 8.9.52　实体化 1　　　　　b）实体化后

Step5. 后面的详细操作过程请参见随书光盘 video\ch08.09.07\reference\文件夹下的语音视频讲解文件 top_cover-r01.exe。

8.9.8　创建手机按键

按键盖从三级控件中继承外观和必要的尺寸，以此为基础进行细化即得到完整的按键零件。下面讲解手机按键（KEY.PRT）的创建过程，零件模型及模型树如图 8.9.53 所示。

图 8.9.53　零件模型及模型树

Step1. 在装配体中建立 KEY.PRT。

（1）选择下拉菜单 插入(I) ➡ 元件(C)▶ ➡ 创建(C)...命令。

（2）在弹出的"元件创建"对话框中选中 类型 选项组中的 ⦿ 零件 单选项；选中 子类型 选项组中的 ⦿ 实体 单选项；在 名称 文本框中输入文件名 KEY，单击 确定 按钮。

（3）在弹出的"创建选项"对话框中选中 ⦿ 空 单选项，单击 确定 按钮。

Step2. 激活手机按键模型。

（1）激活手机按键零件。在模型树中选择 KEY.PRT，然后右击，在弹出的快捷菜单中选择 激活 命令。

（2）选择下拉菜单 插入(I) ➡ 共享数据(D)▶ ➡ 合并/继承(M)...命令，系统弹出"复制几何"操控板，在该操控板中进行下列操作：

① 在操控板中，先确认"将参照类型设置为组件上下文"按钮 ⊠ 被按下。

② 复制几何。在操控板中单击 参照 按钮，系统弹出"参照"界面；选中 ☑ 复制基准 复选框，然后选取三级主控件 THIRD_TOP；单击"完成"按钮。

Step3. 在模型树中选择 KEY.PRT，然后右击，在弹出的快捷菜单中选择 打开 命令。

Step4. 创建图 8.9.54 所示的实体化"移除材料"特征——实体化 1。

（1）在"智能选取栏"中选择 几何 选项，然后选取图 8.9. 54a 所示的曲面。

（2）选择下拉菜单 编辑(E) ➡️ 实体化(Y)... 命令。

（3）在操控板中单击"移除材料"按钮 ，移除材料方向如图 8.9. 54a 所示。

（4）在操控板中单击"完成"按钮 ，完成特征的创建。

图 8.9.54　实体化 1

Step5. 添加倒圆角特征——倒圆角 1。选择下拉菜单 插入(I) ➡️ 倒圆角(D)... 命令。
选取图 8.9.55 所示的边链为圆角放置参照，在操控板的圆角尺寸框中输入圆角半径值 0.2。
在操控板中单击 ⚙ 按钮，预览所创建圆角的特征；确认无误后单击"完成"按钮 。

图 8.9.55　倒圆角 1

Step6. 添加图 8.9.56 所示的"移除材料"特征——拉伸 1。选择 插入(I) ➡️
拉伸(E)... 命令；右击，从菜单中选择 定义内部草绘... 命令；设置草绘平面为 ASM_FRONT
基准平面，参照平面为 ASM_RIGHT 基准平面，方向为 左；选取图 8.9.57 所示的边线为参
照绘制截面草图 1，如图 8.9.58 所示；在操控板中单击"移除材料"按钮 ，选取深度类
型 ，深度值为 50。

图 8.9.56　拉伸 1　　　　　　　　　　　　　图 8.9.57　草绘参照

Step7. 添加图 8.9.59 所示的基准平面——DTM1。选择下拉菜单 插入(I) ➡️
模型基准(D)▶ ➡️ 平面(L)... 命令，系统弹出"基准平面"对话框。选取 ASM_TOP 基准
平面为参照；选择约束类型为 偏移，输入偏距值 10.0。单击对话框中的 确定 按钮，完成基
准平面 DTM1 的创建。

图 8.9.58　截面草图 1　　　　　图 8.9.59　基准平面 DTM1

Step8. 添加图 8.9.60 所示的"移除材料"特征——拉伸 2。

（1）选择下拉菜单 插入(I) ➡ 🔲 拉伸(E)... 命令。

（2）在绘图区右击，从弹出的快捷菜单中选择 定义内部草绘... 命令，系统弹出"草绘"对话框。设置草绘平面与参照平面。选取 DTM1 基准平面为草绘平面，ASM_FRONT 基准平面为参照平面，方向为 顶 ；单击对话框中的 草绘 按钮。绘制图 8.9.61 所示的截面草图 2，完成绘制后，单击"完成"按钮 ✓。

（3）在操控板中单击"移除材料"按钮 🔲，选取深度类型为 ⯊，输入深度值 4.0；单击"加厚草绘"按钮 🔲，在其后的文本框中输入壁厚值 0.3。单击 ✓ ∞ 按钮，预览所创建的特征；确认无误后单击"完成"按钮 ✓。

图 8.9.60　拉伸 2　　　　　　　图 8.9.61　截面草图 2

Step9. 添加图 8.9.62 所示的切口拉伸曲面的阵列——阵列 1/拉伸 2。

（1）在模型树中单击要阵列的特征——上一步创建的切口拉伸曲面特征，再右击，选择 阵列... 命令。

（2）在操控板中选择以 尺寸 方式控制阵列，然后选取图 8.9.63 中的第一方向阵列引导尺寸 15.0，输入方向 1 的增量值 7.5；在操控板中第一方向的阵列个数栏中输入值 4；单击"完成"按钮 ✓。

图 8.9.62　阵列 1/拉伸 2　　　　图 8.9.63　选取引导尺寸

Step10. 后面的详细操作过程请参见随书光盘 video\ch08.09.08\reference\文件夹下的语音视频讲解文件 key-r01.exe。

8.9.9　创建手机下盖

手机下盖是从下部二级控件 2 中分割出来的一部分，从而也继承了一级控件的相应外观形状，只要对其进行细化结构设计即可。下面讲解手机下盖（BACK_COVER.PRT）的创建过程，零件模型及模型树如图 8.9.64 所示。

图 8.9.64　零件模型及模型树

Step1. 在装配体中建立 BACK_COVER.PRT。

（1）选择下拉菜单 插入(I) ➡ 元件(C) ➡ 创建(C)... 命令。

（2）在弹出的"元件创建"对话框中选中 类型 选项组中的 零件 单选项；选中 子类型 选项组中的 实体 单选项；在 名称 文本框中输入文件名 BACK_COVER，单击 确定 按钮。

（3）在弹出的"创建选项"对话框中选中 空 单选项，单击 确定 按钮。

Step2. 激活 BACK_COVER 模型。

（1）激活手机下盖零件模型。在模型树中选择 BACK_COVER.PRT，然后右击，在弹出的快捷菜单中选择 激活 命令。

（2）选择下拉菜单 插入(I) ➡ 共享数据(D) ➡ 合并/继承(M)... 命令，系统弹出"复制几何"操控板，在该操控板中进行下列操作：

① 在操控板中，先确认"将参照类型设置为组件上下文"按钮 被按下。

② 复制几何。在操控板中单击 参照 按钮，系统弹出"参照"界面；选中 复制基准 复选框，然后选取二级主控件 SECOND_BACK；单击"完成"按钮 。

Step3. 在模型树中选择 BACK_COVER.PRT，然后右击，在弹出的快捷菜单中选择 打开 命令。

Step4. 创建图 8.9.65 所示的实体化"移除材料"特征——实体化 1。

（1）在"智能选取栏"中选择 几何 选项，然后选取图 8.9.65a 所示曲面。

（2）选择下拉菜单 编辑(E) ➡ 实体化(Y)... 命令。

（3）在操控板中单击"移除材料"按钮 ，移除材料方向如图 8.9.65a 所示。

（4）在操控板中单击"完成"按钮 ，完成特征的创建。

a) 实体化前　　　　　　　　　　　　　　　　b) 实体化后

图 8.9.65　实体化 1

Step5. 添加图 8.9.66 所示的"移除材料"特征——拉伸 1。

（1）选择下拉菜单 插入(I) ➡ 拉伸(E)... 命令。

（2）定义截面放置属性。在绘图区右击，在弹出的快捷菜单中选择 定义内部草绘... 命令，系统弹出"草绘"对话框；选取 ASM_FRONT 基准平面为草绘平面，ASM_RIGHT 基准平面为参照平面，方向为 左 ；单击对话框中的 草绘 按钮。

（3）此时系统进入截面草绘环境，绘制图 8.9.67 所示的截面草图，完成绘制后，单击"完成"按钮 ✔ 。

图 8.9.66　拉伸 1　　　　　　　　　　图 8.9.67　截面草图

（4）在操控板中单击"移除材料"按钮 ⬚ ，选取深度类型为 ⊞ 。

（5）在操控板中单击 ✔∞ 按钮，预览所创建的特征；单击"完成"按钮 ✔ 。

Step6. 后面的详细操作过程请参见随书光盘 video\ch08.09.09\reference\文件夹下的语音视频讲解文件 back_cover-r01.exe。

8.9.10　创建电池盖

电池盖作为下部二级控件 2 的另一部分，也同样继承了相应的外观形状，同时获得本身的外形尺寸，这些都是对此进行设计的依据。下面讲解电池盖 （CELL_COVER.PRT）的创建过程，零件模型及模型树如图 8.9.68 所示。

图 8.9.68　零件模型及模型树

Step1. 在装配体中建立 CELL_COVER.PRT。

（1）选择下拉菜单 插入(I) ➡ 元件(C)▶ ➡ 创建(C)... 命令。

（2）在弹出的"元件创建"对话框中选中 类型 选项组中的 ⦿ 零件 单选项；选中 子类型 选项组中的 ⦿ 实体 单选项；在 名称 文本框中输入文件名 CELL_COVER，单击 确定 按钮。

（3）在弹出的"创建选项"对话框中选中 ⦿ 空 单选项，单击 确定 按钮。

Step2. 激活骨架模型。

（1）激活电池盖零件模型。在模型树中选择 CELL_COVER.PRT，然后右击，在弹出的快捷菜单中选择 激活 命令。

（2）选择下拉菜单 插入(I) ➡ 共享数据(D)▶ ➡ 合并/继承(M)... 命令，系统弹出"复制几何"操控板，在该操控板中进行下列操作：

① 在操控板中，先确认"将参照类型设置为组件上下文"按钮 被按下。

② 复制几何。在操控板中单击 参照 按钮，系统弹出"参照"界面；选中 ☑ 复制基准 复选框，然后选取二级主控件 SECOND_BACK；单击"完成"按钮 ☑。

Step3. 在模型树中选择 CELL_COVER.PRT，然后右击，在弹出的快捷菜单中选择 打开 命令。

Step4. 创建图 8.9.69 所示的实体化"移除材料"特征——实体化 2。

（1）在"智能选取栏"中选择 几何 选项，然后选取图 8.9.69a 所示的曲面。

（2）选择下拉菜单 编辑(E) ➡ ☑ 实体化(Y)... 命令。

（3）在操控板中单击"移除材料"按钮 ◢，移除材料方向如图 8.9.69a 所示。

（4）在操控板中单击"完成"按钮 ☑，完成特征的创建。

图 8.9.69 实体化 2

Step5. 添加倒圆角特征——倒圆角 1。选择下拉菜单 插入(I) ➡ 倒圆角(D)... 命令。选取图 8.9.70 所示的边链为圆角放置参照，圆角半径值为 0.2。

图 8.9.70 倒圆角 1

Step6. 返回到 MOBILE_TELEPHONE.ASM。

Step7. 保存 MOBILE_TELEPHONE.ASM 文件。

8.10 普通曲面综合范例 10——自顶向下 （Top_Down）设计鼠标

本范例详细讲解了一款鼠标的整个设计过程。该设计过程中采用了较为先进的设计方法——自顶向下设计（Top_Down Design）。采用此方法，不仅可以获得较好的整体造型，并且能够大大缩短产品的设计周期。许多家用电器都可以采用这种方法进行设计。本例设计的鼠标模型如图 8.10.1 所示。

图 8.10.1　鼠标模型

设计流程图如图 8.10.2 所示。

图 8.10.2　设计流程图

　　说明：本范例的详细操作过程请参见随书光盘中 video\ch08.10\文件夹下的语音视频讲解文件 D:\proewf5.8\work\ch08.10\MOUSE。

第 3 篇

ISDX 曲面设计

本篇主要包含如下内容：
- 第 9 章　ISDX 曲面基础
- 第 10 章　创建 ISDX 曲线
- 第 11 章　编辑 ISDX 曲线
- 第 12 章　创建 ISDX 曲面
- 第 13 章　ISDX 曲面设计综合范例

第 9 章　ISDX 曲面基础

本章提要

- 认识 ISDX 曲面模块
- ISDX 曲面模块用户界面及菜单
- 进入 ISDX 曲面模块
- ISDX 曲面模块入门

9.1　认识 ISDX 曲面模块

9.1.1　模型构建概念

在 Pro / ENGINEER 模块中，使用"尺寸"（Dimensions）、"关系式"（Relations）、"方程式"（Equations）或"数学参数值"（Mathematical Parameter）等控制曲面几何的方式建构的曲面称为"参数化曲面模型建构"（Parametric Surface Modeling）。而在设计外观造型时，在某些情况下，外观的曲线并不需要或不宜通过尺寸表达，通常以主观欣赏、美观与可开模加工为原则来调整曲线曲率，从而建构曲面——这种方式建构的曲面称为"自由曲面模型建构"（Freeform Surface Modeling）。设计者在进行设计时，应以具体的设计要求与设计数据作为依据，决定使用哪一种方式建构曲面。在大部分情况下，我们通常会综合使用这两种方式建构产品外观曲面。

9.1.2　ISDX 曲面模块特点及应用

ISDX 是 Interactive Surface Design Extension 的缩写。ISDX 曲面模块又称自由式交互曲面设计，完全兼容于 Pro / ENGINEER 界面操作，所定义的特征除了可以参考其他特征，也可以被其他特征参考使用。ISDX 以"自由曲面模型建构"概念作为出发点，主要以具有很高编辑能力的 3D 曲线作为骨架，来建构外观曲面。这些曲线之所以没有尺寸参数，为的是设计时能够直接调整曲线外观，进行高效设计造型。

1. ISDX 曲面的特点

ISDX 曲面的特点如下：

（1）ISDX 曲面以 ISDX 曲线为基础。利用曲率分布图，能直观地编辑曲线，从而可快速获得光滑、高质量的 ISDX 曲线，进而产生高质量的"造型"（Style）曲面。该模块通常用于产品的概念设计、外形设计及逆向工程等设计领域。

（2）同以前的高级曲面造型模块 CDRS（Pro/Designer）相比，ISDX 曲面模块与 Pro/ENGINEER 的其他模块（零件模块、曲面模块和装配模块等）紧密集成在一起，为工程师提供了统一的零件设计平台，消除了两个设计系统间的双向切换和交换数据，因而极大地提高了工作质量和效率。

2. ISDX 曲面模块应用

ISDX 曲面模块应用的层面相当广，在工业设计、机构与逆向操作中扮演着重要的角色。以下是 ISDX 应用的领域。

（1）凭借强大的曲线编辑能力与曲面建构功能，设计者可以快速建构模型，进行概念设计。例如：某些设计的外观要求类似蝴蝶形状，其中的造型线必须经过多次调整，除了要搭配模型整体外观外，同时还要顾及几何曲率，才能决定其形状。此时，该形状就不宜使用尺寸参数来界定。因为通过尺寸参数界定的曲线显得呆板、不美观，并且编辑困难。而通过 ISDX 曲面模块，设计者可在编辑曲线下实时观察曲率与曲面变化，完整诠释设计者的设计理念。

（2）设计者可以直接在曲面上绘制曲线（即 COS 曲线），所成形的曲线将完全贴伏在曲面表面，进而利用绘制的曲线切割出所要的零件的形状，再进行分件操作，进而达到分件处理的目的。

（3）设计者可以搭配造型特征定义 Pro / ENGINEER 特征。例如：将 2D 或 3D 曲线定义成为扫描轨迹，扫描成实体特征；或参考 Pro / ENGINEER 特征，以达到尺寸参数化的设计与改动；或应用阵列。

（4）设计者可加载外部的 2D 或 3D 数据作为参考，配合 3D 曲线或 COS 曲线为边界，进行逆向造型曲面建构。

9.1.3 认识造型特征属性

ISDX 曲面模块所建构的特征称为"造型特征"（StyleFeature），它虽然完全并入 Pro / ENGINEER 模块内，但仍具有以下特征属性。

1. 样条架构的曲线

造型曲线为样条架构的曲线，用户可利用其 2D 或 3D 曲线定义 ISDX 曲面。

2. 具有多个对象

在一个造型特征内，可以同时建立多条造型曲线与多个曲面。完成的特征，在模型树中只以一个特征显示。

例如，将工作目录设置至 D:\proewf5.8\work\ch09.01，打开模型文件 isdx_info.prt；在图 9.1.1 所示的模型树中右击 类型 1 ，从弹出的快捷菜单中选择 编辑定义 命令，会发现该造型特征包含有四条 ISDX 曲线和一个由这四条曲线生成的曲面，如图 9.1.2 所示。但是在图 9.1.1

所示的模型树里面只以一个造型特征 ⌒ 类型 1 符号记录，其 ID 编号也只有一个。

图 9.1.1　模型树　　　　　　　图 9.1.2　造型特征

3．内部特征编号

进入造型特征内，它具有独立的特征编号。执行 信息(N) ➡ 当前特征(U) 命令，可点选指定的对象以显示其数据。以点选曲线为例，点选图 9.1.2 中的 ISDX 曲线 3，系统会弹出信息窗口，上面会显示曲线名称、类型、几何 ID 及参照特征等信息。其中"几何 ID"表示该对象的造型特征的编号，等同于"特征 ID"。

另外，执行 信息(N) ➡ 特征(F)... 命令，可以查看整个造型特征的所有信息。

4．与 Pro / ENGINEER 特征的链接

造型特征可以利用曲线的软点功能锁定至 Pro / ENGINEER 特征（例如：基准曲线、曲面、边界或顶点），也可以在合理的边界条件下，通过设置造型曲面与 Pro / ENGINEER 曲面或实体表面的连续性建立链接关系。一旦参考这些特征，造型特征便成为子特征。当修改特征后，对应的造型特征自行更新。用户可通过这种方式，使没有尺寸标注的曲线链接至有尺寸属性的 Pro / ENGINEER 特征，以间接方式进行尺寸控制的改动。

5．支持 Pro / ENGINEER 曲面编辑功能

造型特征建构的曲面，可以支持 Pro / ENGINEER 曲面的编辑。例如：可对造型曲面进行"修剪" 修剪(T)... 、"延伸" 延伸(X)... 、"合并" 合并(G)... 、"实体化" 实体化(Y)... 以及"加厚" 加厚(K)... 等操作。

6．造型特征内部功能

造型特征内部具有"创建曲面" 、"下落曲线" 、"连接曲面" 、"修剪曲面" 等功能，可以直接完成模型的建构。

9.2　进入 ISDX 曲面模块

进入 ISDX 曲面模块，有下面两种操作方法。

方法一：在零件模块中，选择下拉菜单 插入(I) ➡ 造型(Y)... 命令，如图 9.2.1 所示。

方法二： 在零件模块中，单击工具栏区的命令按钮 ，如图 9.2.2 所示。

图 9.2.1 "插入"下拉菜单   图 9.2.2 工具栏

9.3 ISDX 曲面模块环境

要查看到图 9.3.1 所示的 ISDX 曲面模块用户界面，请执行下面的操作： 将工作目录设置至 D:\proewf5.8\work\ch09.03，打开模型文件 toilet_seat_ok.prt；然后选择下拉菜单 插入(I) ➡ 造型(Y)... 命令。

图 9.3.1 ISDX 曲面模块用户界面

9.3.1　ISDX 曲面模块用户界面

　　ISDX 曲面模块用户界面如图 9.3.1 所示，图中用虚线框示意的部分是 ISDX 曲面模块常用的工具栏命令按钮和 ISDX 模型树区，后面将进一步说明。

9.3.2　ISDX 曲面模块下拉菜单

　　图 9.3.2、图 9.3.3 和图 9.3.4 所示为 ISDX 曲面模块的"编辑"、"视图"和"造型"下拉菜单。

图 9.3.2　"编辑"下拉菜单

图 9.3.3　"视图"下拉菜单

图 9.3.4　"造型"下拉菜单

9.3.3　ISDX 曲面模块命令按钮

说明：图 9.3.5 和图 9.3.6 所示为 ISDX 曲面模块中经常用到的命令按钮。
图 9.3.5 所示的工具栏中各按钮的说明如下：

A：设置活动基准平面。

B：创建内部基准平面。

C：创建 ISDX 曲线。

D：创建圆形 ISDX 曲线。

E：创建圆弧形 ISDX 曲线。

F：通过将曲线投影到曲面上来创建 COS 曲线。

G：通过相交曲面创建 COS 曲线。

图 9.3.5　工具栏按钮

图 9.3.6 所示工具栏中各按钮的说明如下：

A　曲率：曲线的曲率、半径、相切选项；曲面的曲率、垂直选项。

B　截面：截面的曲率、半径、相切、位置选项和加亮的位置。

C　偏移：曲线或曲面的偏移。

D　着色曲率：高斯、最大、剖面选项。

E　反射：曲面反射分析，显示"斑马线"。

F　斜度：曲面拔模检测。

G　斜率：查看曲面着色斜率。

H　曲面节点分析。

I　显示"保存的分析"对话框。

J　隐藏所有已保存的分析。

K　删除所有已保存的曲率的分析。

L　删除所有已保存的截面分析。

M　删除全部保存分析的曲面节点。

N　撤销。

O　重做。

P　重复。

Q　将绘制图元、注解或草绘器组剪切到剪贴板。

R　复制。

S　粘贴。

T　选择性粘贴。

U　全部再生。

V　在模型树中按规则搜索、过滤和选取项目。

W　选取框内部的项目。

图 9.3.6　工具栏按钮

9.3.4　再生更新

进入自由曲面模块，在一个造型特征内，可同时建立多个对象（如曲线与曲面），当修改的对象被同一个造型特征内的其他对象所参考时，在绘图区虽可看到它们实时更新的几何。但对于系统内部而言，其数据必须要通过再生才可以更新。再生过程只限对该造型特征内的所有对象（以外的其他造型特征或 Pro / ENGINEER 特征不会被更新），所以称为"内部再生"。当数据状态并没有处于再生情形下时，某些操作不会被接受。

系统通过再生（红绿灯）图标符号 ![] 表示数据的再生状态；![] 代表数据为最新；![] 代表几何需要再生，用户必须点击此图标符号让系统再生，再生后会以绿灯 ![] 表示；![] 代表几何因编辑原因产生不良，必须加以修复。当用户对具有子特征的特征进行修改时，再生图标符号便会以 ![] 显示。此时，用户必须对其再生，方能进行后面的操作。

注意：

● 进入造型特征内才可执行内部再生。

● 只有进入造型特征内，一般修改具有子特征的特征后，才需要进行内部再生。

● 用户必须随时留意再生状态。如果该状态不是 ![]，则某些操作将不被接受。

9.4　ISDX 曲面模块入门

9.4.1　查看 ISDX 曲线及曲率图、ISDX 曲面

下面我们先打开图 9.4.1 所示的模型查看 ISDX 曲线、曲率图和 ISDX 曲面。通过查看，建立对 ISDX 曲线和 ISDX 曲面的初步认识。

Step1. 设置工作目录和打开文件。

（1）选择下拉菜单 文件(F) ➡ 设置工作目录(W)... 命令，将工作目录设置至 D:\proewf5.8\work\ch09.04。

（2）选择下拉菜单 文件(F) ➡ 打开(O)... 命令，打开文件 toilet_seat.prt。

Step2. 设置模型显示状态。

（1）单击按钮 ，将模型设置为着色显示状态。

（2）分别单击按钮 、 ，使基准轴、坐标系不显示。

（3）单击按钮 ，使基准面显示。

（4）单击按钮 ，然后选择 VIEW_1 视图，如图 9.4.2 所示。

图 9.4.1　查看 ISDX 曲线及曲率图、ISDX 曲面　　　　图 9.4.2　选择 VIEW_1 视图

Step3. 设置层的显示状态。

（1）在图 9.4.3 所示的导航选项卡中点击 按钮，在弹出的快捷菜单中选择 层树(L) 命令。

图 9.4.3　导航选项卡

（2）在图 9.4.4 所示的层树中，选取模型曲线层 CURVE，右击，然后从系统弹出的图 9.4.5 所示的快捷菜单中选择 隐藏 命令，单击"重画"按钮 ，这样模型的基准曲线将不显示。

（3）返回到模型树。单击导航选项卡中的 按钮，在弹出的快捷菜单中选择 模型树(M) 命令。

Step4. 进入 ISDX 环境，查看 ISDX 曲面。在模型树中右击 类型 1 ，在弹出的快捷菜单中选择 编辑定义 命令。

注意：一个造型（Style）特征中可以包括多个 ISDX 曲面和多条 ISDX 曲线，也可以只

含 ISDX 曲线，不含 ISDX 曲面。

Step5. 查看 ISDX 曲线及曲率图。

（1）单击"显示曲线曲率"按钮，系统弹出图 9.4.6 所示的"曲率"对话框，然后选择图 9.4.1 所示的 ISDX 曲线。

图 9.4.4　层树　　　　图 9.4.5　快捷菜单　　　图 9.4.6　"曲率"对话框

注意：如果曲率图太大或太密，可在图 9.4.6 所示的"曲率"对话框中调整 质量 滑块和 比例 滚轮。

（2）在"曲率"对话框的下拉列表中选择 已保存 选项，然后单击"曲率"对话框中的 ✔ 按钮，退出"曲率"对话框。

（3）此时可看到曲线曲率图仍保留在模型上。要关闭曲率图的显示，可单击 按钮。

Step6. 旋转及缩放模型，从各个角度查看 ISDX 曲面。

9.4.2　查看及设置活动平面

"活动平面"是 ISDX 中一个非常重要的参考平面，在许多情况下，ISDX 曲线的创建和编辑必须考虑到当前所设置的"活动平面"。从图 9.4.7 中可看到，TOP 基准平面上布满了"网格"（Grid）。这表明 TOP 基准平面为"活动平面"（Active Plane）。如要重新定义活动平面，可选择下拉菜单 造型(Y) ➡ 设置活动平面(P) 命令（或单击按钮），然后选取另一个基准平面（如 FRONT 基准平面）为"活动平面"，如图 9.4.8 所示。另外，选择下拉菜单 造型(Y) ➡ 首选项(F)...命令，可以控制"活动平面"的网格是否显示以及网格的大小等，这一点在后面还将作进一步介绍。

此处的 H 和 V 线段的方向代表 "水平" 和 "垂直" 方向

此网格所在的 TOP 基准平面为活动平面

图 9.4.7　查看活动平面　　　　　　　图 9.4.8　重新设置 "活动平面"

9.4.3　查看 ISDX 环境中的四个视图及设置视图方向

先单击按钮，将模型方向设置为 "缺省方向"。在 ISDX 环境中，单击按钮，即可看到图 9.4.9 所示的画面。此时整个图形区被分割成四个独立的部分（即四个视图），其中右上角的视图为三维（3D）视图，其余三个为正投影视图。这样的布局非常有利于复杂曲面的设计。在一些工业设计和动画制作专业软件中，这是相当常见的。注意：四个视图是各自独立的，也就是说，我们可以像往常一样随意缩放、旋转、移动每个视图中的模型。

如果希望返回单一视图状态，只需再次单击按钮。

1．将某个视图设置到 "活动平面方向"

下面以图 9.4.9 中的右下视图为例来说明。先单击右下视图，然后右击，系统弹出图 9.4.10 所示的快捷菜单，选择 活动平面方向 命令。此时该视图的定向如图 9.4.11 所示，可看到该视图中的 "活动平面" 与屏幕平面平行。由此可见，如将某个视图设为活动平面方向，则系统按这样的规则定向该视图：视图中的 "活动平面" 平行于屏幕平面。

左上视图　　　　右上视图

左下视图　　　　右下视图

图 9.4.9　ISDX 环境中的四个视图　　　图 9.4.10　快捷菜单　　图 9.4.11　视图的定向

2．设置三个正投影视图的方向

选择下拉菜单 视图(V) → 方向(O)▶ → 活动平面方向(C) 命令，可以同时设置三个正投影视图的方向。此时"左下"视图中的 TOP 基准平面与屏幕平面平行，其余两个正投影视图则按"高平齐、左右对齐"的视图投影规则自动定向。

3．设置某个视图的默认方向

图 9.4.9 中四个视图的方向为系统的"缺省方向"。当缩放、旋转、移动某个视图中的模型而导致其方向改变时，如要恢复"缺省方向"，可右击该视图，在弹出的快捷菜单中选择 缺省方向 命令。

9.4.4　ISDX 环境的优先设置

选择下拉菜单 造型(Y) → 首选项(F)... 命令，可打开图 9.4.12 所示的"造型首选项"对话框。在该对话框中可以进行这样一些设置：活动平面的栅格显示以及栅格多少、自动再生和曲面网格显示的开、关等。

注意：

此选项只支持造型曲面对象，并不支持 Pro/ENGINEER 的曲面或其他特征的曲面。

图 9.4.12　"造型首选项"对话框

第 10 章　创建 ISDX 曲线

本章提要

- ISDX 曲线基础
- ISDX 曲线的类型
- ISDX 曲线上点的类型

10.1　ISDX 曲线基础

如图 10.1.1 所示，ISDX 曲线是经过两个端点（Endpoint）及多个内部点（Internal Point）的一条光滑样条（Spline）线。如果只有两个端点、没有内部点，则 ISDX 曲线为一条直线，如图 10.1.2 所示。

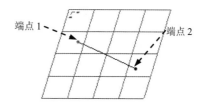

图 10.1.1　有内部点的 ISDX 曲线　　　　图 10.1.2　无内部点的 ISDX 曲线

ISDX 曲线上点的类型有以下四种：

- 自由点（Free Point）：可以自由拖动。显示样式为小圆点（●）。
- 软点（Soft Point）：可以在其所在的线或者面上自由拖动。当坐落在曲线、模型的边线上时，其显示样式为小圆圈（○）；当坐落在曲面、模型的表面上时，其显示样式为小方框（□）。
- 固定点（Fixed Point）：与某一点固定的点，不能拖动。显示样式为小叉（×）。
- 相交点（Intersection Point）：既坐落在活动平面上，又坐落在某个曲线或模型边上的点，不能拖动，是特殊的固定点。显示样式为小叉（×）。

ISDX 曲线的类型可以分为以下四种：

- 自由（Free）ISDX 曲线：曲线在三维空间自由创建。
- 平面（Planar）ISDX 曲线：曲线在某个平面上创建。平面曲线一定是一条 2D 曲线。

- COS（Curve On Surface）曲线：曲线在某个曲面上创建。
- 落下（Drop）曲线：将曲线"投影"到指定的曲面上，便产生了落下曲线。投影方向是某个选定平面的法线方向。

10.2 ISDX 曲线上点的类型

ISDX 曲线是经过一系列点的光滑样条线。ISDX 曲线上的点可分为四种类型：自由点（Free）、软点（Soft）、固定点（Fixed）和相交点（Intersection）。各种类型的点有不同的显示样式，下面将一一介绍。

10.2.1 自由点

自由点是 ISDX 曲线上没有被约束在空间其他点、线、面元素上的点，因此可以对这种类型的点进行自由拖移。自由点显示样式为小圆点（●）。

下面我们打开一个带有自由点的模型文件进行查看。

Step1. 设置工作目录和打开文件。先将工作目录设置至 D:\proewf5.8\work\ch10.02，然后打开文件 free_point.prt。

Step2. 设置模型显示状态。

（1）单击按钮 ▢ ，将模型设置为着色显示状态。

（2）分别单击按钮 ▢ 、 ▱ 、 ⚡ ，使基准面、基准轴和坐标系不显示。

（3）单击按钮 ▣ ，然后选择 Course_v1 视图。

Step3. 编辑定义造型特征。在图 10.2.1 所示的模型树中右击 ▢ 类型 1 ，系统弹出图 10.2.2 所示的快捷菜单；选择 编辑定义 命令，系统进入 ISDX 环境。

Step4. 单击工具栏中的按钮 ▣ ，切换到四个视图状态。

Step5. 单击"曲线编辑"按钮 ✐ ，然后选择图 10.2.3 中的 ISDX 曲线。此时我们会看到 ISDX 曲线上四个点的显示样式为小圆点（●），说明这四个点为自由点。

Step6. 对 ISDX 曲线上的点进行拖移，将发现这些点可以在空间任意移动，不受任何约束。

图 10.2.1 模型树

图 10.2.2 快捷菜单

图 10.2.3 四个视图状态

10.2.2　软点

如果 ISDX 曲线的点被约束在空间其他曲线（Curve）、模型边（Edge）、模型表面（Surface）和曲面（Surface）元素上，则被称为"软点"。起约束作用的点、线、面等元素称为软点的"参照"，它们是软点所在的曲线的父特征，而软点所在的曲线则为子特征。可以对软点进行拖移，但不能自由地拖移，软点只能在其所在的点、线、面上移动。

软点的显示样式取决于其"参照"元素的类型：

● 当软点坐落在曲线、模型的边线上时，其显示样式为小圆圈（○）。

● 当软点坐落在曲面、模型的表面上时，其显示样式为小方框（□）。

下面以一个例子来进行说明。

Step1. 设置工作目录和打开文件。先将工作目录设置至 D:\proewf5.8\work\ch10.02，然后打开文件 view_soft_point.prt。

Step2. 设置模型显示状态。

（1）单击按钮 ▣，将模型设置为线框显示状态。

（2）分别单击按钮 ▨、▨、▨，使基准面、基准轴和坐标系不显示。

（3）单击按钮 ▨，然后选择 Course_v1 视图。

Step3. 编辑定义造型特征。在模型树中右击 🖳 类型 1 ，在快捷菜单中选择 编辑定义 命令，此时系统进入 ISDX 环境。

Step4. 遮蔽活动平面的栅格显示。选择下拉菜单 造型(Y) ➡ 首选项(F)... 命令；在"造型首选项"对话框的 栅格 区域中取消 ☐ 显示栅格 复选框；关闭"造型首选项"对话框。

Step5. 单击"曲线编辑"按钮 ▨，选择图 10.2.4 中的 ISDX 曲线。

Step6. 查看 ISDX 曲线上的软点。如图 10.2.5 所示，ISDX 曲线上有四个软点：软点 1、软点 2 和软点 3 的显示样式为小圆圈（○），因为它们在曲线或模型的边线上；而软点 4 的显示样式为小方框（□），因为它在模型的表面上。

Step7. 拖移 ISDX 曲线上的软点。移动四个软点，我们将会发现软点 1 只能在圆柱特征的当前半个圆弧边线上移动，不能移到另一个半圆弧上；软点 2 只能在长方体特征的当前边线上移动，不能移到该特征的其他边线上；软点 3 只能在曲线 1 上移动；软点 4 只能在长方体特征的上表面移动，不能移到该特征的其他表面上。

图 10.2.4　选择 ISDX 曲线

图 10.2.5　查看 ISDX 曲线上的软点

10.2.3 固定点

如果 ISDX 曲线的点固定在空间的某个基准点（Datum Point）或模型的顶点（Vertex）上，则被称为"固定点"。固定点坐落其上的基准点或顶点所属的特征为固定点的"参照"。不能对固定点进行拖移。固定点的显示样式为小叉（×）。

下面将以一个例子来说明。

Step1. 设置工作目录和打开文件。先将工作目录设置至 D:\proewf5.8\work\ch10.02，然后打开文件 view_fixed_point.prt。

Step2. 设置模型显示状态。

（1）单击按钮 🔲，将模型设置为线框显示状态。

（2）分别单击按钮 🔲、🗹、🗹，使基准面、基准轴和坐标系不显示。

（3）单击按钮 🗹，使基准点显示。

（4）单击按钮 🗹，然后选择 Course_v1 视图。

Step3. 进入 ISDX 环境。在模型树中右击 🗩 类型 1，在弹出的快捷菜单中选择 编辑定义 命令，此时系统进入 ISDX 环境。

Step4. 单击"曲线编辑"按钮 🗹，选择图 10.2.6 中的 ISDX 曲线。

Step5. 查看 ISDX 曲线上的固定点。如图 10.2.7 所示，ISDX 曲线上有两个固定点，它们的显示样式均为小叉（×）。

图 10.2.6　选择 ISDX 曲线　　　　图 10.2.7　查看 ISDX 曲线上的固定点

Step6. 尝试拖移 ISDX 曲线上的两个固定点，但根本不能移动。

10.2.4 相交点

在创建平面（Planar）ISDX 曲线时，如果 ISDX 曲线中的某个点正好落在空间的其他曲线（Curve）或模型边（Edge）上，也就是说这个点既在活动平面上，又在某个曲线或模型边上，则被称为"相交点"。我们不能拖移相交点。显然，相交点是一种特殊的"固定点"，相交点的显示样式也为小叉（×）。

下面以一个例子来说明。

Step1. 设置工作目录和打开文件。先将工作目录设置至 D:\proewf5.8\work\ch10.02,然后打开文件 view_intersection_point.prt。

Step2. 进入 ISDX 环境。在模型树中右击🏳️ 类型 **1** ，在弹出的快捷菜单中选择 编辑定义 命令，此时系统进入 ISDX 环境。

Step3. 单击"曲线编辑"按钮✍️，选择图 10.2.8 所示的 ISDX 曲线。

Step4. 查看 ISDX 曲线上的相交点。在图 10.2.9 所示的 ISDX 曲线上有一个相交点，其显示样式为小叉（×）。

Step5. 尝试拖移 ISDX 曲线上的相交点，发现根本不能移动。

　　　　图 10.2.8　ISDX 曲线　　　　　　　　图 10.2.9　ISDX 曲线上的相交点

10.3　ISDX 曲线的类型

在 ISDX 曲面模块中，ISDX 曲线的类型分为四种：自由（Free）类型的 ISDX 曲线、平面（Planar）类型的 ISDX 曲线、COS 类型的 ISDX 曲线和下落（Drop）类型的 ISDX 曲线。它们的创建方法各不相同，下面将一一介绍。

10.3.1　自由（Free）类型的 ISDX 曲线

自由类型的曲线是 ISDX 模块中很常用的曲线，所构建的曲线先以平面曲线的形式出现。但因其属性是"自由"的，所以可以用"曲线编辑"命令对曲线上的点进行拖拽后变成 3D 自由曲线。

下面将介绍创建一个自由（Free）类型的 ISDX 曲线的全过程。

Step1. 设置工作目录和新建文件。

（1）选择下拉菜单 文件(F) ➡️ 设置工作目录(W)... 命令，将工作目录设置至 D:\proewf5.8\work\ch10.03。

（2）选择下拉菜单 文件(F) ➡️ 📄 新建(N)... 命令，选择文件类型为 ⦿ ☐ 零件 ，子类型为 ⦿ 实体 ，文件名为 creat_free_curve。

Step2. 选择下拉菜单 插入(I) ➡️ 📘 造型(Y)... 命令，进入 ISDX 曲面模块。

Step3. 设置活动平面。进入 ISDX 环境后，系统一般会自动地选取 TOP 基准平面为活动平面，如图 10.3.1 所示。如果没有特殊的要求，我们常常采用这种默认设置。

Step4. 创建 ISDX 曲线。

（1）单击"ISDX 创建"按钮 ~，系统弹出图 10.3.2 所示的"曲线创建"操控板。

（2）选择曲线类型。若操控板中"创建自由曲线" ~ 按钮被激活，则表明系统已经默认地选取了曲线的类型为"自由"。

图 10.3.1　设置活动平面　　　　　　图 10.3.2　"曲线创建"操控板

（3）在空间单击一系列点，即可产生一条"自由"ISDX 曲线，如图 10.3.3 所示。该曲线包含两个端点（Endpoint）和若干内部点（Internal Point）。此时，曲线上的四个点以小圆点（●）形式显示，表明这些点是自由点。后面我们还将进一步介绍曲线上点的类型。

注意：在拾取点时，如果要"删除"前一个点（也就是要"撤销上一步操作"），可单击工具栏按钮 ↺；如果要恢复撤销的操作，可单击按钮 ↻。

（4）切换到四个视图状态，查看所创建的"自由"ISDX 曲线。单击工具栏按钮 ▦，即可看到图 10.3.4 所示的曲线的四个视图。观察下部的两个视图，可发现曲线上的所有点都在 TOP 基准平面上，但不能就此认为该曲线是"平面"（Planar）曲线。因为我们可以使用"点"的拖拉编辑功能，将曲线上的所有点拖离开 TOP 基准平面（请参见后面的操作）。查看完毕后，再次单击 ▦ 按钮，回到一个视图状态。

（5）单击操控板中的按钮 ✓，完成曲线的创建。

Step5. 对"自由"ISDX 曲线进行编辑，将曲线上的点拖离 TOP 基准平面。

（1）单击"曲线编辑"按钮 ，此时系统显示图 10.3.5 所示的"曲线编辑"操控板。

图 10.3.3　"自由"ISDX 曲线　　　　图 10.3.4　四个视图状态

（2）单击按钮；在"左下"视图中，用鼠标左键选取曲线上的点，并将其拖离 TOP 基准平面，如图 10.3.6 所示。现在我们可以认识到：在单个视图状态下，很难观察 ISDX 曲线上点的分布。如果要准确把握 ISDX 曲线上点的分布，应该使用四个视图状态。

（3）单击"曲线编辑"操控板中的按钮 ✔。

注意：关于 ISDX 曲线的编辑功能，目前先初步掌握到这种程度，后面还将进一步介绍。

Step6. 退出造型环境。选择下拉菜单 造型(Y) ➡ 完成(D) 命令。

10.3.2　平面（Planar）类型的 ISDX 曲线

平面（Planar）类型的 ISDX 曲线就是创建后位于指定平面上的曲线，使用"曲线编辑"命令后也不会改变其空间位置。

下面将介绍创建一个平面（Planar）类型的 ISDX 曲线的主要过程。

Step1. 设置工作目录和新建文件。

（1）选择下拉菜单 文件(F) ➡ 设置工作目录(W)... 命令，将工作目录设置至 D:\proewf5.8\work\ch10.03。

（2）选择下拉菜单 文件(F) ➡ 新建(N)... 命令，选择文件类型为 ⊙ □ 零件，子类型为 ⊙ 实体。文件名为 creat_planar_curve。

Step2. 进入 ISDX 环境。选择下拉菜单 插入(I) ➡ 造型(Y)... 命令。

Step3. 设置活动平面。采用系统默认的 TOP 基准平面为活动平面。

Step4. 单击"ISDX 曲线创建"按钮 〜。

Step5. 选择曲线类型。在"曲线创建"操控板中单击"创建平面曲线"按钮 ◢，如图 10.3.7 所示。

图 10.3.5　"曲线编辑"操控板

图 10.3.6　四个视图状态

图 10.3.7　"曲线创建"操控板

注意：在创建自由和平面 ISDX 曲线时，操作到这一步时，可在图 10.3.7 所示的"曲线创建"操控板中单击"参照"按钮，然后改选其他的基准平面为活动平面或输入"偏移"值平移活动平面，如图 10.3.8 和图 10.3.9 所示。

图 10.3.8　改变活动平面

图 10.3.9　将活动平面偏移

Step6. 跟创建自由曲线一样，在空间单击若干点，即产生一条平面 ISDX 曲线，如图 10.3.10 所示。

Step7. 单击"工具栏"按钮，切换到四个视图状态，如图 10.3.11 所示，查看所创建的"平面"ISDX 曲线。

Step8. 单击"曲线创建"操控板中的按钮。

图 10.3.10　"平面"ISDX 曲线

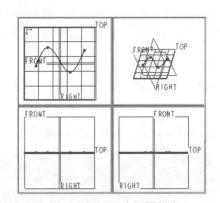

图 10.3.11　四个视图状态

Step9. 拖移"平面"ISDX 曲线上的点。单击"曲线编辑"按钮，然后在图 10.3.11 的左下视图中选取曲线上的任一点进行拖移。可以发现，无论怎样拖移，点只能左右移动，而不能上下移动（即不能离开活动平面——TOP 基准平面）。可见我们创建的 ISDX 曲线是一条位于活动平面（TOP 基准平面）上的"平面"曲线。

注意：

（1）可以将"平面"曲线转化为"自由"曲线，操作方法为：在"曲线编辑"操控板中单击"更改为自由曲线"按钮，系统弹出"确认"对话框，并提示 将平面曲线转换为自由曲线？ 单击 是(Y) 按钮；将"平面"曲线转化成"自由"曲线后，我们便可以将曲线上的点拖离活动平面。

（2）也可将"自由"曲线转化为"平面"曲线，操作方法为：在"曲线编辑"操控板单击"更改为平面曲线"按钮 ；在系统 选取一个基准平面或曲线参照以将自由曲线转换为平面 的提示下，单击一个基准平面或曲线参照。这样，"自由"曲线便会转化为活动平面上的"平面"曲线。

10.3.3　COS 类型的 ISDX 曲线

COS（Curve On Surface）类型的 ISDX 曲线就是在选定的曲面上建立曲线。选定的曲面为父特征，此 COS 曲线为子特征，所以修改作为父特征的曲面，会导致 COS 曲线的改变。作为父特征的曲面可以是模型的表面、一般曲面和 ISDX 曲面。

下面将打开一个带有曲面的模型文件，然后在选定的曲面上创建 COS 曲线。

Step1. 设置工作目录和打开文件。先将工作目录设置至 D:\proewf5.8work\ch10.03，然后打开文件 creat_cos_curve。

Step2. 选择下拉菜单 插入(I) ➞ 造型(Y)... 命令，进入 ISDX 环境。

Step3. 设置活动平面。采用系统默认的 TOP 基准平面为活动平面。

Step4 遮蔽活动平面的栅格显示。选择下拉菜单 造型(Y) ➞ 首选项(F)... 命令；在"造型首选项"对话框的 栅格 区域中取消 □ 显示栅格 复选框；关闭"造型首选项"对话框。

Step5. 单击"ISDX 曲线创建"按钮 。

Step6. 选择曲线类型。在"曲线创建"操控板中单击"创建曲面上的曲线"按钮 ，如图 10.3.13 所示。

Step7. 选择父曲面。

（1）在操控板中单击 参照 按钮，在弹出的"参照"界面中（图 10.3.13），单击"曲面"后的"单击此处添加项目"，然后选取图 10.3.12 所示的曲面。

（2）在操控板中再次单击 参照 按钮，退出"参照"界面。

图 10.3.12　隐藏曲线层

图 10.3.13　"曲线创建"操控板

Step8. 在选取的曲面上单击四个点，创建图 10.3.14 所示的 COS 曲线。

注意： 此时，曲线上的四个点以小方框（□）形式显示，表明这些点是曲面上的软点。

Step9. 单击工具栏中的按钮，切换到四个视图状态，查看所创建的 COS 曲线，如图 10.3.15 所示。

图 10.3.14　创建 COS 曲线　　　　图 10.3.15　在四个视图状态查看 COS 曲线

Step10. 单击"曲线创建"操控板中的按钮。

Step11. 单击"曲线编辑"按钮，然后在图 10.3.15 所示的"右上"视图中任选曲线上一点进行拖移。此时我们将发现，无论怎样拖移该点，该点在"左下"和"右下"视图中的对应投影点始终不能离开所选的曲面。尝试其他的点，也都如此。由此可见，COS 曲线上的点将始终贴在所选的曲面上。不仅如此，整条 COS 曲线也始终贴在所选的曲面上。

注意：

（1）可以将 COS 曲线转化为"自由"曲线，操作方法为：在"曲线编辑"操控板中单击"更改为自由曲线"按钮，系统弹出"确认"对话框，并提示 将平面曲线转换为自由曲线? ，单击 是(Y) 按钮。COS 曲线转化成"自由"曲线后，我们会注意到，曲线点的形式从小方框（□）变为小圆点（●）。此时，我们便可以将曲线上的点拖离所选的曲面。

（2）可以将 COS 曲线转化为"平面"曲线，操作方法为：在"曲线编辑"操控板中单击"更改为平面曲线"按钮，在系统 选取一个基准平面或曲线参照以将 COS 曲线转换为平面 的提示下，单击一个基准平面或曲线参照。

（3）不能将"自由"曲线和"平面"曲线转化为 COS 曲线。

10.3.4　下落（Drop）类型的 ISDX 曲线

下落（Drop）曲线是将选定的曲线"投影"到选定的曲面上所得到的曲线，投影方向为某个选定平面的法向方向。选定的曲线、曲面以及投影方向的平面都是父特征，最后得到的"下落"曲线为子特征。无论修改哪个父特征，都会导致"下落"曲线的改变。从本质上说，下落（Drop）曲线是一种特殊的 COS 曲线。

作为父特征的曲线可以是一般的曲线，也可以是前面介绍的 ISDX 曲线（可以选择多条曲线为父特征曲线）；作为父特征的曲面可以是模型的表面、一般曲面和 ISDX 曲面（可以选择多个曲面为父特征曲面）。

下面将打开一个带有曲线、曲面、平面的模型文件，然后创建"下落"曲线。模型如图 10.3.16 所示。

Step1. 设置工作目录和打开文件。先将工作目录设置至 D:\proewf5.8work\ch10.03，然后打开文件 creat_drop_curve.prt。

Step2. 选择下拉菜单 插入(I) ➡ ■ 造型 (Y)... 命令，进入 ISDX 环境。

Step3. 设置活动平面。设置 TOP 基准平面为活动平面。

Step4. 遮蔽活动平面的栅格显示。选择下拉菜单 造型(Y) ➡ 首选项(F)... 命令；在"造型首选项"对话框的 栅格 区域中取消 □ 显示栅格 复选框；关闭"造型首选项"对话框。

Step5. 单击"下落曲线"创建按钮 🔼，系统弹出图 10.3.17 所示的"下落曲线"操控板。

图 10.3.16　模型

图 10.3.17　"下落曲线"操控板

Step6. 选择父特征曲线。在系统 ➡ 选取曲线以放置到曲面上 的提示下，按住键盘上的<Ctrl>键，选取图 10.3.18 所示的两条曲线。

Step7. 选择父特征曲面。在"下落曲线"操控板中单击 参照 按钮，在弹出界面的 曲面 区域单击 ● 单击此处添加项目 字符，然后在系统 ➡ 选取要进行放置曲线的曲面 的提示下，选取图 10.3.19 所示的父特征曲面。此时系统以活动平面的法向为投影方向（图 10.3.17）对曲线进行投影，从而在父特征曲面上产生图 10.3.20 所示的"下落"曲线。

图 10.3.18　选择父特征曲线　　　　图 10.3.19　选择父特征曲面　　　　图 10.3.20　得到"下落"曲线

Step8. 单击工具栏中的按钮 ，切换到四个视图状态，查看所创建的"下落"曲线。

Step9. 在图 10.3.21 所示的"下落曲线"操控板中单击按钮 ，完成操作。

图 10.3.21　"下落曲线"操控板

注意：如果希望重定义某个落下曲线，则可先选取该下落曲线，然后右击，在系统弹出的快捷菜单中选择 编辑定义 命令；或者选择下拉菜单 编辑(E) ➞ 定义(N) 命令进行编辑定义。

第 11 章　编辑 ISDX 曲线

┌─────────────┐
│ **本章提要** │
└─────────────┘

- ISDX 曲线的曲率图
- 延伸 ISDX 曲线
- 组合 ISDX 曲线
- 删除 ISDX 曲线

- ISDX 曲线上点的编辑
- 分割 ISDX 曲线
- 复制和移动 ISDX 曲线

11.1　ISDX 曲线的曲率图

要得到高质量的 ISDX 曲线，必须对 ISDX 曲线进行编辑。ISDX 曲线的编辑包括对 ISDX 曲线上点的编辑以及曲线的延伸、分割、组合、复制和移动以及删除等操作。在进行这些编辑操作时，应该使用曲线的"曲率图"（Curvature Plot）来查看其变化，并根据其变化来调整曲线，以获得最佳的曲线形状。

如图 11.1.1 所示，曲率图是显示曲线上每个几何点处的曲率或半径的图形，从曲率图上可以看出曲线变化方向和曲线的光滑程度，它是查看曲线质量的最好工具。在 ISDX 环境下，单击曲线的"曲率显示"按钮 ，然后选取要查看其曲率的曲线，即可显示曲线曲率图。

使用曲率图要注意以下几点：

（1）在图 11.1.2 所示的"曲率"对话框中，可以设置曲率图的"类型"、"示例"、"质量"和"比例"，所以同一条曲线会由于设置的不同而显示不同的疏密程度、大小和类型的曲率图。

（2）在进行造型设计时，每创建一条 ISDX 曲线后，最好都用曲率图查看曲线的质量，不要单凭曲线的视觉表现。例如，凭视觉表现，图 11.1.3 所示的曲线应该还算光滑，但从它的曲率图（图 11.1.4）可发现有尖点，说明曲线并不光滑。

（3）在 ISDX 环境中，要产生高质量的 ISDX 曲面，应注意构成 ISDX 曲面的 ISDX 曲线上点的个数不要太多。点的数量只要能形成所需要的 ISDX 曲线形状就可以了。在曲率图上我们会发现，曲线上的点越多，其曲率图就越难看，曲线的质量就越难保证，曲面的质量也就越难达到要求。

（4）从曲率图上看，构成曲面的 ISDX 曲线上尽可能不要出现图 11.1.5 所示的反屈点。

图 11.1.1　显示曲线曲率图　　　　图 11.1.3　曲线

曲线在这两处出现反屈点

此处有尖点

图 11.1.4　曲率图　　　　图 11.1.5　曲率图　　　　图 11.1.2　"曲率"对话框

11.2　ISDX 曲线上点的编辑

创建一条符合要求的 ISDX 曲线，一般分两步：第一步是定义数个点形成初步的曲线；第二步是对初步的曲线进行编辑使其符合要求。在曲线的整个创建过程中，编辑往往占用绝大部分工作量。而在曲线的编辑工作中，曲线上点的编辑显得尤为重要。

下面将打开一个含有 ISDX 曲线的模型并进入 ISDX 环境，然后对点的编辑方法逐一进行介绍。

Step1. 设置工作目录和打开文件。

（1）选择下拉菜单 文件(F) ➡ 设置工作目录(W)... 命令，将工作目录设置至 D:\proewf5.8\work\ch11.02。

（2）选择下拉菜单 文件(F) ➡ 打开(O)... 命令，打开文件 edit_spot_on_curve.prt。

Step2. 进入 ISDX 环境。在模型树中，右击 类型 1 ，从弹出的快捷菜单中选择 编辑定义 命令。

Step3. 单击"曲线编辑"按钮，选取图 11.2.1 中的 ISDX 曲线。此时系统显示"曲线编辑"操控板，模型如图 11.2.1 所示。

Step4. 针对不同的情况，编辑 ISDX 曲线。

在进行曲线的编辑操作之前，有必要先介绍曲线外形的两种编辑控制方式。

1. 直接的控制方式

如图 11.2.2 所示，拖移 ISDX 曲线的某个端点或者内部点，可直接地调整曲线的外形。

2. 控制点方式

在"曲线编辑"操控板中，如果激活 按钮，ISDX 曲线上会出现图 11.2.3 所示的"控制折线"。控制折线由数个首尾相连的线段组成，每个线段的端部都有一个小圆点，它们是曲线的外形控制点。拖移这些小圆点，便可间接地调整曲线外形。

图 11.2.1　编辑曲线

图 11.2.2　直接的控制方式

图 11.2.3　控制点方式

注意：在以上两种调整曲线外形的操作过程中，鼠标各键的功能如下：

- 单击左键拾取曲线上的关键点或控制点，按住左键并移动鼠标可移动、调整点的位置。
- 单击中键完成曲线的编辑。
- 单击右键，弹出快捷菜单。

11.2.1　移动 ISDX 曲线上的点

1．移动 ISDX 曲线上的自由点

如图 11.2.4 所示，将鼠标指针移至某个自由点上，按住左键并移动鼠标，该自由点即可自由移动。可以配合键盘的<Ctrl>和<Alt>键来控制移动的方向，也可单击操控板中的 点 按钮，在图 11.2.5 所示的"点"界面中控制拖移的方向。

（1）水平/竖直方向移动：按住键盘<Ctrl>和<Alt>键，仅可在水平、竖直方向移动自由点；也可以在图 11.2.5 所示的"点"界面中，选择"水平/垂直（Ctrl＋Alt）"选项。

注意：在图 11.2.6 的"左上视图"中，"水平"移动方向是指活动平面上图标的 H 方向，"竖直"移动方向是指活动平面上图标的 V 方向。水平/竖直方向移动操作应在"左上视图"进行。

（2）垂直方向移动：按住键盘<Alt>键，仅可在垂直于活动平面的方向移动自由点；也可以在图 11.2.5 所示的"点"界面中，选择"法向"（Alt）选项。

注意：垂直方向移动操作应在"左下视图"进行。

图 11.2.4　拖移 ISDX 曲线上的自由点

图 11.2.5　"点"界面

注意：

● 误操作后，可进行"恢复"操作。方法是：选择下拉菜单 编辑(E) ➡ 撤消(U) 命令，或者直接单击按钮 ↶。

● 配合键盘的<Shift>键，可改变点的类型。按住<Shift>键，移动 ISDX 曲线上的点，可使点的类型在自由点、软点、固定点和相交点（必须是平面曲线上的点）之间进行任意的切换。当然在将非自由点变成自由点时，有时先要进行"断开链接"操作。其操作方法为：右击要编辑的点，然后选取 断开链接 命令。

图 11.2.6　四个视图

2. 移动 ISDX 曲线上的软点

如图 11.2.7 所示，将鼠标指针移至某一软点上，按住左键并移动鼠标，即可在其参照边线（曲面）上移动该点；也可右击该软点，在系统弹出的图 11.2.8 所示的快捷菜单中选择长度比例、长度、参数、距离平面的偏距、锁定到点、链接以及断开链接等选项来定义该点的位置（也可以在图 11.2.9 所示的操控板中获得这些选项）。

（1）长度比例。将参考曲线（线段）长度视为 1，通过输入长度比例值来控制软点位置。单击操控板中的 点 按钮，在弹出的操作界面中可输入"长度比例"值，如图 11.2.10 所示。

（2）长度。系统自动指定从参考曲线某一端算起，通过输入长度值来控制软点位置。单击操控板中的 点 按钮，在弹出的操作界面中可输入"长度"值，如图 11.2.11 所示。

图 11.2.7　拖移 ISDX 曲线上的软点

图 11.2.8　快捷菜单

图 11.2.9　操控板

图 11.2.10　设置"长度比例"值

图 11.2.11　设置"长度"值

（3）参数。预设情况，类似"长度比例"，但参数值稍有不同。单击操控板中的 点 按钮，在弹出的操作界面中可输入"参数"值，如图 11.2.12 所示。

（4）自平面的偏移。指定一基准面，通过输入与基准面的距离值来控制软点位置。单击操控板中的 点 按钮，在弹出的操作界面中可输入"偏移"值，如图 11.2.13 所示。

图 11.2.12　设置"参数"值

图 11.2.13　设置"自平面偏移"值

（5）锁定到点。选择此项，软点将自动锁定到一个最近的点（有可能是内部点或端点）。如图 11.2.14a 所示，在曲线 A 的右端点处右击，从图 11.2.15 所示的快捷菜单中选择"锁定到点"命令，该点即锁定到一个最近的点，如图 11.2.14b 所示。以此方式锁定的点，将不再具有移动的自由度（也就是无法拖拽），在屏幕上显示为"×"。

注意：练习时，请读者先将工作目录设置至 D:\proewf5.8\work\ch11.02，然后打开文件 lock_to_spot.prt。

图 11.2.14　锁定到点

图 11.2.15　快捷菜单

（6）链接与断开链接。当 ISDX 曲线上的某一点为软点或固定点时，该点表现为一种"链接"（Link）状态，例如位于曲面、曲线或基准点上的点。"断开链接"（Unlink）则是使软点或固定点"脱离"参考点、参考曲线或者参考曲面等父项特征的约束而成为自由点的一种状态，故符号会转变为实心圆点（●），如图 11.2.16 所示。

图 11.2.16　链接与断开链接

11.2.2　比例更新（Proportional Update）

如果 ISDX 曲线含有两个或者两个以上软点，则可选中操控板上的 ☑ 按比例更新 复选框。进行这样的设置后，如果拖拉其中一个软点，则两软点间的曲线外形会随拖拉而成比例地调整。如图 11.2.17 所示，该 ISDX 曲线含有两个软点。如果选中 ☑ 按比例更新 复选框，当拖拉软点 2 时，软点 1 和软点 2 间的曲线外形将成比例地缩放，如图 11.2.18 所示；如果不选中"按比例更新"复选框，则拖拉软点 2 时，软点 1 和软点 2 间的曲线形状会产生变化，如图 11.2.19 所示。

注意：练习时，请读者先将工作目录设置至 D:\proewf5.8\work\ch11.02，然后打开文件 edit_proportional_update.prt。

图 11.2.17　ISDX 曲线含有两个软点　图 11.2.18　"按比例更新"　图 11.2.19　不"按比例更新"

11.2.3　ISDX 曲线端点的相切设置

如图 11.2.20 所示，编辑 ISDX 曲线的端点时，会出现一条相切指示线，这是该端点的切向量（Tangent Vector）。拖拉相切指示线可控制切线的"长度"、"角度"及"高度"。

图 11.2.20　ISDX 曲线端点的相切线

另外，单击操控板中的 相切 按钮，将弹出图 11.2.21 所示的"相切"界面。图中下拉列表中的各选项用于设置端点处的切线长度、角度及高度。这些选项为：自然 （Natural）、自由 （Free）、固定角度（Fix Angle）、水平（Horizontal）、垂直（Vertical）、法向（Normal）、对齐（Align）、对称（Symmetric）、相切（Tangent）、曲率（Curvature）、曲面相切（Surface Tangent）、曲面曲率（Surface Curvature）以及相切拔模（Draft Tangent）。下面将对这些选项分别进行介绍。

图 11.2.21　"相切"界面

1．自然（Natural）

由系统自动确定切线长度及方向。如果移动或旋转相切指示线，则该项会自动转换为自由（Free）。

2．自由（Free）

可自由地改变切线长度及方向；可在图 11.2.21 所示的"相切"界面中输入切线长度、角度及高度值，也可通过在模型中拖拉、旋转相切指示线来改变切线长度、角度及高度。在此过程中可配合如下操作。

（1）改变切线的长度。按住键盘<Alt>键，可将切线的角度和高度固定，任意改变切线的长度；也可在图 11.2.21 所示的"相切"界面的 相切 区域选择"长度（Alt）"选项。

（2）改变切线的角度和高度。按住键盘<Ctrl>和<Alt>键，可将切线的长度固定，任意改变切线的角度和高度；也可在图 11.2.21 所示的"相切"界面的 相切 区域选择"角度＋高度（Alt＋Ctrl）"选项。

3．固定角度（Fix Angle）

保持当前相切指示线的角度和高度，只能更改其长度。

4．水平（Horizontal）

使相切指示线方向与活动平面中的水平方向保持一致，仅能改变切线长度。单击按钮 后会显示四个视图，其相切指示线在左上视图中的方向与图标的水平（H）方向一致，如图

11.2.22 所示。

相切指示线在此视图
中的方向与图标的水
平（H）方向一致

注意此方向图标
的水平（H）和垂
直（V）指向

此网格平面为
当前活动平面

图 11.2.22　水平　（Horizontal）

5．垂直（Vertical）

使相切指示线方向与活动平面中的竖直方向保持一致，仅能改变切线长度。此时在左上视图中，相切指示线的方向与图标的竖直（V）方向一致，如图 11.2.23 所示。

6．法向（Normal）

选择该选项后，需选取一参照平面，这样 ISDX 曲线端点的切线方向将与该参照平面垂直。

7．对齐（Align）

选择该选项后，在另一参照曲线上单击，则端点的切线方向将与参照曲线上单击处的切线方向保持一致，如图 11.2.24 所示。

相切指示线在此视图中的方向与图标的垂直（V）方向一致

单击圆弧的此处，则曲线端点的切线方
向将与圆弧上单击处的切线方向相同

图 11.2.23　垂直　（Vertical）　　　　　图 11.2.24　对齐　（Align）

8．对称（Symmetric）

如果 ISDX 曲线 1 的端点刚好落在 ISDX 曲线 2 的端点上，则对曲线 2 进行编辑时，可在该端点设置"对称"。完成操作后，两条 ISDX 曲线在该端点的切线方向相反，切线长度相同，如图 11.2.25 所示。此时如果拖拉相切指示线调整其长度及角度，则该端点的相切类型会自动变为"相切"（Tangent）。

注意：练习时，请先将工作目录设置至 D:\proewf5.8\work\ch11.02，然后打开文件 edit_symmetric.prt。

图 11.2.25　对称（Symmetric）

9．相切（Tangent）

如果 ISDX 曲线 2 的端点落在 ISDX 曲线 1 上，则对 ISDX 曲线 2 进行编辑时，可将其端点的相切选项设置为"相切"（Tangent）。完成操作后，曲线 2 的端点与曲线 1 相切，如图 11.2.26 所示。

注意：练习时，请先将工作目录设置至 D:\proewf5.8\work\ch11.02，然后打开文件 edit_tangent1.prt。

图 11.2.26　相切（Tangent）

如果 ISDX 曲线 2 的端点刚好落在 ISDX 曲线 1 的某一端点上，则对 ISDX 曲线 2 进行编辑时，可将其端点的相切选项设置为"相切"（Tangent）。这样两条曲线将在此端点相切，如图 11.2.27 所示。

图 11.2.27　端点处相切

说明：此时端点两边的相切指示线呈不同样式：一边为直线；一边为单箭头。无箭头的一段为"主控端"，此端所在的曲线（ISDX 曲线 1）为主控曲线。拖拉此端相切指示线，可调整其长度，也可旋转其角度（同时带动另一边的相切指示线旋转）。有箭头的一段为"受控端"，此端所在的曲线（ISDX 曲线 2）为受控曲线。拖拉此端相切指示线将只能调整其长度，而不能旋转其角度。单击"主控端"的尾部，可将其变为"受控端"，如图 11.2.28 所示。

注意：练习时，请先将工作目录设置至 D:\proewf5.8\work\ch11.02，然后打开文件 edit_tangent2.prt。

图 11.2.28 将"主控端"变为"受控端"

10. 曲率（Curvature）

如果 ISDX 曲线 2 的端点落在 ISDX 曲线 1 上，则编辑 ISDX 曲线 2 时，可将其端点的相切选项设置为"曲率"（Curvature）。完成操作后，ISDX 曲线 2 在其端点处与 ISDX 曲线 1 的曲率相同，如图 11.2.29 所示。

注意：练习时，请先将工作目录设置至 D:\proewf5.8\work\ch11.02，然后打开文件 edit_curvature1.prt。

图 11.2.29 曲率（Curvature）

如果 ISDX 曲线 2 的端点恰好落在 ISDX 曲线 1 的端点上，则编辑 ISDX 曲线 2 时，可将其端点的相切选项设置为"曲率"（Curvature）。这样两条 ISDX 曲线在此端点处曲率相同，如图 11.2.30 所示。

说明：与曲线的相切相似，此时相切指示线在端点两边呈不同样式：一边为直线；一边为复合箭头。无箭头的一段为"主控端"，拖拉此段相切指示线可调整其长度，也可旋转其角度（同时带动另一段相切指示线旋转）；有箭头的一段为"受控端"，拖拉此段相切指示线将只能调整其长度，而不能旋转其角度。与曲线的相切一样，单击"主控端"的尾部，可将其变为"受控端"。

注意：练习时，请先将工作目录设置至 D:\proewf5.8\work\ch11.02，然后打开文件 edit_curvature2.prt。

图 11.2.30　端点处曲率

11. 曲面相切（Surface Tangent）

如果 ISDX 曲线的端点落在一个曲面上，可将其端点的相切选项设置为"曲面相切"（Surface Tangent）。完成操作后，ISDX 曲线在其端点处与曲面相切，如图 11.2.31 所示。

注意：练习时，请先将工作目录设置至 D:\proewf5.8\work\ch11.02，然后打开文件 edit_surface_tangent.prt。

12. 曲面曲率（Surface Curvature）

如果 ISDX 曲线的端点落在一个曲面上，可将其端点的相切选项设置为"曲面曲率"（Surface Curvature）。完成操作后，ISDX 曲线在其端点处与曲面曲率相同，如图 11.2.32 所示。

注意：练习时，请先将工作目录设置至 D:\proewf5.8\work\ch11.02，然后打开文件 edit_surface_curvature.prt。

图 11.2.31　曲面相切（Surface Tangent）

图 11.2.32　曲面曲率（Surface Curvature）

13．相切拔模（Draft Tangent）

选取这个选项时，是指所要编辑的 ISDX 曲线与选定平面或曲面成某一角度相切。对于平面拔模，曲线端点必须是任何其他曲线的软点；对于曲面拔模，曲线必须是曲面边界或 COS 上的软点。将端点设置为"相切拔模"（Draft Tangent），在系统提示下，选取曲面。完成操作后，ISDX 曲线在其端点处与曲面相切拔模，如图 11.2.33 所示。图中的数字代表曲线与曲线端点所在处平面的法线的夹角。

注意：练习时，请先将工作目录设置至 D:\proewf5.8\work\ch11.02，然后打开文件 edit_draft_tangent.prt。

图 11.2.33　相切拔模（Draft Tangent）

说明：切线为"向量"（Vector）值，它具有长度与角度两个条件，所以用户可以单独采用某一种或同时采用这两种参数控制曲线。不同的条件设置曲线，会有不同的调整结果。例如：当切线角度相同而长度不同时，结果比较如图 11.2.34 所示；当切线长度相同而角度不同时，结果比较如图 11.2.35 所示。

注意：练习时，请先将工作目录设置至 D:\proewf5.8\work\ch11.02，然后打开文件 change_tangent.prt。

图 11.2.34　切线角度相同而长度不同

图 11.2.35　切线长度相同而角度不同

11.2.4　在 ISDX 曲线上添加/删除点

在进行 ISDX 曲线编辑时，用户可以在曲线上添加点或删除点。这种操作除了可以使造型有更多的变化外，也可以更加精确地调整曲率。

　　如果要在 ISDX 曲线上添加点，操作方法如下：

　　Step1. 设置工作目录和打开文件。先将工作目录设置至 D:\proewf5.8\work\ch11.02，然后打开文件 edit_add_point.prt。

　　Step2. 在模型树中右击⌒类型1，在弹出的快捷菜单中选择编辑定义命令，进入 ISDX 环境。

　　Step3. 单击"曲线编辑"按钮，然后选取图 11.2.36 中的 ISDX 曲线。

　　Step4. 单击图 11.2.37 所示的位置"点"处，然后右击，此时系统弹出图 11.2.38 所示的快捷菜单。

　　Step5. 在图 11.2.38 所示的快捷菜单中选择 删除(D) 命令，则所选点即被删除。

图 11.2.36　选取 ISDX 曲线　　　　图 11.2.37　右击"点"　　　　图 11.2.38　快捷菜单

　　说明：在选中图 11.2.37 所示的"点"后右击，有时会出现图 11.2.39 所示的快捷菜单，但其结果都是一样的。

图 11.2.39　快捷菜单

11.3　延伸 ISDX 曲线

　　如图 11.3.1 所示，可从一条 ISDX 曲线的端点处向外延长该曲线，操作方法如下：

　　Step1. 设置工作目录和打开文件。先将工作目录设置至 D:\proewf5.8\work\ch11.03，然后打开文件 curve_extension.prt。

　　Step2. 在模型树中右击⌒类型1，在弹出的快捷菜单中选择编辑定义命令，进入 ISDX 环境。

　　Step3. 在 ISDX 环境中单击"曲线编辑"按钮，然后选取图 11.3.1 中的 ISDX 曲线。

　　Step4. 选择延伸的连接方式。单击操控板中的 点 按钮，在弹出的图 11.3.2 所示操控板中；单击操控板中的 点 按钮，在弹出的界面中，可以看到 ISDX 曲线的延伸选项有如下三种选择：

- 自由：源 ISDX 曲线与其延长的曲线段在端点处自由连接，如图 11.3.3 所示。
- 相切：源 ISDX 曲线与其延长的曲线段在端点处相切连接，如图 11.3.4 所示。
- 曲率：源 ISDX 曲线与其延长的曲线段在端点处曲率相等连接，如图 11.3.5 所示。

Step5. 选择一种延伸方式，然后按住<Shift>和<Alt>键，在 ISDX 曲线端点外的某位置单击，该曲线即被延长。

图 11.3.1　选择 ISDX 曲线

图 11.3.2　操控板

图 11.3.3　自由　　　　　图 11.3.4　相切　　　　　图 11.3.5　曲率

11.4　分割 ISDX 曲线

可对 ISDX 曲线进行分割，也就是将一条 ISDX 曲线分割为两条 ISDX 曲线，具体操作方法如下：

Step1. 设置工作目录和打开文件。先将工作目录设置至 D:\proewf5.8\work\ch11.04，然后打开文件 curve_division.prt。

Step2. 在模型树中右击 🏳️ **类型** ▊，在弹出的快捷菜单中选择 编辑定义 命令，进入 ISDX 环境。

Step3. 在 ISDX 环境中单击"曲线编辑"按钮 ，然后选取图 11.4.1 中的 ISDX 曲线。

Step4. 在曲线的某一"点"上右击，如图 11.4.1 所示，系统弹出图 11.4.2 所示的快捷菜单；选择 分割 命令，则曲线将从该点处分割为两条 ISDX 曲线。

图 11.4.1　分割 ISDX 曲线　　　　　　　　　图 11.4.2　快捷菜单

11.5　组合 ISDX 曲线

如果两条 ISDX 曲线首尾相连，则可选择其中任一 ISDX 曲线进行编辑，将两条 ISDX 曲线合并为一条 ISDX 曲线。操作方法如下：

Step1. 设置工作目录和打开文件。先将工作目录设置至 D:\proewf5.8\work\ch11.05，然后打开文件 curve_combination.prt。

Step2. 在模型树中右击 类型 1 ，在弹出的快捷菜单中选择 编辑定义 命令，进入 ISDX 环境。

Step3. 在 ISDX 环境中单击"曲线编辑"按钮 ，然后选取图 11.5.1 所示的 ISDX 曲线 2。

Step4. 在图 11.5.1 所示的点上右击，系统将弹出图 11.5.2 所示的快捷菜单，选择 组合 命令，则两条 ISDX 曲线便被合并为一条 ISDX 曲线。

图 11.5.1　组合 ISDX 曲线　　　　　　　　　图 11.5.2　快捷菜单

11.6　复制和移动 ISDX 曲线

在 ISDX 环境中，选择下拉菜单 编辑(E) 下的 复制(C) 、按比例复制(Y) 和 移动(V) 命令，可对 ISDX 曲线进行复制和移动，具体说明如下：

- 复制(C) ：复制 ISDX 曲线。如果 ISDX 曲线上有软点，则复制后，系统不会断开 ISDX 曲线上软点的链接。操作时，可在操控板中输入 X、Y、Z 坐标值，以便精确定位。
- 按比例复制(Y) ：复制选定的 ISDX 曲线并按比例缩放它们。
- 移动(V) ：移动 ISDX 曲线。如果 ISDX 曲线上有软点，则移动后，系统不会断开 ISDX

曲线上的软点的链接。操作时，可在操控板中输入 X、Y、Z 坐标值以便精确定位。

注意：

- ISDX 曲线的 复制(C) 和 移动(V) 功能仅限于自由（Free）与平面（Planar）类型的 ISDX 曲线，并不适用于下落曲线和 COS 曲线。
- 在复制、移动过程中，ISDX 曲线在其端点的相切设置会保持不变。

下面举例说明 ISDX 曲线复制和移动的操作过程。

Step1. 设置工作目录和打开文件。先将工作目录设置至 D:\proewf5.8\work\ch11.06，然后打开文件 curve_copy.prt。

Step2. 在模型树中右击 类型 1，在弹出的快捷菜单中选择 编辑定义 命令，进入 ISDX 环境。

Step3. 对曲线进行复制和移动。

（1）如果选择下拉菜单 编辑(E) ➡ 复制(C) 命令，则此时操控板如图 11.6.1 所示；选择图 11.6.2 所示的 ISDX 曲线 1，则模型周围会出现图 11.6.3 所示的控制杆；移动鼠标，即可产生图 11.6.4 所示的 ISDX 曲线 1 的副本。

图 11.6.1　操控板

图 11.6.2　选取 ISDX 曲线 1　　图 11.6.3　进入"复制"环境　　图 11.6.4　复制 ISDX 曲线

（2）如果选择下拉菜单 编辑(E) ➡ 按比例复制(Y) 命令，然后在弹出的操控板中选中 √ 断开链接 项，则可得到图 11.6.5 所示的 ISDX 曲线 1 的副本。

（3）如果选择下拉菜单 编辑(E) ➡ 移动(V) 命令，则可以对 ISDX 曲线 1 进行移动。完成移动 ISDX 曲线 1 后，模型如图 11.6.6 所示。

Step4. 完成复制和移动操作后，单击操控板中的按钮 ✓。

图 11.6.5　按比例复制 ISDX 曲线　　　　图 11.6.6　移动 ISDX 曲线

11.7　删除 ISDX 曲线

如果要删除 ISDX 曲线，操作方法如下：

Step1. 设置工作目录和打开文件。先将工作目录设置至 D:\proewf5.8\work\ ch11.07，然后打开文件 curve_deletion.prt。

Step2. 在模型树中右击 🗋 类型 1，在弹出的快捷菜单中选择 编辑定义 命令，进入 ISDX 环境。

Step3. 在 ISDX 环境中，单击 "曲线编辑" 按钮 ✐，然后选取图 11.7.1 中的 ISDX 曲线。

Step4. 在 ISDX 曲线上右击，在弹出的图 11.7.2 所示的快捷菜单中选择 删除曲线 (D) 命令。

Step5. 此时系统弹出 "确认" 对话框，并提示 是否删除选定图元? 。单击 是(Y) 按钮，该 ISDX 曲线即被删除。

ISDX 曲线

图 11.7.1　删除 ISDX 曲线

图 11.7.2　快捷菜单

11.8　ISDX 多变曲面与修饰造型

用 Pro/ENGINEER 软件进行产品的外观设计时，从曲面的外观类型来看，可以把它们分为两种类型，即 "凹进曲面" 类型和 "凸出曲面" 类型，如图 11.8.1 所示。设计中的产品经过这些不同类型的曲面加以修饰会更加美观。

创建修饰曲面有多种不同的方法，在实际产品设计中创建自由曲面修饰造型有两种方法最常用：边界曲线法和曲面相交法。尤其是使用 ISDX 模块创建的曲面让曲面的造型更加直观和容易，同时在编辑和重定义的过程中，对 ISDX 曲面或者是曲线稍微作些调整的话，可以立即生成完全不同的曲面造型结果。

1. 边界曲线法

首先定义一个父曲面，并在该曲面上创建 COS 曲线，以此 COS 曲线为边界，然后再构建曲面。也就是利用 COS 曲线来定义修饰造型边界，如图 11.8.2 所示。

2. 曲面相交法

单独创建一个与父曲面所需的凸出曲面或凹进曲面，并以父曲面为基础，定义造型的过程就是将这两个曲面进行合并。例如：图 11.8.3 所示的修饰曲面的边界是三条自由曲线，修饰曲面的凹进曲面外形和设置尺寸高度由这三条自由曲线来控制。

a）凸出曲面　　　　　　　　b）凹进曲面

图 11.8.1　ISDX 多变曲面与修饰造型　　　　图 11.8.2　用边界曲面法修饰造型

　　用曲面相交的方法创建的修饰造型，它的曲面边界完全是以父曲面和修饰曲面的相交部分所定义的。因此如果要修改外观造型，可以通过重定义来调整边界曲线的形状；如果在创建边界曲线时是以某个基准点为参照，那么此时可以通过修改这个基准点的高低位置来修改外观造型，如图 11.8.4 所示。有时候也可以在边界曲线上增加点或者删除点来重新定义造型，如图 11.8.5 所示。

a）修饰前　　　　　　　　　　　　b）修饰后

图 11.8.3　用曲面相交法修饰造型

a）基准点的位置低　　　　　　　　　b）基准点的位置高

图 11.8.4　修改基准点的位置来调整外观造型

a）调整边界曲线　　　　　　　　　b）在边界曲线上增加点

图 11.8.5　调整边界曲线的形状

第 12 章 创建 ISDX 曲面

- 创建 ISDX 曲面
- 连接 ISDX 曲面
- 特殊 ISDX 曲面
- 编辑 ISDX 曲面
- 修剪 ISDX 曲面
- ISDX 曲面分析

12.1 采用不同的方法创建 ISDX 曲面

前面讲解了如何创建和编辑 ISDX 曲线，下面将介绍如何利用 ISDX 曲线来创建 ISDX 曲面。创建 ISDX 曲面共有以下三种方法：

- 采用边界的方法创建 ISDX 曲面。
- 采用混合的方法创建 ISDX 曲面。
- 采用扫描的方法创建 ISDX 曲面。

下面将说明采用这三种方法所创建出来的 ISDX 曲面的区别。

12.1.1 采用边界的方法创建 ISDX 曲面

1. 概述

采用边界的方法创建 ISDX 曲面需要三条或者四条曲线作为边界。这些曲线可以是 ISDX 曲线、基准曲线或模型边界。它们必须形成一个封闭的图形，如图 12.1.1 所示，但不要求首尾相连。在选取边界时，不需要按某个方向或先后顺序进行选取。另外，两条边界曲线不能相切或曲率连续。

图 12.1.1 创建 ISDX 边界曲面

2．创建边界曲面的一般过程

下面以创建如图 12.1.1 所示的曲面为例，讲解采用边界的方法创建 ISDX 曲面的一般过程。

Step1. 设置工作目录和打开文件。先将工作目录设置至 D:\proewf5.8\work\ch12.01.01，然后打开文件 edg_isdx_surface.prt。

Step2. 在模型树中右击 🏳 类型 1 ，在弹出的快捷菜单中选择 编辑定义 命令，此时系统进入 ISDX 环境。

Step3. 单击"曲面"按钮 🏳 ，此时系统弹出图 12.1.2 所示的"曲面创建"操控板。

图 12.1.2　"曲面创建"操控板

Step4. 定义曲面的边界曲线。在系统 ⏵选取主曲线以定义曲面 的提示下，按住<Ctrl>键，依次选取图 12.1.3a 中的 ISDX 曲线 1、ISDX 曲线 2、ISDX 曲线 3 和 ISDX 曲线 4，此时系统便以这四条曲线为边界创建一个 ISDX 曲面，如图 12.1.3b 所示。

Step5. 完成 ISDX 曲面的创建后，单击"曲面创建"操控板中的按钮 ✓ 。

a）边界曲线　　　　　　　　　　b）ISDX 曲面

图 12.1.3　创建边界 ISDX 曲面

注意：构建曲面的边界曲线只能是 G0 连续，图 12.1.4 所示的边界为 G1 连续，是无法创建出边界曲面的，读者可将打开 D:\proewf5.8\work\ch12.01.01\borderline_g1.prt 进行尝试。

图 12.1.4　边界 G1 连续

3．创建具有内部曲线的边界曲面

当边界曲线无法满足用户所需要的曲面形状时，可通过使用内部曲线的方法，辅助边界曲线来控制曲面的形状，如图 12.1.5 所示。

a）ISDX 曲线　　　　　　　　　　　　　b）ISDX 曲面

图 12.1.5　含有内部曲线的 ISDX 曲面

下面以图 12.1.5 所示的模型为例，讲解创建含有内部曲线的 ISDX 曲面的一般过程。

Step1. 设置工作目录和打开文件。将工作目录设置至 D:\proewf5.8\work\ch12.01.01，打开文件 inside_curves_isdx_surface.prt。

Step2. 在模型树中右击 🖵类型 1 ，从弹出的快捷菜单中选择编辑定义命令，此时系统进入 ISDX 环境。

Step3. 单击"曲面"按钮🖵，系统弹出"曲面创建"操控板。

Step4. 定义曲面的边界曲线。在系统 ➡选取主曲线以定义曲面 的提示下，按住<Ctrl>键，依次选取图 12.1.5a 中的 ISDX 曲线 1、ISDX 曲线 2、ISDX 曲线 3 和 ISDX 曲线 4 作为首要链创建出一张没有内部曲线的 ISDX 曲面。

Step5. 定义曲面的内部曲线。在操控板中 🖵按钮后面的 ◉单击此处添加项目 区域单击，在系统 ➡针对边界曲面，选取内部曲线的提示下，选取图 12.1.5a 所示的内部曲线。此时系统便创建一个有内部曲线的 ISDX 曲面曲面。

Step6. 单击"曲面创建"操控板中的按钮☑，完成 ISDX 曲面的创建。

关于内部曲线的几点说明：

● 内部曲线和边界曲线一样，可以是造型曲线、基准曲线或模型边界。

● 内部曲线必须与对应的边界曲线相交形成封闭图形，但并不需要首尾相连，如图 12.1.6 所示（模型文件为 D:\proewf5.8\work\ch12.01.01\inside_curves_explain_01.prt）。

● 可以根据 UV 两方向定义内部曲线，但内部曲线必须相交，且没有数目的限制，如图 12.1.7 所示（模型文件为 D:\proewf5.8\work\ch12.01.01\inside_curves_explain_01.prt）。但同一方向的两条内部曲线不能相交，如图 12.1.8 所示（模型文件为 D:\proewf5.8\work\ch12.01.01\inside_curves_explain_02.prt）。

图 12.1.6　内部曲线不一定首尾相连

图 12.1.7　内部曲线必须相交

● 内部曲线不能连接相邻的边界曲线，如图 12.1.9 所示（模型文件为 D:\proewf5.8\work\ch12.01.01\inside_curves_explain_01.prt）。

图 12.1.8　同一方向的两条内部曲线

图 12.1.9　内部曲线不能连接相邻的边界曲线

● 内部曲线在同一个边界只能有一个交点。

● 设计者依照具体情况决定是否添加内部曲线。相同的边界曲线，由于不同的内部曲线会创建出不同曲面。如果选取了不良的内部曲线，就会造成曲面质量不良，如图 12.1.10 所示。对于三种内部曲线的不同结果，读者可分别打开 D:\proewf5.8\work\ch12.01.01\inside_curves_explain_03.prt、inside_curves_explain_04.prt、inside_curves_explain_05.prt 进行观察。

a）内部曲线 1　　　　　b）内部曲线 2　　　　　c）内部曲线 3

图 12.1.10　内部曲线对曲面质量的影响

4. 边界的替换

用户可根据需要随时替换曲面的边界曲线，以新增的曲线为边界重新定义曲面，其中新增的曲线必须要与原有的边界相交。下面采用举例说明的方法来描述创建含有内部曲线的 ISDX 曲面的一般过程。

Step1. 设置工作目录和打开文件。将工作目录设置至 D:\proewf5.8\work\ch12.01.01。打开文件 swap_edg_isdx_surface.prt。

Step2. 在模型树中右击 类型 1 ，从弹出的快捷菜单中选择 编辑定义 命令，此时系统进入 ISDX 环境。

Step3. 在 ISDX 曲面模型树中右击 ，从弹出的快捷菜单中选择 编辑定义(N) 命令，此时系统进入编辑定义对话框。

Step4. 替换边界。在操控板中 🔍 后面的 4链 区域单击，然后按 <Ctrl>键点选要替换的边界，如图 12.1.11a 所示；然后再按住<Ctrl>键点选最终的新边界，如图 12.1.11b 所示。

Step5. 完成 ISDX 曲面的边界替换后，单击"曲面创建"操控板中的按钮 ☑。

要替换的边界

创建此面

最终的边界

　a）替换前的曲面　　　　　　　　　b）替换后的曲面

图 12.1.11　替换边界曲线

12.1.2　采用放样的方法创建 ISDX 曲面

采用放样的方法创建 ISDX 曲面，是通过两条或两条以上的"非交错"并且处于同一方向的曲线为边界来创建曲面的一种方法，曲线的类型可以是造型曲线、基准曲线或模型边界，如图 12.1.12 所示。

ISDX 曲线 1

IISDX 曲线 2

ISDX 曲线 3

图 12.1.12　放样 ISDX 曲面

下面以图 12.1.12 所示的模型为例，讲解采用放样的方法创建 ISDX 曲面的一般过程。

Step1. 设置工作目录和打开文件。

（1）选择下拉菜单的 文件(F) ➡ 设置工作目录(W)... 命令，将工作目录设置至 D:\proewf5.8\work\ch12.01.02。

（2）选择下拉菜单的 文件(F) ➡ 打开(O)... 命令，打开文件 devolution_isdx_surface.prt。

Step2. 在模型树中右击 类型 1 ，从弹出的快捷菜单中选择 编辑定义 命令，此时系统进入 ISDX 环境。

Step3. 单击"曲面"按钮 🔍。

Step4. 定义曲面的边界曲线。在系统 选取主曲线以定义曲面 的提示下，按住<Ctrl>键，依次选取图 12.1.13a 中的 ISDX 曲线 1、ISDX 曲线 2、ISDX 曲线 3 作为首要链，就能创建出一张主放样曲面，如图 12.1.13b 所示。

Step5. 完成 ISDX 曲面的创建后，单击"曲面创建"操控板中的按钮 ✅。

a）放样曲线   b）放样曲面

图 12.1.13 创建放样 ISDX 曲面

注意：选取曲线的先后顺序决定放样曲面的形状，如图 12.1.14 所示。

a）依次选取顺序 a、b、c   b）依次选取顺序 a、c、b   c）依次选取顺序 c、a、b

图 12.1.14 放样曲面选取的先后顺序

12.1.3 采用混合的方法创建 ISDX 曲面

采用混合的方法创建 ISDX 曲面是通过一条或两条曲线作为首要链（轨迹），并以一条或多条曲线作为横切线（剖面），混合形成曲面的一种方法。在创建曲面时可通过"径向"和"统一"两个选项改变曲面的几何形状，如图 12.1.15 所示。

图 12.1.15 混合的 ISDX 曲面

下面以创建图 12.1.15 所示的曲面为例，讲解采用混合的方法创建 ISDX 曲面的一般过程。

Step1. 设置工作目录和打开文件。将工作目录设置至 D:\proewf5.8\work\ch12.01.03，打开文件 mix_isdx_surface.prt。

Step2. 在模型树中右击 🗀 **类型 1**，从弹出的快捷菜单中选择 **编辑定义** 命令，此时系统进入 ISDX 环境。

Step3. 单击"曲面"按钮 。

Step4. 定义曲面的边界曲线。在系统 <kbd>⇨选取主曲线以定义曲面</kbd> 的提示下，按住 <Ctrl> 键，依次选取图 12.1.16a 中的首要链 1 和首要链 2，此时系统便以这两条曲线为混合边界创建出一个 ISDX 曲面。

Step5. 定义曲面的横切曲线。在操控板 后面的 <kbd>单击此处添加项目</kbd> 区域单击，在系统的提示下选取图 12.1.16a 所示的横切曲线；单击操控板上的 <kbd>选项</kbd> 按钮，在弹出的界面中选中 <kbd>☑径向</kbd> 和 <kbd>☑统一</kbd> 复选框。其操控板如图 12.2.17 所示。

Step6. 单击"曲面创建"操控板中的按钮 <kbd>✔</kbd>，完成 ISDX 曲面的创建，如图 12.1.16b 所示。

横切曲线

首要链 1　　首要链 2

创建此曲面

a）边界链　　　　　　　　　　b）混合 ISDX 曲面

图 12.1.16　创建混合 ISDX 曲面

图 12.1.17　"曲面创建"操控板

图 12.1.17 所示"曲面创建"操控板的部分说明如下：

- <kbd>☑径向</kbd> 复选框：用于控制"横切线"是否以"首要链"的径向方向进行混合。只有一条"首要链"构建曲面时，此选项才起作用。如果选中该复选框，"横切线"将沿着"首要链"径向方向平滑旋转，如图 12.1.18a 所示；如果取消选中该复选框，则生成的曲面将保持与"横切面"方向平行，如图 12.1.18b 所示。

a）启用径向时的曲面　　　　　　b）不启用径向时的曲面

图 12.1.18　"径向"的设置

- <kbd>☑统一</kbd> 复选框：用于控制"横切线"是否保持原始高度进行混合，只有在两条"主要链"构建曲面时，此选项才起作用。如果选中该复选框，"横切线"将根据两条"主要链"之间的距离成比例缩放，如图 12.1.19a 所示；如果取消选中该复选框，"横切线"将保持原始高度沿"主要链"进行混合，如图 12.1.19b 所示。

a）启用统一时的曲面   b）不启用统一时的曲面

图 12.1.19   "统一"的设置

12.2   编辑 ISDX 曲面

12.2.1   使用 ISDX 曲线编辑 ISDX 曲面

对 ISDX 曲面进行编辑，主要是编辑 ISDX 曲面中的 ISDX 曲线，用曲线的变化来控制曲面的变化。下面将以一个例子来介绍编辑 ISDX 曲面的各种操作方法。

Step1. 设置工作目录和打开文件。将工作目录设置至 D:\proewf5.8\work\ch12.02，打开文件 edit_isdx_surface.prt。

Step2. 在模型树中右击 🔲**类型 1**，从弹出的快捷菜单中选择**编辑定义**命令，此时系统进入 ISDX 环境。

Step3. 对曲面进行编辑。

曲面的编辑方式主要有如下几种：

（1）删除 ISDX 曲面。

① 如图 12.2.1a 所示，选取欲删除的 ISDX 曲面，注意此时该曲面变为粉红色。

② 选择下拉菜单 **编辑(E)** ➡ **删除(D) ▶** ➡ **删除(D)** 命令。

③ 此时系统弹出"确认"对话框，并提示**是否删除选定图元?**，单击 **是(Y)** 按钮，该 ISDX 曲面即被删除。

选取此 ISDX 曲面

a）删除前   b）删除后

图 12.2.1   删除 ISDX 曲面

（2）通过移动 ISDX 曲面中的 ISDX 曲线来改变曲面的形状。移动图 12.2.2a 所示的 ISDX 曲线，可以发现 ISDX 曲面随着 ISDX 曲线的移动而不断变化。

a）移动前　　　　　　　　　　b）移动后

图 12.2.2　移动 ISDX 曲线

（3）通过拖动 ISDX 曲线上的"点"来改变曲面的形状，如图 12.2.3 所示。单击"曲线编辑"按钮，拖动图 12.2.3 所示的点，将观察到 ISDX 曲面的形状随着点的拖动而不断变化。

图 12.2.3　拖动点

（4）通过添加一条内部控制线来改变 ISDX 曲面的形状。

①　创建一条曲线。单击"曲线创建"按钮，绘制图 12.2.4 所示的 ISDX 曲线（绘制时可按住<Shift>键，以将曲线端点对齐到曲面的边界线上，然后单击操控板中的按钮）。

注意：这条曲线不能是已建好的曲面上的曲线。因为曲面上的曲线作为曲面的子关系是不能作为该曲面的内部控制曲线的。

②　选取 ISDX 曲面（此时该曲面变为粉红色），然后在弹出的快捷菜单中选择 编辑定义(N) 命令，此时系统进入编辑定义对话框。

③　添加内部控制曲线。在操控板中 后面的 1个链 区域单击，然后按住<Ctrl>键，选取图 12.2.4 创建的 ISDX 曲线为另一条内部控制曲线。

④　单击操控板中的按钮完成编辑，此时模型如图 12.2.5 所示。

图 12.2.4　绘制 ISDX 曲线

图 12.2.5　添加内部控制曲线

12.2.2 使用曲面编辑命令编辑 ISDX 曲面

"曲面编辑"(Surface Edit) 工具是可以对曲面进行直接编辑操作的一种强大而灵活的功能，它可用于编辑建模时所创建的所有曲面。

下面将以图 12.2.6 所示的例子来介绍使用"曲面编辑"命令编辑 ISDX 曲面的操作方法。

a）编辑前　　　　　　　　　　　　　　　b）编辑后

图 12.2.6　编辑 ISDX 曲面

Step1. 设置工作目录和打开文件。将工作目录设置为 D:\proewf5.8\work\ch12.02,打开文件 edit_isdx_surface_02.prt。

Step2. 在模型树中右击 🔲 类型 1 ，在弹出的快捷菜单中选择 编辑定义 命令。

Step3. 编辑 ISDX 曲面 1。选择下拉菜单 造型(Y) ➡ 曲面编辑(E)... 命令（或者单击"使用直接操作编辑曲面形状"按钮 ），系统弹出图 12.2.7 所示的操控板。

Step4. 在系统 ⟳选取要编辑的曲面 的提示下，选取图 12.2.6a 所示的曲面，此时在曲面上显示图 12.2.8 所示的网格。

Step5. 在操控板中，将 最大行数 值设置为 6，将 列 值设置为 8，将 移动 设置为 自由，将 过滤 设置为 ，将 调整 值设置为 0.1，其余的各选项接受系统默认的设置。

图 12.2.7　操控板

Step6. 在系统 ⟳选取并拖动网格点或行/列以编辑形状 的提示下，选取图 12.2.9 所示的网格点并拖移到图中所示的位置。

Step7. 单击操控板中的按钮 ，完成 ISDX 曲面的编辑。

图 12.2.8　显示网格

图 12.2.9　拖移网格

图 12.2.7 所示的操控板中各选项的说明如下：

- 最大行数 文本框：设置网格的行数。
- 列 文本框：设置网格的列数。
- 移动 下拉列表：
  - ☑ 法向 ：此选项为系统默认的设置，选择此选项，被选取的点只能沿着其自身的曲面法向方向进行移动。
  - ☑ 法向常量 ：被选取的点只能沿着公共的曲面法向方向进行移动。这里的"法向"由用户所拖动的点进行定义。
  - ☑ 垂直于平面 ：被选取的点只能沿着垂直于活动基准平面的方向进行移动。
  - ☑ 自由 ：被选取的点只能沿着平行于活动基准平面的方向进行移动。
  - ☑ 沿栏 (Alt+Shift) ：被选取的点只能沿着邻接的行和列网格移动。
  - ☑ 视图中 (Alt) ：被选取的点只能沿着平行于当前视图平面进行移动。
- 过滤 下拉列表：
  - ☑ [图标]：此选项为系统默认的设置。选择此选项，被选取的点与拖动的点移动相同的距离，如图 12.2.10a 所示。
  - ☑ [图标]：被选取的点相对于拖动点的距离线性减少，如图 12.2.10b 所示。
  - ☑ [图标]：被选取的点相对于拖动点的距离平滑减少或二次减少，如图 12.2.10c 所示。
- 调整 文本框：在此文本框中输入值，并配合 ▲ 、▼ 、◀ 和 ▶ （上、下、左和右）按钮，可以对网格点向上、向下、向左和向右进行非常小的精确移动。

　　a）恒定　　　　　　　　　　b）线性　　　　　　　　　　c）平滑

图 12.2.10　过滤类型

- [图标]按钮：显示或隐藏基础曲面。
- [图标]按钮：显示或隐藏原始网格。
- [图标]按钮：将曲面显示为不透明或半透明。
- [图标]按钮：显示网格或者隐藏网格。
- 节点 界面：
  - ☑ ☑启用节点 ：选中此复选框时，将激活节点线的显示，并且"节点"按钮在操控板中显示。
  - ☑ ☑保持基础节点 ：选中此复选框将保持曲面中的原始节点（系统在默认情况下选中此复选框）。如果不选中此复选框，将丢弃原始节点，而且在计算修改的曲面时不使用它们。

12.3　连接 ISDX 曲面

通过前面的学习，我们已了解到 ISDX 曲面的质量主要取决于曲线的质量。除此之外，还有一个重要的影响 ISDX 曲面质量的因素，这就是相邻曲面间的连接方式。曲面的连接方式有三种：衔接（Matched）、相切（Tangent）和曲率（Curvature）。如果要使两个相邻曲面间光滑过渡，应该设置相切（Tangent）或曲率（Curvature）连接方式。

下面将以一个例子来介绍 ISDX 曲面的各种连接方式及其设置方法。

Step1. 设置工作目录和打开文件。

（1）选择下拉菜单的 文件(F) ➡ 设置工作目录(W)... 命令，将工作目录设置至 D:\proewf5.8\work\ch12.03。

（2）选择下拉菜单的 文件(F) ➡ 打开(O)... 命令，打开文件 connect_surface.prt。

Step2. 在模型树中右击 类型 1 ，在弹出的快捷菜单中选择 编辑定义 命令，此时系统进入 ISDX 环境。

Step3. 创建 ISDX 曲面 1。

（1）单击"曲面创建"按钮 。

（2）按住 Ctrl 键，选取图 12.3.1 所示的 ISDX 曲线 1、曲线 2、曲线 5 和曲线 4，此时系统便以这四条 ISDX 曲线为边界创建一个 ISDX 曲面，如图 12.3.2 所示。

（3）单击"曲面创建"操控板中的按钮 ，完成 ISDX 曲面 1 的创建。

图 12.3.1　选取曲线　　　　　　　图 12.3.2　创建 ISDX 曲面 1

Step4. 创建 ISDX 曲面 2。

（1）单击"曲面创建"按钮 。

（2）按住<Ctrl>键，选取图 12.3.1 所示的 ISDX 曲线 2、曲线 3、曲线 4 和曲线 5，此时系统便以这四条 ISDX 曲线为边界创建 ISDX 曲面 2，如图 12.3.3 所示。

注意：此时在 ISDX 曲面 1 与 ISDX 曲面 2 的公共边界线（ISDX 曲线 5）上出现一个小小的图标，如图 12.3.3 所示。这是 ISDX 曲面 2 与 ISDX 曲面 1 间的连接标记，我们可以改变此图标的大小。操作方法为：在操控板中的"图标长度"文本框中输入不同的数值，并按<Enter>键，此时可看到连接标记会产生变化。

（3）单击"曲面创建"操控板中的按钮✓，完成 ISDX 曲面 2 的创建。

图 12.3.3　创建 ISDX 曲面 2

Step5. 修改 ISDX 曲面 2 与 ISDX 曲面 1 之间的连接方式。

（1）选取 ISDX 曲面 2。

（2）单击"ISDX 曲面连接"按钮，系统弹出图 12.3.4 所示的操控板。

图 12.3.4　操控板

（3）曲面间的连接方式有以下三种：

● **相切**（Tangent）

两个 ISDX 曲面在连接处相切，如图 12.3.3 所示，此时连接图标显示为单线箭头。

注意：与 ISDX 曲线的相切相似，无箭头的一段为"主控端"，此端所在的曲面（即 ISDX 曲面 1）为主控曲面；有箭头的一段为"受控端"，此端所在的曲面（即 ISDX 曲面 2）为受控曲面。单击"主控端"的尾部，可将其变为"受控端"，如图 12.3.5 所示，此时可看到两个曲面均会产生一些变化。

● **曲率**（Curvature）

在图 12.3.3 中，单击相切连接图标的中部，则连接图标变成多线箭头，如图 12.3.6 所示，此时两个 ISDX 曲面在连接处曲率相等，这就是"曲率"（Curvature）连接。

注意：与 ISDX 曲面的相切连接一样，无箭头的一段为"主控端"，此端所在的曲面（即 ISDX 曲面 1）为主控曲面；有箭头的一段为"受控端"，此端所在的曲面（即 ISDX 曲面 2）为受控曲面。同样地，单击"主控端"的尾部，可将其变为"受控端"。

图 12.3.5　改变"主控端"

图 12.3.6　设置为"曲率"方式

- **衔接**（Matched）

按住键盘<Shift>键，然后单击相切连接图标或曲率连接图标的中部，则连接图标将变成"虚线"，如图 12.3.7 所示。此时两个 ISDX 曲面在连接处既不相切，曲率也不相等，这就是"衔接"（Matched）连接。

两个曲面"衔接"（Matched）时，曲面间不是光滑连接。单击中间的公共曲线，然后右击，在弹出的快捷菜单中选择 隐藏(H) 命令，可立即看到曲面的连接处有一道凸出"痕迹"，如图 12.3.8 所示。

曲面的连接处有一道凸出"痕迹"，表明两个曲面不是光滑连接。

图 12.3.7　设置为"衔接"方式　　　　图 12.3.8　隐藏连接边线

12.4　修剪 ISDX 曲面

用户在编辑 ISDX 曲面时，可以使用 ISDX 曲面上的一条或多条 ISDX 曲线来修剪曲面，通过这样的方法来达到设计要求。例如在图 12.4.2 中，中间的一条 ISDX 曲线是 ISDX 曲面上的内部曲线，可用这条内部曲线对整个 ISDX 曲面进行修剪。下面以此例说明修剪 ISDX 曲面的一般操作过程。

Step1. 设置工作目录和打开文件。

（1）选择下拉菜单的 文件(F) ➡ 设置工作目录(W)... 命令，将工作目录设置至 D:\proewf5.8\work\ch12.04。

（2）选择下拉菜单 文件(F) ➡ 打开 (O)... 命令，打开文件 isdx_surface_trim.prt。

Step2. 在模型树中右击 类型 1 ，在弹出的快捷菜单中选择 编辑定义 命令，此时系统进入 ISDX 环境。

Step3. 修剪 ISDX 曲面。

（1）单击"ISDX 曲面修剪"按钮 ，系统弹出图 12.4.1 所示的操控板。

（2）在系统 选取要修剪的面组 的提示下，选取图 12.4.2 中的 ISDX 曲面为要修剪的曲面，并单击中键结束选取。

（3）在系统 选取用于修剪面组的曲线 的提示下，选取图 12.4.2 所示的内部 ISDX 曲线为修剪曲线，并单击中键结束选取。

（4）在系统 选取要删除的曲面部分 的提示下，选取图 12.4.3 中要修剪掉的 ISDX 曲面部分。

（5）单击操控板中的按钮 ，可看到修剪后的 ISDX 曲面如图 12.4.4 所示。

图 12.4.1　操控板

图 12.4.2　选取修剪曲面　　　图 12.4.3　选择要修剪掉的 ISDX 曲面部分　　　图 12.4.4　修剪后

12.5　特殊 ISDX 曲面

12.5.1　三角曲面

以三条外围边界曲线定义的 ISDX 曲面为三角曲面。通过造型边界曲面，可以选取三条边界曲线建构三角曲面。对于某些特殊形状而又没有高质量要求的曲面，可考虑使用这种面。一般在处理公模时，常会遇到三角曲面，此时可直接以边界方式建构。如果具有外观造型，则会把收敛的角修剪并补加另一新的曲面。

1. 自然边界(Natural Boundary)与收敛角(Degenerate Vertex)

建构四条边界的造型 ISDX 曲面时，没有限制选取边界的顺序与方向。但在通过三条边界定义的曲面中，第一条选取的边界称为"自然边界"(Natural Boundary)，对应的顶角为"收敛角"(Degenerate Vertex)。如图 12.5.1 所示，配合<Ctrl>键先选取 ISDX 曲线 1，再选取 ISDX 曲线 2、ISDX 曲线 3。ISDX 曲线 1 就是"自然边界"(Natural Boundary)，而 ISDX 曲线 1 的对顶角则称为"收敛角"(DegenerateVertex)，此收敛角的质量不好。

2. 三角曲面的处理

由于三角曲面含有一个收敛角，有时候会在这个收敛角处出现高曲率，曲面变形量也大，不好加工。特别是在后面的加厚成薄壳时，往往会出现加厚不了的现象。一般我们使用三角曲面，只在于方便建构模型，事后大部分会把收敛角修剪。下面以一个例子来介绍如何将三角曲面的收敛角修剪掉。

Step1. 设置工作目录和打开文件。

（1）选择下拉菜单 文件(F) ➡ 设置工作目录(W)... 命令，将工作目录设置至 D:\proewf5.8

\work\ch12.05。

（2）选择下拉菜单 文件(F) ➡️ 打开(O).... 命令，打开文件 triangle.prt。

Step2. 在模型树中右击 类型 1 ，在弹出的快捷菜单中选择 编辑定义 命令，此时系统进入 ISDX 环境。

Step3. 创建图 12.5.2 所示的 COS 曲线 1。

（1）单击"创建曲线"按钮 。

（2）在图 12.5.3 所示的操控板中选择 曲线类型。

图 12.5.1　三角曲面　　　　　　　　　图 12.5.2　创建 COS 曲线 1

图 12.5.3　操控板

（3）单击操控板中的按钮 ，完成创建。

Step4. 编辑 COS 曲线 1。

（1）单击"编辑曲线"按钮 ，然后选取 COS 曲线 1。

（2）按住<Shift>键，拖移图 12.5.4 所示的 COS 曲线 1 的端点，将其锁定至其附近的边界线上。

（3）单击操控板中的按钮 ，完成创建。

Step5. 创建图 12.5.5 所示的 COS 曲线 2。单击"创建曲线"按钮 ，在图 12.5.3 所示的操控板中选择 曲线类型，单击操控板中的按钮 ，完成创建。

Step6. 编辑 COS 曲线 2。单击"编辑曲线"按钮 ，然后选取 COS 曲线 2 并按住<Shift>键，拖移 COS 曲线 2 的端点 1，将其锁定至其附近的边界线上；拖移 COS 曲线 2 的端点 2，将其锁定至 COS 曲线 1 的另一端点上，如图 12.5.6 所示。单击操控板中的按钮 ，完成创建。

图 12.5.4　编辑 COS 曲线 1　　　　图 12.5.5　创建 COS 曲线 2　　　　图 12.5.6　编辑 COS 曲线 2

Step7. 修剪掉图 12.5.7 所示的 ISDX 曲面的部分。单击"修剪造型曲面"按钮 🔍；选取图 12.5.8 所示的 ISDX 曲面为要修剪的曲面；单击 ～ 区域的 ⚫ 单击此处添加项目 字符，然后选取图 12.5.9 所示的曲线为修剪曲线；单击 ✂ 区域的 单击此处添加项目 字符，选取图 12.5.7 所示的要修剪掉的部分；单击操控板中的"完成"按钮 ✅。修剪后的 ISDX 曲面如图 12.5.10 所示。

图 12.5.7　将要修剪的 ISDX 曲面

图 12.5.8　选取原始曲面

图 12.5.9　选取修剪曲线

图 12.5.10　修剪后的 ISDX 曲面

Step8. 创建图 12.5.11 所示的 ISDX 曲面。单击"曲面"按钮 💬，按住<Ctrl>键，然后依次选取的边界曲线为图 12.5.12 所示的 COS 曲线 1、COS 曲线 2、边界曲线 1 和边界曲线 2。此时系统便创建出 ISDX 曲面。单击操控板中的"完成"按钮 ✅。

图 12.5.11　创建 ISDX 曲面　　　　　　　图 12.5.12　选取 ISDX 曲线

12.5.2　圆润曲面

利用造型特征建构圆润边界的造型时，所遇到的问题是这些相切或曲率连续的边界无法定义成曲面边界，被定义成造型曲面的边界必须是衔接的连接条件才可以。图 12.5.13 所示的骨架边界线，因为相切所以无法被定义成边界建构曲面。

对于指定的骨架线建构圆润曲面，一般会先建构局部的外观面，然后再把适当的曲线投影到外观面并加以修剪，最后通过四边边界定义曲面。

图 12.5.13　利用骨架边界线无法得到圆润曲面

下面以一个例子来介绍对圆润曲面的处理。

Stage1．设置工作目录和打开文件

Step1．选择下拉菜单的 文件(F) ➡ 设置工作目录(W)... 命令，将工作目录设置至 D:\proe wf5.8\work\ch12.05。

Step2．选择下拉菜单 文件(F) ➡ 打开(O)... 命令，打开文件 smooth.prt。

Stage2．创建第一个 ISDX 曲面特征

Step1．进入造型环境。选择下拉菜单 插入(I) ➡ 造型(Y)... 命令（或者单击工具栏中的 按钮）。

Step2．创建图 12.5.14 所示的 ISDX 曲线 1。

（1）选取 RIGHT 基准平面为活动平面。

（2）创建初步的 ISDX 曲线 1。

① 单击"创建曲线"按钮 。

② 在"创建曲线"操控板中选择 曲线类型（在活动平面上创建曲线）。

③ 绘制图 12.5.15 所示的初步的 ISDX 曲线 1，然后单击操控板中的按钮 ，完成创建。

图 12.5.14　创建 ISDX 曲线 1　　　　　　图 12.5.15　初步的 ISDX 曲线 1

（3）对初步的 ISDX 曲线 1 进行编辑。

① 单击"编辑曲线"按钮 ，然后选取 ISDX 曲线 1，此时系统显示"编辑曲线"操控板。

② 移动曲线 1 的端点。按住<Shift>键，拖移 ISDX 曲线 1 的右端点，使其与基准曲线 1 的右下顶点对齐（当显示"×"符号时，表明两点对齐，如图 12.5.16 所示）；按同样的方法将 ISDX 曲线 1 的左端点与基准曲线 1 的左下顶点对齐，如图 12.5.17 所示。

③ 按照同样的方法，将 ISDX 曲线 1 上如图 12.5.18 所示的中间点对齐到基准曲线的边线上。

图 12.5.16　对齐右端点　　　　图 12.5.17　对齐左端点　　　　图 12.5.18　对齐中间端点

④ 设置 ISDX 曲线 1 两个端点处的切线方向和长度。

a）选取 ISDX 曲线 1 的右端点，然后单击操控板中的 相切 按钮，在"相切"界面中选择切线方向为 法向 ，并选取 TOP 基准平面为法向参照平面。这样该端点的切线方向便与 TOP 基准平面垂直，如图 12.5.19 所示。在该界面的 长度 文本框中输入切线的长度值 80.0，并按<Enter>键。

b）按同样的方法，设置 ISDX 曲线 1 左端点的切向与 TOP 基准平面垂直，切线长度值为 80.0。

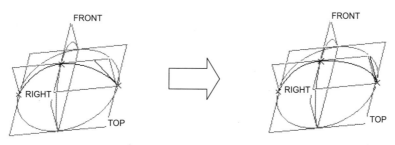

图 12.5.19　右端点切向与 TOP 基准平面垂直

c）单击操控板中的按钮 ✓，完成创建。

说明：在后面的操作中，需对创建的 ISDX 曲面进行镜像，而镜像中心平面正是 RIGHT 基准平面。为了使镜像后的两个曲面间光滑连接，这里必须将 ISDX 曲线 1 左、右两个端点的切向约束设置为法向，否则镜像后两个曲面的连接处会有一道明显的不光滑"痕迹"。后面还要创建类似的 ISDX 曲线，我们在其端点都将如此进行约束设置。

Step3. 创建图 12.5.20 所示的基准平面 DTM1。

（1）选择下拉菜单 插入(I) ➜ 模型基准(D) ▶ ➜ ▱ 平面(L)... 命令。

（2）系统弹出"基准平面"对话框，选取 RIGHT 基准平面为参照平面，约束类型为 偏移 ，平移值为 100.0。

图 12.5.20　创建基准平面 DTM1

Step4. 创建图 12.5.21 所示的 ISDX 曲线 2。

（1）选取 DTM1 基准平面为活动平面。

（2）创建初步的 ISDX 曲线 2。单击按钮 ∼，在操控板中选中 ⟋ 单选按钮，绘制图 12.5.22 所示的初步的 ISDX 曲线 2，然后单击操控板中的按钮 ✔，完成创建。

（3）编辑初步的 ISDX 曲线 2。

① 单击曲线编辑按钮 ✎，选取 ISDX 曲线 2。

② 按住<Shift>键，拖移曲线的左、右端点及中点，分别将其与基准曲线 1 边线对齐，将中间点对齐到基准曲线上，如图 12.5.23 所示。

（4）设置 ISDX 曲线 2 两个端点处切线的方向和长度。设置 ISDX 曲线 2 右端点的切向与 TOP 基准平面垂直，切线长度值为 60.0；设置 ISDX 曲线 2 左端点的切向与 TOP 基准平面垂直；切线长度值为 60.0。

图 12.5.21　创建 ISDX 曲线 2　　　图 12.5.22　初步的 ISDX 曲线 2　　　图 12.5.23　对齐端点

Step5. 创建图 12.5.24 所示的第一个 ISDX 曲面。

（1）单击"曲面"按钮 ⬜，出现"创建曲面"操控板。

（2）选取边界曲线。按住<Ctrl>键，依次选取图 12.5.25 所示的 ISDX 曲线 1、边界线 1 的上半部分、ISDX 曲线 2、边界线 1 的下半部分；单击"创建曲面"操控板上 🔲 区域的 ⟦● 单击此处添加项目 ⟧ 字符；选取边界线 2，在图标长度栏里输入数值 40.0；单击操控板中的按钮 ✔，完成创建。

图 12.5.24　创建 ISDX 曲面

图 12.5.25　选取 ISDX 曲线

Step6. 完成造型设计，退出造型环境。选择下拉菜单 造型(Y) ➡ 完成(D) 命令（或单击按钮 ✔）。

Stage3. 修剪第一个 ISDX 曲面特征

Step1. 进入造型环境。选择下拉菜单 插入(I) ➡ ▇ 造型(Y)... 命令（或者单击工具栏中的 ⬜ 按钮）。

Step2. 创建图 12.5.26 所示的 ISDX 曲线 3。

（1）选取 TOP 基准平面为活动平面。

（2）创建初步的 ISDX 曲线 3。单击按钮 ，在操控板中选中 单选按钮，绘制图 12.5.27 所示的初步的 ISDX 曲线 3，然后单击操控板中的按钮 ，完成创建。

（3）编辑初步的 ISDX 曲线 3。单击"曲线编辑"按钮 ；选取图 12.5.27 中的 ISDX 曲线 3 进行编辑；单击操控板中的按钮 ，完成编辑。

注意：编辑 ISDX 曲线 3 时，先选择 ISDX 曲线 3，然后在操控板中单击 点 按钮，选择 ISDX 曲线 3 的上端点，在 点 界面中输入其坐标值【X（80.0）;Y（0.0）;Z（-50.0）】；同样，输入下端点的坐标值【X（80.0）;Y（0.0）;Z（50.0）】。

图 12.5.26　创建 ISDX 曲线 3　　　　　　　图 12.5.27　初步的 ISDX 曲线 3

Step3. 创建图 12.5.28 所示的 ISDX 曲线 4。

（1）创建初步的 ISDX 曲线 4。单击按钮 ，在操控板中选中 单选按钮，绘制图 12.5.29 所示的初步的 ISDX 曲线 4，然后单击操控板中的按钮 ，完成创建。

（2）编辑初步的 ISDX 曲线 4。单击"曲线编辑"按钮 ，选取图 12.5.29 中的 ISDX 曲线 4 进行编辑；按住<Shift>键，拖移 ISDX 曲线 4 的上端点，使其与 ISDX 曲线 2 的端点对齐（当显示"○"符号时，表明两点对齐）。按同样的方法，将 ISDX 曲线 4 的下端点与 ISDX 曲线 3 的端点对齐（当显示"○"符号时，表明两点对齐）；单击操控板中的按钮 ，完成创建。

Step4. 创建图 12.5.30 所示的 ISDX 曲线 5。

（1）创建初步的 ISDX 曲线 5。单击按钮 ，在操控板中选中 单选按钮，绘制如图 12.5.31 所示的初步的 ISDX 曲线 5，然后单击操控板中的按钮 。

（2）编辑初步的 ISDX 曲线 5。单击"曲线编辑"按钮 ，选取图 12.5.31 中的 ISDX 曲线 5 进行编辑；按住<Shift>键，拖移 ISDX 曲线 5 的上端点，使其与 ISDX 曲线 3 的端点对齐（当显示"○"符号时，表明两点对齐）。按同样的方法将 ISDX 曲线 5 的下端点与 ISDX 曲线 2 的端点对齐（当显示"○"符号时，表明两点对齐）；单击操控板中的按钮 ，完成编辑。

Step5. 创建图 12.5.32 所示的下落曲线。单击"创建下落曲线"按钮 ；按住<Ctrl>键，依次选取图 12.5.33 所示的 ISDX 曲线 4、ISDX 曲线 3 和 ISDX 曲线 5；单击 曲面 区域的 ● 单击此处添加项目 字符，选取图 12.5.33 所示的 ISDX 曲面为父曲面；采用默认的 TOP

基准平面的法向为投影方向；单击操控板中的按钮☑，完成创建。

图 12.5.28　创建 ISDX 曲线 4

图 12.5.29　初步的 ISDX 曲线 4

图 12.5.30　创建 ISDX 曲线 5

图 12.5.31　初步的 ISDX 曲线 5

Step6. 修剪掉图 12.5.34 所示的 ISDX 曲面的部分。单击"修剪造型曲面"按钮［　］，选取图 12.5.33 所示的 ISDX 曲面为要修剪的曲面；单击～区域的 ● 单击此处添加项目 字符，按住 <Ctrl> 键，依次选取图 12.5.32 所示的下落曲线为修剪曲线；单击 ✂ 区域的 单击此处添加项目 字符，选取图 12.5.34 所示的要修剪掉的部分；单击操控板中的按钮☑，完成创建。修剪后的 ISDX 曲面如图 12.5.35 所示。

图 12.5.32　创建下落曲线

图 12.5.33　选择 ISDX 曲线和 ISDX 曲面

图 12.5.34　将要修剪的 ISDX 曲面

图 12.5.35　修剪后的 ISDX 曲面

Step7. 完成造型设计，退出造型环境。选择下拉菜单 造型(Y) ➡ 完成(D) 命令（或单击按钮☑）。

Stage4. 创建第二个 ISDX 曲面特征

Step1. 创建图 12.5.36 所示的第二个 ISDX 曲面的下半部分。

（1）进入造型环境。选择下拉菜单 插入(I) ➡️ 🏔造型(Y)... 命令（或者单击工具栏中的 🗁 按钮）。

（2）单击"曲面"按钮 🗁。

（3）选取边界曲线。按住<Ctrl>键，依次选取图 12.5.37 所示的边界线 2、下落曲线 2、下落曲线 3、边界线 1 的下半部分；在图标长度栏里输入数值 40.0；单击操控板中的按钮 ✅，完成创建。

图 12.5.36　创建第二个 ISDX 曲面的下半部分　　　图 12.5.37　　选取边界曲线

Step2. 创建图 12.5.38 所示的第二个 ISDX 曲面的上半部分。

（1）单击"曲面"按钮 🗁。

（2）选取边界曲线。按住<Ctrl>键，依次选取图 12.5.39 所示的边界线 1 的上半部分、下落曲线 1、下落曲线 2、边界线 2；在图标长度栏里输入数值 40.0；单击操控板中的按钮 ✅，完成创建。

图 12.5.38　创建第二个 ISDX 曲面的上半部分　　　图 12.5.39　　选取边界曲线

Step3. 完成造型设计，退出造型环境。选择下拉菜单 造型(Y) ➡️ 完成(D) 命令（或单击按钮 ✅）。

Stage5. 合并、镜像曲面

Step1. 合并曲面。

（1）按住键盘上的<Ctrl>键，依次选取图 12.5.40 所示的 ISDX 曲面 2 和 ISDX 曲面 1 为要合并的曲面。

（2）选择下拉菜单 编辑(E) ➡️ 合并(G)... 命令（或者单击工具栏中的按钮 🗇）。

（3）单击按钮 ☑ ∞，预览合并后的面组，确认无误后，单击"完成"按钮 ✅。

Step2. 创建图 12.5.41 所示的镜像面组。

（1）选取图 12.5.41 所示的面组。

(2) 选择下拉菜单 编辑(E) ➡ 镜像(I)... 命令(或者单击工具栏中的按钮)。

(3) 选取镜像中心平面——RIGHT 基准平面。

(4) 单击操控板中的按钮 ，完成创建。

图 12.5.40　合并 ISDX 曲面　　　　　　　图 12.5.41　镜像面组

Step3. 将镜像面组与源面组合并。

(1) 按住键盘上的<Ctrl>键，选取要合并的两个面组。

(2) 选择下拉菜单 编辑(E) ➡ 合并(G)... 命令（或者单击工具栏中的按钮 ）。

(3) 单击按钮 ，预览合并后的面组，确认无误后，单击操控板中的 按钮，完成创建。

12.5.3　渐消曲面

"渐消曲面"（Fading Surface）是指：造型曲面的一端逐渐消失于一"点"。在 3C 或一般家用电器的外观产品中，常出现渐消曲面。因为在产品外观上若加上这样的造型，往往能提升质感，并且能吸引消费者目光，增强其购买意愿。

造型曲面的一端逐渐消失于一"点"，其实是消失于一"边"，当此边非常短时，看起来就像一点。笔者建议：最好是消失于一极短边，切勿真的消失于一点。这样的话，曲面质量会较好，之后建构薄壳时方能避免发生问题。在本书中，我们将以定义渐消深度的两种典型的建构方式进行讨论。

1. 以渐消曲线定义渐消深度

直接以渐消曲线定义深度的建构方式相当简单，除了可以直接编辑它调整深度外，也可以追加插入点，使其具有独立的造型变化。渐消曲线具有同时调节渐消面的深度与形状的作用，下面以一个例子来介绍渐消曲线对渐消面的调节作用。

Stage1. 设置工作目录和打开文件

Step1. 选择下拉菜单的 文件(F) ➡ 设置工作目录(W)... 命令，将工作目录设置至 D:\proewf5.8\work\ch12.05。

Step2. 选择下拉菜单 文件(F) ➡ 打开(O)... 命令，打开文件 disappear_surface1.prt。

Stage2. 创建渐消曲面特征

Step1. 进入造型环境。选择下拉菜单 插入(I) ➡ ■ 造型(Y)... 命令（或者单击工具栏中的按钮 ⬚ ）。

Step2. 创建图 12.5.42 所示的 COS 曲线 1。单击"创建曲线"按钮 ～ 。在弹出的操控板中选择 ⬚ 曲线类型，然后单击操控板中的按钮 ✔ 。

Step3. 创建图 12.5.43 所示的 COS 曲线 2。单击"创建曲线"按钮 ～ ，在操控板中选择 ⬚ 曲线类型，单击操控板中的按钮 ✔ 。

Step4. 编辑 COS 曲线 2。单击"编辑曲线"按钮 ✎ ，然后选取 COS 曲线 2；按住<Shift>键，拖移图 12.5.44 所示的 COS 曲线 2 的端点，将其锁定至 COS 曲线 1 的边界点上。

图 12.5.42　创建 COS 曲线 1　　图 12.5.43　创建 COS 曲线 2　　图 12.5.44　编辑 COS 曲线 2

Step5. 修剪掉图 12.5.45 所示的 ISDX 曲面的部分。

（1）单击"修剪造型曲面"按钮 ⬚ ，选取图 12.5.46 所示的 ISDX 曲面为要修剪的曲面。

（2）单击 ～ 区域的 ● 单击此处添加项目 字符，然后按住<Ctrl>键，依次选取图 12.5.47 所示的 COS 曲线 1、COS 曲线 2。

（3）单击 ✂ 区域的 单击此处添加项目 字符，选取图 12.5.45 所示的要修剪掉的部分。

（4）单击操控板中的"完成"按钮 ✔ ，完成创建。修剪后的 ISDX 曲面如图 12.5.48 所示。

图 12.5.45　将要修剪的 ISDX 曲面

图 12.5.46　选取原始曲面

图 12.5.47　选取修剪曲线

图 12.5.48　修剪后的 ISDX 曲面

Step6. 创建图 12.5.49 所示的渐消曲线。单击"创建曲线"按钮～，在操控板中选择～曲线类型，单击操控板中的按钮✔。

Step7. 编辑渐消曲线。

（1）单击"编辑曲线"按钮✍，然后选取渐消曲线；按住<Shift>键，拖动渐消曲线的左、右端点，分别将其锁定至 COS 曲线 1 和曲线 2 的边界线上（当显示"○"符号时，表明两点对齐）。编辑结果如图 12.5.50 所示。

注意：编辑渐消曲线时，先选择渐消曲线，然后在操控板中单击 相切 按钮，选择渐消曲线的左端点；在弹出的 相切 界面的 第一个 下拉列表中选择 曲面相切 选项，在 第二个 下拉列表中选择 自然 选项。同样，编辑渐消曲线的右端点时，在 第一个 下拉列表中选择 曲面相切 选项，在 第二个 下拉列表中选择 自然 选项。

图 12.5.49　创建渐消曲线

图 12.5.50　编辑渐消曲线

（2）编辑渐消曲线的中间点。单击按钮▦，使视图切换到四视图状态；通过在主视图和俯视图中调节渐消曲线的中间点到合适位置，如图 12.5.51 所示；单击按钮▦，使视图切换到原视图状态；单击操控板中的按钮✔，完成创建。

图 12.5.51　编辑渐消曲线的中间点

Step8. 创建图 12.5.52 所示的第一个渐消曲面。

（1）单击"曲面"按钮▢。

（2）按住<Ctrl>键，然后依次选取图 12.5.53 所示的渐消曲线、COS 曲线 1 和 COS 曲线 2，此时系统提示 曲线定义多个曲面。选取要保持的曲面；选取图 12.5.52 所示的渐消曲面方向；单击操控板中的"完成"按钮✔，完成创建。

图 12.5.52　创建渐消曲面

图 12.5.53　选取曲线

Step9. 创建图 12.5.54 所示的第二个渐消曲面。单击"曲面"按钮 ，按住<Ctrl>键，然后依次选取图 12.5.55 所示的渐消曲线、COS 曲线 1、COS 曲线 2，此时系统提示 曲线定义多个曲面. 选取要保持的曲面 ；选取图 12.5.54 所示的渐消曲面方向；单击操控板中的"完成"按钮 ，完成创建。

图 12.5.54　创建渐消曲面

图 12.5.55　选取曲线

Step10. 完成造型设计，退出造型环境。选择下拉菜单 造型(Y) ➡ 完成(D) 命令（或单击按钮 ）。

2. 以曲面定义渐消深度

以此方式建构渐消面的步骤较为繁琐。其原理是先建构曲面连续至主外观面，该曲面即可视为渐消面，然后以 COS 在渐消面定义轮廓。因为轮廓与渐消面的深度调整是独立的，所以可得到较为细腻的曲率调整与较佳的曲面质量，如图 12.5.56 所示。下面以一个例子来介绍采用这种方法创建渐消曲面的一般过程。

Stage1. 设置工作目录和打开文件

Step1. 选择下拉菜单的 文件(F) ➡ 设置工作目录(W)... 命令，将工作目录设置至 D:\proewf5.8\work\ch12.05。

Step2. 选择下拉菜单 文件(F) ➡ 打开(O)... 命令，打开文件 disappear_surface2.prt。

Stage2. 创建渐消曲线特征

Step1. 进入造型环境。选择下拉菜单 插入(I) ➡ 造型(Y)... 命令（或者单击工具栏

中的按钮 ⬜）。

Step2. 创建图 12.5.57 所示的 COS 曲线 1。

（1）单击"创建曲线"按钮 ～。

（2）在弹出的操控板中选择 ⬜ 曲线类型。

图 12.5.56　渐消曲面

COS 曲线 1 的端点

COS 曲线 1

图 12.5.57　创建 COS 曲线 1

（3）单击操控板中的按钮 ✔，完成创建。

Step3. 编辑 COS 曲线 1。单击"编辑曲线"按钮 ～，然后选取 COS 曲线 1；按住<Shift>键，拖移图 12.5.58 所示的 COS 曲线 1 的端点，将其锁定至其附近的边界线上；单击操控板中的按钮 ✔，完成创建。

Step4. 创建图 12.5.59 所示的 COS 曲线 2。单击"创建曲线"按钮 ～，在弹出的操控板中选择 ⬜ 曲线类型，然后单击操控板中的按钮 ✔。

Step5. 编辑 COS 曲线 2。单击"编辑曲线"按钮 ～，然后选取 COS 曲线 2；按住<Shift>键，拖移 COS 曲线 2 的端点 1，将其锁定至其附近的边界线上；拖移 COS 曲线 2 的端点 2，将其锁定至 COS 曲线 1 的端点上；拖动 COS 曲线 2 上的其他点到合适位置，如图 12.5.60 所示；单击操控板中的按钮 ✔，完成创建。

锁定此点

图 12.5.58　编辑 COS 曲线 1

COS 曲线 2 的端点 2

COS 曲线 2 的端点 1

COS 曲线 2

图 12.5.59　创建 COS 曲线 2

锁定此两点

图 12.5.60　编辑 COS 曲线 2

Step6. 修剪掉图 12.5.61 所示的 ISDX 曲面的部分。单击"修剪造型曲面"按钮 ⬜，选取图 12.5.62 所示的 ISDX 曲面为要修剪的曲面；单击 ～ 区域的 ▪ 单击此处添加项目 字符，然后选取图 12.5.63 所示的曲线为修剪曲线；单击 ✂ 区域的 单击此处添加项目 字符，选取图 12.5.61 所示的要修剪掉的部分；单击操控板中的"完成"按钮 ✔，完成创建。修剪后的 ISDX 曲面如图 12.5.64 所示。

图 12.5.61　将要修剪的　图 12.5.62　选取原始曲面　图 12.5.63　选取修剪曲线　图 12.5.64　修剪后的
　　　　　 ISDX 曲面　　　　　　　　　　　　　　　　　　　　　　　　　　　　　　　　ISDX 曲面

Step7. 完成造型设计，退出造型环境。选择下拉菜单 造型(Y) ➡ 完成(D) 命令（或单击按钮 ✓ ）。

Stage3. 创建渐消曲面特征

Step1. 进入造型环境。选择下拉菜单 插入(I) ➡ ▣造型(Y)... 命令（或者单击工具栏中的按钮 ▢ ）。

Step2. 设置活动平面。选择下拉菜单 造型(Y) ➡ 设置活动平面(P) 命令（或单击按钮 ▨ ），选择 RIGHT 基准平面为活动平面。

Step3. 创建图 12.5.65 所示的 COS 曲线 3。单击"创建曲线"按钮 ～ ，在操控板中选择 ▨ 曲线类型，然后单击操控板中的按钮 ✓ ，完成创建。

图 12.5.65　创建 COS 曲线 3

Step4. 编辑 COS 曲线 3。单击"编辑曲线"按钮 ✎ ，然后选取 COS 曲线 3；按住<Shift>键，拖移 COS 曲线 3 的端点 1，将其锁定至其附近的边界线上，如图 12.5.66 所示；单击操控板中的按钮 ✓ ，完成创建。

图 12.5.66　编辑 COS 曲线 3

注意：编辑 COS 曲线 3 时，先选择 COS 曲线 3，然后在操控板中单击 相切 按钮，选择 COS 曲线 3 的端点 1；在弹出的 相切 界面中，在约束的第一个栏里选中 曲面相切 ，然后拖动 COS 曲线 3 上的其他点到合适位置，如图 12.5.65 所示。

Step5. 创建图 12.5.67 所示的第一个渐消曲面。

（1）单击按钮，选择 COURSE_V1 视图；单击"曲面"按钮。

（2）选取图 12.5.68 所示的 COS 曲线 3，单击鼠标中键，再选取 COS 曲线 1；单击操控板中的按钮，完成创建。

创建此渐消曲面

COS 曲线 1

COS 曲线 3

图 12.5.67　创建渐消曲面　　　　　　　　　　　图 12.5.68　选取曲线

Step6. 完成造型设计，退出造型环境。选择下拉菜单 造型(Y) ➡ 完成(D) 命令（或单击按钮 ）。

Stage4．创建渐消曲线特征

Step1. 进入造型环境。选择下拉菜单 插入(I) ➡ 造型(Y)... 命令（或者单击工具栏中的按钮 ）。

Step2. 创建图 12.5.69 所示的 COS 曲线 4。单击"创建曲线"按钮，在操控板中选择 曲线类型，单击操控板中的 按钮，完成创建。

Step3. 编辑 COS 曲线 4。单击"编辑曲线"按钮，然后选取 COS 曲线 4；按住<Shift>键，拖移 COS 曲线 4 的端点 1，将其锁定至 COS 曲线 1 的边界线上；拖移 COS 曲线 4 的端点 2，将其锁定至其附近的边界线上，然后拖动 COS 曲线 4 上的其他点到合适位置，如图 12.5.70 所示；单击操控板中的按钮，完成创建。

COS 曲线 4

COS 曲线 4 的端点 1

COS 曲线 4 的端点 2

锁定这两点

图 12.5.69　创建 COS 曲线 4　　　　　　　　　图 12.5.70　编辑 COS 曲线 4

Step4. 修剪掉图 12.5.71 所示的 ISDX 曲面的部分。单击"修剪造型曲面"按钮，选取图 12.5.72 所示的 ISDX 曲面为要修剪的曲面；单击 区域的 单击此处添加项目 字符，然后选取图 12.5.73 所示的曲线为修剪曲线；单击 区域的 单击此处添加项目 字符，选取图 12.5.71 所示的要修剪掉的部分；单击操控板中的"完成"按钮，完成创建。修剪后的 ISDX 曲面如图 12.5.74 所示。

Step5. 完成造型设计，退出造型环境；选择下拉菜单 造型(Y) ➡ 完成(D) 命令（或单

击按钮 ✓)。

图 12.5.71　将要修剪的　　图 12.5.72　选取原始曲面　图 12.5.73　选取修剪曲线　图 12.5.74　修剪后的
　　　　　　ISDX 曲面　　　　　　　　　　　　　　　　　　　　　　　　　　　　　　　　ISDX 曲面

Stage5. 创建渐消曲面特征

Step1. 进入造型环境。选择下拉菜单 插入(I) ➡ ◆造型(Y)... 命令（或者单击工具栏中的按钮 ◻ ）。

Step2. 设置活动平面。选择下拉菜单 造型(Y) ➡ 设置活动平面(P) 命令（或单击按钮 ▦ ），选择 RIGHT 基准平面为活动平面。

Step3. 创建图 12.5.75 所示的 ISDX 曲线 5。单击"创建曲线"按钮 ～ ，在操控板中选择 ◿ 曲线类型，然后单击操控板中的按钮 ✓ ，完成创建。

Step4. 编辑 ISDX 曲线 5。单击"编辑曲线"按钮 ✎ ，然后选取 ISDX 曲线 5；按住<Shift>键，拖移 ISDX 曲线 5 的端点 1，将其锁定至曲线 4 的端点上；拖移 ISDX 曲线 5 的端点 2，将其锁定至 COS 曲线 2 的端点上，如图 12.5.76 所示；单击操控板中的按钮 ✓ ，完成创建。

ISDX 曲线 5 的端点 2　　放大图　　　ISDX 曲线 5　　ISDX 曲线 5 的端点 1

图 12.5.75　创建 ISDX 曲线 5

注意：编辑 ISDX 曲线 5 时，先选择 ISDX 曲线 5，然后在操控板中单击 相切 按钮，选择 ISDX 曲线 5 的端点 1；在弹出的 相切 界面中，在约束的第一个栏里选中 曲面相切 ，再选择 ISDX 曲线 5 的端点 2；在弹出的 相切 界面中，在约束的第一个栏里选中 曲面相切 ，然后拖动 ISDX 曲线 5 上的其他点到合适位置，如图 12.5.76 所示。

Step5. 创建图 12.5.77 所示的第二个渐消曲面。选取图 12.5.78 所示的 ISDX 曲线 5、COS 曲线 4、COS 曲线 1 和 COS 曲线 2，单击操控板中的按钮 ✓ ，完成创建。

Step6. 完成造型设计，退出造型环境。

图 12.5.76　编辑 COS 曲线 5

选择下拉菜单 造型(Y) ➡️ 完成(D) 命令（或单击按钮 ✓）。

Stage6. 合并曲面（结果如图 12.5.79 所示）

图 12.5.77　创建渐消曲面　　　图 12.5.78　选取曲线　　　图 12.5.79　合并曲面

第13章 ISDX 曲面设计综合范例

本章提要 本章介绍了 4 个比较经典的 ISDX 曲面设计综合范例，对它们的设计过程和建模思想进行了详细的描述。本章的内容，将会对读者掌握 ISDX 曲面设计的内容有很大的帮助。

13.1 ISDX 曲面设计范例 1——马桶座垫

范例概述

本范例是一个典型的 ISDX 曲面建模的例子，其建模思路是先创建几个基准平面和基准曲线（它们主要用于控制 ISDX 曲线的位置和轮廓），然后进入 ISDX 模块，创建 ISDX 曲线并对其进行编辑，再利用这些 ISDX 曲线构建 ISDX 曲面。通过对本例的学习，读者可初步认识 ISDX 曲面设计的基本思路。

零件模型及模型树如图 13.1.1 所示。

图 13.1.1   零件模型和模型树

Stage1. 设置工作目录和打开文件

Step1. 选择下拉菜单 文件(F) ➡ 设置工作目录(W)... 命令，将工作目录设置至 D:\proe wf5.8\work\ch13.01。

Step2. 选择下拉菜单 文件(F) ➡ 打开(O)... 命令，打开文件 toilet_seat.prt。

注意：打开空的 toilet_seat.prt 模型，是为了使用该模型中的一些层、视图、单位制等设置。

Step3. 设置视图。单击按钮 ，选择 VIEW_1 视图。

Stage2. 创建基准平面、基准轴以及基准曲线

注意：创建基准平面、基准轴和基准曲线是为了在后面绘制 ISDX 曲线时，用以确定其

位置及控制其轮廓和尺寸。

Step1. 创建图 13.1.2 所示的基准平面 DTM1。单击"创建基准平面"按钮 ⬜，选取 TOP 基准面为参照平面，约束类型为 偏移，平移值为 280.0；单击对话框中的 确定 按钮。

Step2. 创建图 13.1.3 所示的基准轴 A_1。单击"创建基准轴"按钮 ∕，系统弹出"基准轴"对话框；按住<Ctrl>键，选取 DTM1 和 FRONT 基准平面为参照；单击对话框中的 确定 按钮，便在 DTM1 和 FRONT 的交线处创建了一个基准轴 A_1。

图 13.1.2　创建基准平面 DTM1　　　　图 13.1.3　创建基准轴 A_1

Step3. 创建图 13.1.4 所示的基准平面 DTM2。单击"创建基准平面"按钮 ⬜，系统弹出"基准平面"对话框；按住<Ctrl>键，选取 A_1 基准轴和 FRONT 基准平面为参照，旋转值为 5.0；单击对话框中的 确定 按钮。

Step4. 创建图 13.1.5 所示的基准曲线 1（此时视图为 VIEW_1）。单击"草绘"按钮 ∿，选取 FRONT 基准平面为草绘平面，RIGHT 基准平面为参照平面，方向为 顶；单击 草绘 按钮，进入草绘环境，接受默认的参照，绘制图 13.1.6 所示的草图；完成后单击按钮 ✔，退出草绘环境。

图 13.1.4　基准平面 DTM2　　图 13.1.5　基准曲线 1（建模环境）　图 13.1.6　基准曲线 1（草绘环境）

Step5. 创建图 13.1.7 所示的基准曲线 2（此时视图为 VIEW_1）。选取 DTM2 基准平面为草绘平面，RIGHT 基准平面为参照平面，方向为 顶；进入草绘环境后，选取基准轴 A_1 为参照；绘制图 13.1.8 所示的草图。

图 13.1.7　基准曲线 2（建模环境）　　　　图 13.1.8　基准曲线 2（草绘环境）

Step6. 创建图 13.1.9 所示的基准曲线 3（此时视图为 VIEW_1）。选取 RIGHT 基准平面为草绘平面，FRONT 基准平面为参照平面，方向为 **顶**；绘制图 13.1.10 所示的草图。

图 13.1.9　基准曲线 3（建模环境）

图 13.1.10　基准曲线 3（草绘环境）

Step7. 创建图 13.1.11 所示的基准曲线 4（此时视图为 VIEW_1）。选取 TOP 基准平面为草绘平面，RIGHT 平基准面为参照平面，方向为 **右**；绘制图 13.1.12 所示的草图。

图 13.1.11　基准曲线 4（建模环境）

图 13.1.12　基准曲线 4（草绘环境）

Stage3. 创建 ISDX 造型曲面特征

Step1. 进入造型环境。选择下拉菜单 **插入(I)** ➡ **造型(Y)...** 命令（或者单击工具栏中的按钮 ▢ ）。

Step2. 创建图 13.1.13 所示的 ISDX 曲线 1。

（1）单击按钮 ▣ ，选择 FRONT 基准平面为活动平面，如图 13.1.14 所示；单击按钮 ▣ ，选择 VIEW_2 视图，此时模型如图 13.1.15 所示。

注意： 如果活动平面的栅格太稀或太密，可选择下拉菜单 **造型(Y)** ➡ **首选项(F)...** 命令，在"造型首选项"对话框的 **栅格** 区域中调整 **间隔** 值的大小。

图 13.1.13　创建 ISDX 曲线 1

图 13.1.14　选择活动平面

（2）创建初步的 ISDX 曲线 1。

① 单击"创建曲线"按钮 〜 。

② 在操控板中选择 ▱ 曲线类型（在活动平面上创建曲线）。

③ 绘制图 13.1.16 所示的初步的 ISDX 曲线 1，然后单击操控板中的按钮✔️。

图 13.1.15 VIEW_2 视图状态

图 13.1.16 创建初步的 ISDX 曲线 1

（3）对初步的 ISDX 曲线 1 进行编辑。

① 单击"编辑曲线"按钮✍️，然后选取 ISDX 曲线 1。

② 移动曲线 1 的端点。按住<Shift>键，拖移 ISDX 曲线 1 的右端点，使其与基准曲线 1 的右下顶点对齐（当显示"×"符号时，表明两点对齐，如图 13.1.17 所示）；按同样的方法将 ISDX 曲线 1 的左端点与基准曲线 1 的左下顶点对齐，如图 13.1.18 所示。

图 13.1.17 对齐右端点

图 13.1.18 对齐左端点

③ 按照同样的方法，将 ISDX 曲线 1 上如图 13.1.19 所示的点对齐到基准曲线的边线上。

④ 拖移 ISDX 曲线 1 的其余自由点，如图 13.1.20 所示。

图 13.1.19 对齐点

图 13.1.20 拖移其余自由点

⑤ 设置 ISDX 曲线 1 两个端点处的切线方向和长度。

a）单击按钮⬚，选择 VIEW_1 视图，以便在三维状态下进行查看。

b）选取 ISDX 曲线 1 的右端点，然后单击操控板中的 相切 按钮；在系统弹出的界面中选择切线方向为 法向 ，并选取 RIGHT 基准平面为法向参照平面，这样该端点的切线方向便与 RIGHT 基准平面垂直，如图 13.1.21 所示；在该界面的 长度 文本框中输入切线的长度值 250.0，并按<Enter>键。

c）按同样的方法，设置 ISDX 曲线 1 左端点的切向与 RIGHT 基准平面垂直，切线长度值为 250.0。

注意：设置完线长度值之后，需要选中 相切 选项卡 属性 区域中的 ◉固定长度 单选项，以免后面调整曲线形状时，切线长度值再次发生变化。

说明：在后面的操作中，需对创建的 ISDX 曲面进行镜像，而镜像中心平面正是 RIGHT

基准平面。为了使镜像后的两个曲面之间光滑连接，这里必须将 ISDX 曲线 1 左、右两个端点的切向约束设置为法向，否则镜像后两个曲面的连接处会有一道明显的不光滑"痕迹"。后面还要创建类似的 ISDX 曲线，我们在其端点都将如此进行约束设置。

⑥ 对照曲线的曲率图，编辑 ISDX 曲线 1。

a）单击按钮 ⬚，选择 VIEW_2 视图。

b）单击"编辑曲线"操控板中的 ⏸ 按钮（此时 ⏸ 按钮变为 ▶），暂时退出编辑曲线状态；单击"曲率显示"按钮 ⬚，系统弹出"曲率"对话框；选取 ISDX 曲线 1，以显示其曲率图，如图 13.1.22 所示（在对话框的 比例 文本框中输入比例值 120.0）。

注意：如果曲率图太稀或太小，则可在"曲率"对话框中调整 质量 滑块和 比例 滚轮。

c）在"曲率"对话框 分析 选项卡下部的下拉菜单中选中 已保存 选项，然后单击按钮 ✔，关闭对话框。

d）单击"编辑曲线"操控板中的 ▶ 按钮，回到编辑曲线状态，然后对照曲率图来对 ISDX 曲线 1 上的其他几个自由点进行拖拉编辑，可观察到曲率图随着点的移动而不断变化。编辑结果如图 13.1.22 所示。

图 13.1.21　右端点切向与 RIGHT 基准平面垂直　　　　图 13.1.22　　ISDX 曲线 1 的曲率图

e）单击工具栏按钮 ⬚，关闭曲线曲率图的显示。

f）完成编辑后，单击"编辑曲线"操控板中的按钮 ✔，完成编辑。

Step3. 创建图 13.1.23 所示的 ISDX 曲线 2。

（1）设置活动平面。单击按钮 ⬚，选择 DTM2 基准平面为活动平面；单击按钮 ⬚，选择 VIEW_3 视图。

（2）创建初步的 ISDX 曲线 2。单击按钮 〜，在"创建曲线"操控板中选中 ⬚ 单选按钮，绘制图 13.1.24 所示的初步的 ISDX 曲线 2，然后单击"创建曲线"操控板中的按钮 ✔。

图 13.1.23　　创建 ISDX 曲线 2　　　　图 13.1.24　　创建初步的 ISDX 曲线 2

（3）编辑初步的 ISDX 曲线 2。

① 单击"编辑曲线"按钮 ，然后选取 ISDX 曲线 2。

② 按住<Shift>键，拖动 ISDX 曲线 2 的左、右端点，分别将其与基准曲线的下面两个顶点对齐，然后将 ISDX 曲线 2 上如图 13.1.25 所示的点对齐到基准曲线的边线上。

③ 拖移 ISDX 曲线 2 的其余自由点，直至如图 13.1.25 所示。

④ 设置 ISDX 曲线 2 两个端点处切线的方向和长度。

a）单击按钮 ，选择 VIEW_1 视图，以便进行查看、选取。

b）设置 ISDX 曲线 2 右端点的切向与 RIGHT 基准平面垂直，切线长度值为 200.0；设置 ISDX 曲线 2 左端点的切向与 RIGHT 基准平面垂直，切线长度值为 150.0。

⑤ 对照曲线的曲率图，编辑 ISDX 曲线 2。

a）单击按钮 ，选择 VIEW_3 视图。

b）对照曲率图（可在 比例 文本框中输入比例值 120.00）再次对 ISDX 曲线 2 上的几个自由点进行拖拉编辑。编辑结果如图 13.1.26 所示。

图 13.1.25 初步编辑 ISDX 曲线

图 13.1.26 ISDX 曲线 2 的曲率图

c）完成编辑后，单击"编辑曲线"操控板中的按钮 ，完成编辑。

Step4. 创建图 13.1.27 所示的 ISDX 曲线 3。

图 13.1.27 创建 ISDX 曲线 3

（1）设置活动平面。单击按钮 ，选择 RIGHT 基准平面为活动平面；单击按钮 ，选择 VIEW_4 视图。

（2）创建初步的 ISDX 曲线 3。单击"创建曲线"按钮 ，在"创建曲线"操控板中选中 单选按钮，绘制图 13.1.28 所示的初步的 ISDX 曲线 3，然后单击"创建曲线"操控板中的按钮 。

图 13.1.28 创建初步的 ISDX 曲线 3

（3）编辑初步的 ISDX 曲线 3。

① 单击"编辑曲线"按钮，然后选取 ISDX 曲线 3。

② 单击按钮，选择 VIEW_1 视图。按住<Shift>键，拖动 ISDX 曲线 3 的左、右端点，分别将其与 ISDX 曲线 1 和 ISDX 曲线 2 的端点对齐。

③ 单击按钮，选择 VIEW_4 视图。按住<Shift>键，将 ISDX 曲线 3 上如图 13.1.29 所示的点对齐到基准曲线的边线上；拖移 ISDX 曲线 3 的其余自由点，直至如图 13.1.29 所示。

图 13.1.29　初步编辑 ISDX 曲线 3

④ 设置 ISDX 曲线 3 两个端点处切线的方向和长度。

a）单击按钮，选择 VIEW_1 视图，以便进行查看、选取。

b）设置 ISDX 曲线 3 右端点的切向与 FRONT 基准平面垂直，切线长度值为 50.0；设置 ISDX 曲线 3 左端点的切向与 FRONT 基准平面垂直，切线长度值为 40.0。

⑤ 对照曲线的曲率图，编辑 ISDX 曲线 3。

a）单击按钮，选择 VIEW_4 视图。

b）对照曲率图（可在 比例 文本框中输入比例值 20.00），再次对 ISDX 曲线 3 上的几个自由点进行拖拉编辑。编辑结果如图 13.1.30 所示。

图 13.1.30　ISDX 曲线 3 的曲率图

c）完成编辑后，单击"编辑曲线"操控板中的按钮，完成编辑。

Step5. 创建图 13.1.31 所示的 ISDX 曲线 4。

图 13.1.31　创建 ISDX 曲线 4

（1）设置活动平面。单击按钮，选择 RIGHT 基准平面为活动平面，单击按钮，选择 VIEW_4 视图。

（2）创建初步的 ISDX 曲线 4。单击"创建曲线"按钮，在"创建曲线"操控板中选中![按钮]单选按钮，绘制图 13.1.32 所示的初步的 ISDX 曲线 4，然后单击"创建曲线"操控板中的按钮![按钮]。

图 13.1.32　创建初步的 ISDX 曲线 4

（3）编辑初步的 ISDX 曲线 4。

① 单击"编辑曲线"按钮![按钮]，然后选取 ISDX 曲线 4。

② 单击按钮![按钮]，选择 VIEW_1 视图。按住<Shift>键，拖动 ISDX 曲线 4 的左、右端点，分别将其与 ISDX 曲线 2 和 ISDX 曲线 1 的端点对齐。

③ 单击按钮![按钮]，选择 VIEW_4 视图。按住<Shift>键，将 ISDX 曲线 4 上如图 13.1.33 所示的点对齐到基准曲线的边线上，然后拖移 ISDX 曲线 4 的其余自由点，直至如图 13.1.33 所示。

图 13.1.33　初步编辑 ISDX 曲线 4

④ 设置 ISDX 曲线 4 两个端点处切线的方向和长度。

a）单击按钮![按钮]，选择 VIEW_1 视图，以便进行查看、选取。

b）设置 ISDX 曲线 4 右端点的切向与 FRONT 基准平面垂直，切线长度值为 40.0；设置 ISDX 曲线 4 左端点的切向与 FRONT 基准平面垂直，切线长度值为 50.0。

⑤ 对照曲线的曲率图，编辑 ISDX 曲线 4。

a）单击按钮![按钮]，选择 VIEW_4 视图。

b）对照曲率图（可在 比例 文本框中输入比例值 20.00），对 ISDX 曲线 4 上的几个自由点进行拖拉编辑。编辑结果如图 13.1.34 所示。

图 13.1.34　ISDX 曲线 4 的曲率图

c）完成编辑后，单击"编辑曲线"操控板中的按钮![按钮]，完成编辑。

Step6. 创建图 13.1.35 所示的 ISDX 曲线 5。

（1）设置活动平面。单击按钮 ，选择 TOP 基准平面为活动平面；单击按钮 ，选择 VIEW_5 视图。

（2）创建初步的 ISDX 曲线 5。单击"创建曲线"按钮 ，在"创建曲线"操控板中选中 单选项，绘制图 13.1.36 所示的初步的 ISDX 曲线 5，然后单击"创建曲线"操控板中的按钮 。

图 13.1.35　创建 ISDX 曲线 5

图 13.1.36　创建初步的 ISDX 曲线 5

（3）编辑初步的 ISDX 曲线 5。

① 单击"编辑曲线"按钮 ，然后选取 ISDX 曲线 5。

② 单击按钮 ，选择 VIEW_1 视图。按住<Shift>键，拖动 ISDX 曲线 5 的左、右端点，分别将其与 ISDX 曲线 2 和 ISDX 曲线 1 对齐。

③单击按钮 ，选择 VIEW_5 视图。按住<Shift>键，将 ISDX 曲线 5 上如图 13.1.37 所示的点对齐到基准曲线的边线上，然后拖移 ISDX 曲线 5 的其余自由点，直至如图 13.1.37 所示。

④ 设置 ISDX 曲线 5 两个端点处切线的方向和长度。

a）单击按钮 ，选择 VIEW_1 视图，以便进行查看、选取。

b）设置 ISDX 曲线 5 右端点的切向与 FRONT 基准平面垂直，切线长度值为 40.0；设置 ISDX 曲线 5 左端点的切向与 FRONT 基准平面垂直，切线长度值为 50.0。

⑤ 对照曲线的曲率图，编辑 ISDX 曲线 5。

a）单击按钮 ，选择 VIEW_5 视图。

b）对照曲率图（可在 比例 文本框中输入比例值 20.00），再次对 ISDX 曲线 5 上的几个自由点进行拖拉编辑。编辑结果如图 13.1.38 所示。

图 13.1.37　初步编辑 ISDX 曲线

图 13.1.38　ISDX 曲线 5 的曲率图

c）完成编辑后，单击编辑曲线操控板中的按钮✓，完成编辑。

Step7. 创建图 13.1.39 所示的 ISDX 造型曲面。

该 ISDX 曲面由两部分组成，下面介绍其创建过程。

（1）创建如图 13.1.40 所示的第一个 ISDX 曲面。

① 单击按钮🔲，选择 VIEW_1 视图；单击"ISDX 曲面创建"按钮🔲。

② 选取边界曲线。按住<Ctrl>键，选取图 13.1.40a 所示的 ISDX 曲线 3、ISDX 曲线 1、ISDX 曲线 5 和 ISDX 曲线 2，系统便以这四条 ISDX 曲线为边界创建一个局部 ISDX 曲面。

图 13.1.39　创建造型曲面　　　　　　　图 13.1.40　创建第一个 ISDX 曲面

③ 完成 ISDX 曲面的创建后，单击"创建曲面"操控板中的按钮✓，完成创建。

（2）按照同样的方法，创建图 13.1.41 所示的第二个 ISDX 曲面。此时，选取的边界曲线为 ISDX 曲线 5、ISDX 曲线 1、ISDX 曲线 4 和 ISDX 曲线 2。

Step8. 完成造型设计，退出造型环境。

选择下拉菜单 造型(Y) ➡ 完成(D) 命令（或单击按钮✓）。

Stage4. 创建镜像曲面，并将其与源曲面合并

Step1. 对上一步创建的面组进行镜像。

（1）选择要镜像的曲面——图 13.1.42 所示的面组。

（2）选择下拉菜单 编辑(E) ➡ ┃┃镜像(I)... 命令（或单击按钮◨◧）。

（3）选取镜像平面——RIGHT 基准平面。

（4）单击操控板中的"完成"按钮✓。

图 13.1.41　创建第二个曲面　　　　　　图 13.1.42　镜像面组

Step2. 将上一步创建的镜像面组与源面组进行合并。

（1）按住<Ctrl>键，选取要合并的两个面组——源面组与镜像面组。

（2）选择下拉菜单 编辑(E) ➡ 合并(G)... 命令（或单击按钮◻）。

（3）单击按钮✓∞，预览合并后的面组，确认无误后，单击"完成"按钮✓。

Stage5. 加厚曲面

Step1. 选取图 13.1.43 所示的曲面。

Step2. 选择下拉菜单 编辑(E) ➡ ⬛加厚(K)... 命令，加厚的箭头方向如图 13.1.43b 所示，输入薄壁实体的厚度值 7.0。

Step3. 单击"完成"按钮✔，完成加厚操作。

a）加厚前

图 13.1.43　加厚面组

b）加厚后

Stage6. 倒圆角

Step1. 创建图 13.1.44 所示的完全倒圆角 1。

（1）单击按钮⬛，选择 VIEW_6 视图；选择下拉菜单 插入(I) ➡ ⬛倒圆角 (D)... 命令（或单击按钮⬛）。

（2）选取圆角的放置参照。按住<Ctrl>键，选取图 13.1.44a 所示的两条边线。

（3）在操控板中单击 集 按钮，单击系统弹出界面中的 完全倒圆角 按钮。

（4）单击操控板中的按钮✔，完成特征的创建。

a）倒圆角前

图 13.1.44　完全倒圆角 1

b）倒圆角后

Step2. 创建图 13.1.45 所示的完全倒圆角 2。参照 Step1，按住<Ctrl>键，选取图 13.1.45示的两条边线，进行完全倒圆角。

a）倒圆角前

图 13.1.45　完全倒圆角 2

b）倒圆角后

Stage7. 保存零件模型文件

13.2　ISDX 曲面设计范例 2——钟表表面

范例概述

　　本范例的建模思路是先创建一个旋转特征；然后创建基准面和基准曲线；再进入 ISDX 模块，创建 ISDX 曲线并对其进行编辑，利用这些 ISDX 曲线构建 ISDX 曲面；最后将 ISDX 曲面进行阵列并与旋转特征合并，进行倒圆角和曲面加厚。另外，在本例的设计过程中应用了第 12 章中讲到的"圆润曲面"操作。希望通过该范例的应用，可以使读者对"圆润曲面"有更深刻的认识。钟壳零件模型及模型树如图 13.2.1 所示。

Stage1．设置工作目录和打开文件

　　Step1. 选择下拉菜单 文件(F) ➡ 设置工作目录(W)... 命令，将工作目录设置至 D:\proewf5.8\work\ch13.02。

　　Step2. 选择下拉菜单 文件(F) ➡ 打开(O)... 命令，打开文件 clock_surface.prt。

　　注意：打开空的 clock_surface.prt 模型，是为了使用该模型中的一些层、视图和单位制等设置。

Stage2．创建图 13.2.2 所示的曲面旋转特征 1

　　图 13.2.1　零件模型和模型树　　　　　　　图 13.2.2　添加曲面旋转特征 1

　　Step1. 选择下拉菜单 插入(I) ➡ 旋转(R)... 命令（或者单击按钮 ⚙）。

　　说明：在操控板中应确认"曲面"按钮 ▢ 被按下。

　　Step2. 定义属性。在绘图区中右击，在弹出的快捷菜单中选择 定义内部草绘... 命令，进入"草绘"对话；分别选取 TOP 基准平面为草绘平面，FRONT 基准平面为参照平面，方向为 顶；单击对话框中的 草绘 按钮，进入截面草绘环境，绘制图 13.2.3 所示的旋转中心线和特征截面草图；完成特征截面绘制后，单击"完成"按钮 ✔。

　　Step3. 在操控板中选取旋转类型 ⊥（即"定值"），输入旋转角度值 360.0。

　　Step4. 在操控板中单击按钮 ✔ ∞，预览所创建的特征，单击"完成"按钮 ✔。

图 13.2.3　截面草图

Stage3. 创建基准平面和草绘曲线

注意：创建基准平面和草绘曲线是为了在后面绘制 ISDX 曲线时，用以确定其位置及控制其轮廓和尺寸。

Step1. 创建图 13.2.4 所示的基准平面 DTM1。单击"创建基准平面"按钮 □ ，选取 FRONT 基准平面为参照平面，约束类型为 偏移 ，平移值为 5.0；完成后，单击对话框中的 确定 按钮。

Step2. 创建图 13.2.5 所示的基准平面 DTM2。单击"创建基准平面"按钮 □ ，选取 FRONT 基准平面为参照平面，约束类型为 偏移 ，平移值为 12.0；完成后，单击对话框中的 确定 按钮。

图 13.2.4　创建基准平面 DTM1　　　　　图 13.2.5　创建基准平面 DTM2

Step3. 创建图 13.2.6 所示的草绘曲线 1。单击"草绘"按钮 ︵ ；选取 DTM1 基准平面为草绘平面，草绘平面的参考平面是 RIGHT 基准平面，参考方位是 右 ；单击 草绘 按钮进入草绘环境，进入草绘环境，接受默认的参照绘制草图，如图 13.2.7 所示；完成后单击按钮 ✓ ，退出草绘环境。

图 13.2.6　草绘曲线 1（建模环境）　　　　图 13.2.7　草绘曲线 1（草绘环境）

Step4. 创建图 13.2.8 所示的草绘曲线 2。单击"草绘"按钮 ︵ ，选取 TOP 基准平面为草绘平面，草绘平面的参考平面是 RIGHT 基准平面，参考方位是 左 ；选取草绘曲线 1 的边线为参照，绘制图 13.2.9 所示的草图。

图 13.2.8　草绘曲线 2（建模环境）　　　　图 13.2.9　草绘曲线 2（草绘环境）

Stage4.　创建图 13.2.10 所示的 ISDX 造型曲面特征

Step1. 进入造型环境。选择下拉菜单 插入(I) ➡ 造型(Y)... 命令（或者单击工具栏中的按钮）。

Step2. 创建图 13.2.11 所示的下落曲线 1。

图 13.2.10　创建 ISDX 造型曲面　　　　图 13.2.11　创建下落曲线 1

（1）单击按钮，选择 DTM2 基准平面为活动平面。单击按钮，选择 VIEW_2 视图。

注意： 如果活动平面的栅格太稀或太密，则可选择下拉菜单 造型(Y) ➡ 首选项(F)... 命令，在"造型首选项"对话框的 栅格 区域中调整 间隔 值的大小。

（2）选择父特征曲线。单击"创建下落曲线"按钮，在系统 ➪选取曲线以放置到曲面上 的提示下，在图 13.2.12 中选取父特征草绘曲线 1。

（3）选择父特征曲面。在"下落"曲线操控板中单击 参照 按钮，在 曲面 区域中单击 ● 单击此处添加项目 字符，在系统 ➪选取要进行放置曲线的曲面 的提示下，按住 Ctrl 键，在图 13.2.12 中选取父特征曲面（此曲面由两个部分组成）。

（4）单击"下落"曲线操控板中的按钮，完成编辑。

图 13.2.12　选取父特征

Step3. 参照 Step2 的操作过程，将活动平面设为 TOP 基准平面，创建图 13.2.13 所示的下落曲线 2。

图 13.2.13　创建下落曲线 2

Step4. 创建图 13.2.14 所示的 ISDX 曲线 1。

（1）设置活动平面。单击按钮，选择 DTM2 基准平面为活动平面；单击按钮，选择 BACK 视图。

（2）创建初步的 ISDX 曲线 1。单击"创建曲线"按钮，在"创建曲线"操控板中选中按钮，绘制图 13.2.15 所示的初步的 ISDX 曲线 1，然后单击"创建曲线"操控板中的按钮。

图 13.2.14　创建 ISDX 曲线 1

图 13.2.15　创建初步的 ISDX 曲线 1

（3）编辑初步的 ISDX 曲线 1。

① 单击"编辑曲线"按钮，然后选取 ISDX 曲线 1。

② 移动 ISDX 曲线 1 的端点。按住<Shift>键，拖移 ISDX 曲线 1 的右端点，使其与下落曲线 1 对齐（当显示"×"符号时，表明两点对齐）；按同样的方法，将 ISDX 曲线 1 的左端点与下落曲线 1 对齐。

③ 对照曲线的曲率图，编辑 ISDX 曲线 1。

a）确认当前的视图为 BACK。

b）对照曲率图（可在 比例 文本框中输入比例值 10.00），再次对 ISDX 曲线 1 上的几个自由点进行拖拉编辑。编辑结果如图 13.2.16 所示。

c）完成编辑后，单击"编辑曲线"操控板中的按钮，完成编辑。

Step5. 创建图 13.2.17 所示的 ISDX 曲线 2。

（1）设置活动平面。单击按钮，选择 RIGHT 基准平面为活动平面；单击按钮，选择 LEFT 视图。

（2）创建初步的 ISDX 曲线 2。单击"创建曲线"按钮，在"创建曲线"操控板中选中单选按钮，绘制图 13.2.18 所示的初步的 ISDX 曲线 2，然后单击"创建曲线"操控板中的按钮✅。

（3）编辑初步的 ISDX 曲线 2。

① 单击"编辑曲线"按钮✍，然后选取 ISDX 曲线 2。

② 移动 ISDX 曲线 2 的端点。按住<Shift>键，拖移 ISDX 曲线 2 的上端点，使其与下落曲线 1 对齐（当显示"×"符号时，表明两点对齐）；按同样的方法将 ISDX 曲线 2 的下端点与下落曲线 1 对齐。

③ 按照同样的方法，将 ISDX 曲线 2 上如图 13.2.18 所示的点 1 对齐到 ISDX 曲线 1 上。

图 13.2.16　曲率图　　　图 13.2.17　ISDX 曲线 2　　　图 13.2.18　创建初步的 ISDX 曲线 2

④ 设置 ISDX 曲线 2 的下端点处的切线方向和长度。

a）确认当前的视图方位是 LEFT。

b）选取 ISDX 曲线 2 的下端点，然后单击操控板中的 相切 按钮，选择切线方向为 法向 ，并选取 DTM1 基准平面为法向参照平面，这样该端点的切线方向便与 DTM1 基准面垂直；在该界面的 长度 文本框中输入切线的长度值 20.0，并按<Enter>键。此时模型如图 13.2.19 所示。

⑤ 对照曲线的曲率图，编辑 ISDX 曲线 2。

a）确认当前的视图为 LEFT。

b）对照曲率图（可在 比例 文本框中输入比例值 1.00），再次对 ISDX 曲线 2 上的几个自由点进行拖拉编辑。编辑结果如图 13.2.20 所示。

c）完成编辑后，单击"编辑曲线"操控板中的按钮✅，完成编辑。

图 13.2.19　下端点切向与 DTM1 垂直　　　　图 13.2.20　ISDX 曲线 2 的曲率图

Step6. 创建图 13.2.21 所示的 ISDX 造型曲面，下面介绍其创建过程：

（1）单击按钮，选择 VIEW_2 视图；单击"ISDX 曲面创建"按钮。

（2）选取边界曲线。按住<Ctrl>键，依次选取图 13.2.22 所示的下落曲线 1（A）、下落曲线 1（B）、下落曲线 2 和下落曲线 1（C），系统便以这四条曲线为边界创建一个局部 ISDX 曲面。

图 13.2.21　创建造型曲面

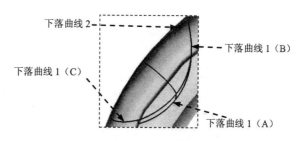

图 13.2.22　选取首要链

（3）在"曲面创建"操控板中，单击 内部 下面的区域，然后按住<Ctrl>键，选取图 13.2.23 所示的 ISDX 曲线 1 和 ISDX 曲线 2，这样 ISDX 曲线 1 和 ISDX 曲线 2 便成为 ISDX 曲面的内部控制曲线。

（4）完成 ISDX 曲面的创建后，单击"曲面创建"操控板中的按钮☑。

图 13.2.23　选取内部控制曲线

Step7. 完成造型设计，退出造型环境。

选择下拉菜单 造型(Y) ➡ 完成(II) 命令（或单击按钮☑）。

Stage5. 创建阵列曲面，并将其与源曲面合并（注：本步的详细操作过程请参见随书光盘中 video\ ch13.02\reference\文件夹下的语音视频讲解文件 clock_surface-r01.exe。）

Stage6. 倒圆角（注：本步的详细操作过程请参见随书光盘中 video\ ch13.02\reference\文件夹下的语音视频讲解文件 clock_surface-r02.exe。）

Stage7. 加厚图 13.2.33 所示的面组（注：本步的详细操作过程请参见随书光盘中 video\ ch13.02\reference\文件夹下的语音视频讲解文件 clock_surface-r03.exe。）

Stage8. 隐藏 ISDX 曲线和曲面并存盘

Step1. 在层树中隐藏曲线层和曲面层并保存状态。

Step2. 保存零件模型文件。

13.3　ISDX 曲面设计范例 3——勺子

范例概述

　　本范例是一个典型的 ISDX 曲面建模的例子，其建模思路是先创建几个基准平面和基准曲线（它们主要用于控制 ISDX 曲线的位置和和轮廓），然后进入 ISDX 模块，创建 ISDX 曲线并对其进行编辑，再利用这些 ISDX 曲线构建 ISDX 曲面。通过本例的学习，读者可认识到：ISDX 曲面造型的关键是 ISDX 曲线，只有高质量的 ISDX 曲线才能获得高质量的 ISDX 曲面。勺子零件模型如图 13.3.1 所示。

　　说明：本范例的详细操作过程请参见随书光盘中 video\ch13.03\文件夹下的语音视频讲解文件 D:\proewf5.8\work\ch13.03\spoon。

13.4　ISDX 曲面设计范例 4——吸尘器盖

范例概述

　　本范例是一个比较复杂的 ISDX 曲面建模的例子，其建模思路是先创建几条草绘曲线和几个基准平面特征，然后进入 ISDX 模块，创建 ISDX 曲线并对其进行编辑，再利用这些 ISDX 曲线构建第一个 ISDX 曲面；然后用同样的方法构建其他几个 ISDX 曲面（其中应用了渐消曲面），并进行曲面修剪，最后用到的命令有创建曲面镜像、曲面合并、曲面加厚、实体切削和唇特征。吸尘器盖零件模型如图 13.4.1 所示。

图 13.3.1　勺子　　　　　　　图 13.4.1　吸尘器盖

　　说明：本范例的详细操作过程请参见随书光盘中 video\ch13.04\文件夹下的语音视频讲解文件 D:\proewf5.8\work\ch13.04\cleaner_surface。

13.5　ISDX 曲面设计范例 5——咖啡壶

范例概述

　　本实例是一个典型的运用一般曲面和 ISDX 曲面综合建模的实例。其建模思路是：首先用一般的曲面创建咖啡壶的壶体，然后用 ISDX 曲面创建咖啡壶的手柄；进入 ISDX 模块后，首先创建 ISDX 曲线并对其进行编辑，然后再用这些 ISDX 曲线构建 ISDX 曲面。通过本实例的学习，读者可认识到 ISDX 曲面造型的关键是 ISDX 曲线，只有创建高质量的 ISDX 曲线才能获得高质量的 ISDX 曲面。零件模型如图 13.5.1 所示。

说明：本范例的详细操作过程请参见随书光盘中 video\ch13.05\文件夹下的语音视频讲解文件 D:\proewf5.8\work\ch13.05\coffeepot。

13.6　ISDX 曲面设计范例 6——面板

范例概述

本范例是一个典型的 ISDX 曲面建模的例子，其建模思路是先创建几个基准平面和基准曲线，它们主要用于控制模型的大小和结构。进入 ISDX 模块后，先创建 ISDX 曲线并对其进行编辑，然后再用这些 ISDX 曲线构建 ISDX 曲面。通过本例的学习，读者可认识到，ISDX 曲面造型的关键是 ISDX 曲线，只有高质量的 ISDX 曲线才能获得高质量的 ISDX 曲面。面板零件模型如图 13.6.1 所示。

图 13.5.1　咖啡壶　　　　　　　　　图 13.6.1　面板

说明：本范例的详细操作过程请参见随书光盘中 video\ch13.06\文件夹下的语音视频讲解文件 D:\proewf5.8\work\ch13.06\INSTANCE_FACE_COVER。

13.7　ISDX 曲面设计范例 7——眼镜架

范例概述

本案例的建模思路是先创建一些草图作为曲面的位置布局和总体尺寸的参考，接下来通过曲线剪裁旋转曲面来创建镜片，然后利用 ISDX 模块中的"空间曲线""平面曲线"等工具创建主要骨架曲线并对其进行编辑，最后利用这些 ISDX 曲线构建 ISDX 曲面。该案例是一个综合性较强的案例，以 ISDX 曲面为主，也综合应用了"边界混合""扫描混合"和"可变截面扫描"等一般曲面工具。通过对该范例的学习，可以使读者对 ISDX 模块有更深刻的认识。眼镜架的零件模型如图 13.7.1 所示。

说明：本范例的详细操作过程请参见随书光盘中 video\ch13.07\文件夹下的语音视频讲解文件 D:\proewf5.8\work\ch13.07\glasses。

13.8　ISDX 曲面设计范例 8——玩具汽车

范例概述

本范例是一个非常复杂的 ISDX 曲面建模的例子，其建模思路是先进入 ISDX 模块，创建相应的 ISDX 曲线并对其进行编辑，再利用这些 ISDX 曲线构建出 ISDX 曲面，并进行曲面修剪；还使用了曲面偏移、曲线偏移和曲线投影等命令创建表面特征；最后使用曲面镜像、曲面合并和曲面加厚等命令进行最后的造型。零件模型如图 13.8.1 所示。

图 13.7.1　眼镜架　　　　　　　　图 13.8.1　玩具汽车

说明：本范例的详细操作过程请参见随书光盘中 video\ch13.08\文件夹下的语音视频讲解文件 D:\proewf5.8\work\ch13.08\CAR。

第4篇

逆 向 工 程

本篇主要包含如下内容：

第 14 章　产品的逆向设计

本章提要　逆向工程主要是针对现有的产品进行研究，从而发现其规律，复制、改进并超越现有产品的过程。逆向工程不仅仅是对现实世界的模仿，更是对现实世界的改造，是一种超越。通过本章的内容，读者能掌握如何在 Pro/ENGINEER 中输入点云数据（抄数数据），并利用这些数据进行造型设计。

14.1　逆向工程概述

14.1.1　概念

逆向工程是对产品设计过程的一种描述。在实际的产品研发过程中，设计人员所能得到的技术资料往往只是其他厂家产品的实物模型。因此设计人员就需要通过一定的途径，将这些实物信息转化为 CAD 模型，这就需要应用逆向工程技术（Reverse Engineering）。

所谓逆向工程技术，俗称"抄数"，是指利用三维激光扫描技术（又称"实景复制技术"）或使用三坐标测量仪对实物模型进行测量，以获得物体的点云数据（三维点数据），再利用一定的工程软件对获得的点云数据进行整理、编辑，并获取所需的三维特征曲线，最终通过三维曲面表达出物体的外形，从而重构实物的 CAD 模型。

一般来说，产品逆向工程包括形状反求、工艺反求和材料反求等几个方面。在工业领域的实际应用中，主要包括以下几个内容：

- 新零件的设计，主要用于产品的改型或仿型设计。
- 损坏或磨损零件的还原。
- 已有零件的复制，再现原产品的设计意图。
- 数字化模型的检测，借助于工业 CT 技术，可以快速发现、定位物体的内部缺陷；还可以对产品进行变形分析和检验产品的焊接质量，以及进行模型的比较。

逆向工程技术为快速设计和制造产品提供了很好的技术支持，它已经成为制造业信息传递的重要而简洁的途径之一。

14.1.2　逆向工程设计前的准备工作

在设计一个产品之前，首先必须尽量理解原有模型的设计思想，在此基础上还可能要修复或克服原有模型上存在的缺陷。从某种意义上看,逆向设计也是一个重新设计的过程。在开始进行一个逆向设计前,应该对零件进行仔细分析,主要考虑以下一些要点:

(1)确定设计的整体思路,对自己手中的设计模型进行系统分析。面对大批量、无序的点云数据,初次接触的设计人员会感觉到无从下手。这时应首先周全地考虑好先做什么,后做什么,用什么方法做,可以将模型划分为几个特征区,得出设计的整体思路,并找到设计的难点,基本做到心中有数。

(2)确定模型基本构成形状的曲面类型,这关系到相应设计软件的选择和软件模块的确定。对于自由曲面,例如汽车车身的外覆盖件和内饰件等,一般需要采用具有方便调整曲线和曲面的模块;对于初等解析曲面件,如平面、圆柱面和圆锥面等,则没必要因有测量数据而用自由曲面去拟合一张显然是平面或圆柱面的曲面。

14.2 独 立 几 何

14.2.1 概述

独立几何模块是逆向工程的模块之一,它是一种非参数化设计环境,利用该模块可专注于模型特定区域的创建和修改,并使用各种工具获得所需形状的曲面属性。为了使当前的设计活动孤立在单个特征中,该模块使用了造型特征这一概念。造型特征是一个复合特征,它包含了所有创建和输入到造型特征的几何以及参照数据。造型特征的内部对象,如单独的曲线、曲面等,在造型特征外部彼此之间没有任何父子从属关系,这样便可以自由地进行各种操作,而不需要考虑特征对象之间的参照和父子关系。

独立几何提供了一组工具,利用这些工具可将输入曲面、三角测量数据(点云)或其他原始数据转换到可制造模型中。利用“独立几何”,可执行以下任务:

- 输入、生成和过滤原始数据。
- 输入几何,包括曲线、曲面和多面数据。
- 创建和修改曲线。
- 手工或自动修复几何(仅限具有使用 DataDoctor 的许可)。
- 将几何从后续特征收缩到造型特征(具有使用 DataDoctor 许可)。

14.2.2 扫描曲线的创建

把高密度原始数据(点云)输入到“独立几何”并使用某种方法过滤不需要的点,然后依次通过过滤后的点并光滑连接形成扫描曲线,所以扫描曲线不会偏离原始数据(点云)。扫描曲线的创建方法有 “扫描曲线”(Scan Curves)、“自动定向曲线”(Auto Direction Curves)

和"截面"(Sections)三种方法，下面将对这三种方法进行分别讲解。

方法一：扫描曲线

扫描曲线（Scan Curves），沿扫描曲线过滤原始数据。下面以图 14.2.1 所示的模型为例，说明扫描曲线（Scan Curves）的应用。

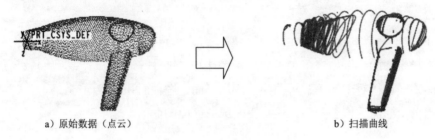

a）原始数据（点云）   b）扫描曲线

图 14.2.1 扫描曲线的应用

Step1. 选择下拉菜单 文件(F) ➡ 设置工作目录(W)... 命令，将工作目录设置至 D:\proewf5.8\work\ch14.02.02\01。

Step2. 新建一个零件的三维模型，将其命名为 scan_curves。

Step3. 选择下拉菜单 插入(I) ➡ 独立几何(Y)... 命令，系统进入"独立几何"用户界面。

Step4. 选择下拉菜单 几何(V) ➡ 示例数据来自文件(A)... 命令，在系统弹出的"导入原始数据"对话框中选中 ⊙高密度 单选项，如图 14.2.2 所示。在屏幕下方出现 ➡选取坐标系 的提示下，选取图 14.2.3 所示的"PRT_CSYS_DEF"坐标系，系统弹出"打开"对话框。

图 14.2.2 所示"导入原始数据"对话框中各选项的说明如下：

- ⊙高密度 单选项：选中该选项可以获取产品的详细信息，并增加输入数据中的点云密度。

- ⊙低密度 单选项：选中该选项则不能获取产品的详细信息，并减小输入数据中的点云密度。

Step5. 在"打开"对话框中，选择 blower.pts 文件，然后单击 打开 ▾ 按钮，系统自动弹出图 14.2.4 所示的"原始数据"对话框。

Step6. 创建扫描曲线。在"原始数据"对话框的 可见点百分比 文本框中输入值 15，选中 ⊙扫描曲线 单选项，在 曲线距离 文本框中输入值 25，在 点公差 文体框中输入值 0.28，单击 ☑∞ 按钮后，单击按钮 ✔ 完成操作，此时生成的扫描曲线如图 14.2.1b 所示。

图 14.2.4 所示"原始数据"对话框中各选项的功能说明如下：

- 可见点百分比 文本框：该文本框用于设置显示点云的百分比。输入的值越大，显示的点云就越密；反之，显示的点云就越疏。

- 曲线距离 文本框：该文本框用于定义扫描曲线之间的距离。

- 点公差 文本框：该文本框用于定义扫描点之间的距离。

图 14.2.2　"导入原始数据"对话框

图 14.2.3　PRT_CSYS_DEF

图 14.2.4　"原始数据"对话框

方法二：自动定向曲线

自动定向曲线(Auto Direction Curves)是系统自动确定最佳的扫描方向，并按若干个假想平面与原始数据（点云）相交生成的一组曲线。下面以图 14.2.5 为例，说明"自动定向曲线"(Auto Direction Curves)的应用。

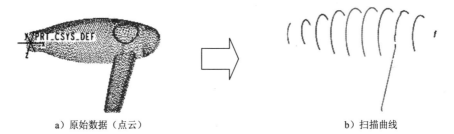

a）原始数据（点云）　　　　　　　　　　　　　b）扫描曲线

图 14.2.5　自动定向曲线的应用

Step1. 选择下拉菜单 文件(F) ➡ 设置工作目录(W)... 命令，将工作目录设置至 D:\proewf5.8\work\ch14.02.02\02。

Step2. 新建一个零件的三维模型，将其命名为 auto_direction_carves。

Step3. 选择下拉菜单 插入(I) ➡ 独立几何(Y)... 命令，系统进入独立几何用户界面。

Step4. 选择下拉菜单 几何(G) ➡ 示例数据来自文件(A)... 命令，在系统弹出的"导入原始数据"对话框中选中 ⊙ 高密度 单选项，如图 14.2.6 所示。在屏幕下方出现 ➡选取坐标系 的提示下，选取图 14.2.7 所示的"PRT_CSYS_DEF"坐标系，系统弹出"打开"对话框。

Step5. 在"打开"对话框中，选择 blower.pts 文件，然后单击 打开 ▼ 按钮，系统自动弹出图 14.2.8 所示的"原始数据"对话框。

Step6. 创建扫描曲线。在"原始数据"对话框的 可见点百分比 文本框中输入值 15，选中 ⊙ 自动定向曲线 单选项，在 剖面数量 文本框中输入值 10，在 接近区域 文本框中输入值 1.85，

在 点公差 文体框里输入值 0.37；单击 ☑ 60 按钮后，单击 ✔ 按钮完成操作，此时生成的扫描曲线如图 14.2.5b 所示。

图 14.2.6   "导入原始数据"对话框

图 14.2.7   PRT_CSYS_DEF

图 14.2.8   "原始数据"对话框

图 14.2.8 所示"原始数据"对话框中部分选项的说明如下：

- 剖面数量 文本框：该文本框用于定义与点云相交的剖面数量。
- 接近区域 文本框：该文本框用于定义沿剖面长度的区域宽度值。系统将处理该区域中的数据点以创建扫描曲线，但接近区域不得超过两条相邻曲线之间距离的一半。

方法三：截面

截面（sections）就是用假想的平面与点云相交创建一组曲线。其类型分为"平行剖面"、"根据基准平面确定一组剖面"和"垂直选定曲线的剖面"。

- 平行剖面：表示用一组平行于参照平面的假想面与"原始数据"（点云）相交创建的曲线。此参考平面可以是基准平面，也可以是通过曲线/边/轴或坐标系的某一个方向新建的平面。
- 根据基准平面确定一组剖面：用一组平行于选定基准平面的假想面与"原始数据"（点云）相交创建的曲线。此剖面必须是基准平面。
- 垂直选定曲线的剖面：用一组平行于选定曲线的假想平面与"原始数据"（点云）相交创建的曲线。

下面以如图 14.2.9 所示的模型为例，讲解通过截面方法创建扫描曲线的一般过程。

Step1. 选择下拉菜单 文件(F) ➡ 设置工作目录(W)... 命令，将工作目录设置至 D:\proewf5.8\work\ch14.02.02\03。

Step2. 新建一个零件的三维模型，将其命名为 sections_curves。

a）原始数据（点云）　　　　　　　　　b）自动定向曲线

图 14.2.9　截面的应用

Step3. 选择下拉菜单 插入(I) ➡ 独立几何(Y)... 命令，系统进入独立几何用户界面。

Step4. 选择下拉菜单 几何(Y) ➡ 示例数据来自文件(A)... 命令，在系统弹出的"导入原始数据"对话框中选中 ⊙高密度 单选项，如图 14.2.10 所示。在屏幕下方出现➡选取坐标系的提示下，选取图 14.2.11 所示的"PRT_CSYS_DEF"坐标系，系统弹出"打开"对话框。

Step5. 在"打开"对话框中选择 blower.pts 文件，然后单击 打开 ▼ 按钮，系统自动弹出"原始数据"对话框，如图 14.2.12 所示。

图 14.2.10　"导入原始数据"对话框

图 14.2.11　"PRT_CSYS_DEF"

图 14.2.12　"原始数据"对话框

Step6. 创建扫描曲线。在"原始数据"对话框的 可见点百分比 文本框中输入值 15，选择 ⊙截面 单选项，确认 截面类型 区域中的"平行剖面"按钮 被按下；单击 剖面 后的 按钮，在屏幕下方出现 ➡选取将垂直于此方向的平面 的提示下，选取 RIGHT 基准平面为平行剖面；在 剖面数量 文本框中输入值 10，在 接近区域 文本框中输入值 1.85，在 点公差 文本框中输入值 0.37；单击 ☑60 按钮后，单击按钮 ☑ 完成操作。

14.2.3 扫描曲线的修改

如果扫描曲线的质量或其他方面不能满足设计需要，此时还可以通过"独立几何"模块所提供的修改工具对其进行修改，扫描曲线的修改可分为"删除"（Delete）、"重组点"（Regroup Pts）和"扫描点"（Scan Points）三种。

下面就以一组扫描曲线为例，详细讲解扫描曲线的修改方法。

Step1. 选择下拉菜单 文件(F) ➡️ 设置工作目录(W)... 命令，设置工作目录和打开文件。先将工作目录设置至 D:\proewf5.8\work\ch14.02.03，然后打开文件 modify_scan_curve.prt。

Step2. 在模型树中右击 独立几何 标识65，在弹出的快捷菜单中选择 编辑定义 命令，此时系统进入独立几何环境。

Step3. 删除扫描曲线。在屏幕右侧工具栏中单击 🔲（修改）按钮，系统弹出"选取"对话框，选取图 14.2.13 所示的扫描曲线；在 MODIFY SCAN (修改扫描) 菜单中选择 Delete (删除) ➡️ All Except (所有除了) 命令；按住<Ctrl>键，选取图 14.2.14 所示的曲线为要保留的曲线；在"选取"对话框中单击 确定 按钮，完成删除曲线的操作。此时模型如图 14.2.15 所示。

说明： 在 ▼ DELETE CRVS (删除曲线) 菜单中有 Selected (选取) 和 All Except (所有除了) 两个命令，其中 Selected (选取) 命令需要用户指定删除的曲线，而 All Except (所有除了) 命令需要用户指定不删除的曲线。

图 14.2.13 扫描曲线

图 14.2.14 要保留的曲线

Step4. 连接曲线。

（1）选择命令。在 MODIFY SCAN (修改扫描) 菜单中选择 Regroup Pts (重组点) ➡️ Join (连接) ➡️ Two Curves (两条曲线) 命令。

（2）定义连接曲线 1。在屏幕下方出现 选取两条曲线 的提示下，选取图 14.2.16 所示的曲线为连接曲线 1，在"选取"对话框中单击 确定 按钮。

（3）定义连接曲线 2。在屏幕下方出现 选择一曲线 的提示下，选取图 14.2.17 所示的曲线为连接曲线 2；在"选取"对话框中单击 确定 按钮；在 ▼ MOD ACTION (修改运动) 菜单中选择 Accept (接受) 命令。

（4）定义连接曲线 3。选取图 14.2.18 所示的曲线为连接曲线 3，在 ▼ MOD ACTION (修改运动) 菜

单中选择 `Accept (接受)` 命令，

（5）在"选取"对话中单击 `确定` 按钮，完成曲线的连接。

Step5. 在 `MODIFY SCAN (修改扫描)` 菜单中选择 `Done (完成)` 命令，完成扫描曲线的修改。

图 14.2.15　删除后的曲线

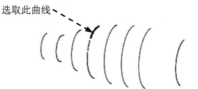

选取此曲线

图 14.2.16　连接曲线 1

选取此曲线

图 14.2.17　连接曲线 2

选取此曲线

图 14.2.18　连接曲线 3

说明：

● 在 `Regroup Pts (重组点)` 菜单中有 `Join (连接)` 、 `Separate (分开)` 和 `Create (创建)` 三个命令，下面将对这三个命令进行说明。

　　☑ `Join (连接)` ：该命令可以连接两条曲线最近的两个端点，将其合成为一条曲线。

　　☑ `Separate (分开)` ：该命令可以将一条曲线按某种需要分成两条。系统又为该命令提供了 `At Scan Pnt (扫描点)` 、 `Between Pnts (点间)` 和 `By Surface (按照曲面)` 三种方法。 `At Scan Pnt (扫描点)` 是指在构成曲线的扫描点处将曲线分成两段； `Between Pnts (点间)` 是指通过删除扫描曲线上两扫描点之间的线段，将曲线分开； `By Surface (按照曲面)` 是指通过删除所选参照两侧最近的两扫描点之间的线段，将曲线分开。

　　☑ `Create (创建)` ：该命令可以通过选取两扫描点来创建一条曲线。

● `Scan Points (扫描点)` 是指对构成曲线的扫描点进行修改，包括 `Remove (移除)` 、 `Show (显示)` 和 `Blank (遮蔽)` 。

　　☑ `Remove (移除)` ：是指移除扫描曲线上的扫描点，使一些影响曲线质量的坏点移除，让曲线更加平滑。

　　☑ `Show (显示)` ：是指显示所选曲线上的所有扫描点。

　　☑ `Blank (遮蔽)` ：是指遮蔽已经显示扫描曲线上的扫描点，便于观察。

14.2.4　型曲线的创建

在独立几何中，通过输入原始数据所得到的扫描曲线是无法用来直接构建曲面的，因此要通过某些方法把原始数据得到的扫描曲线转化成能在独立几何中构建曲面的新曲线。这种新的曲线被称为"型曲线"。型曲线的创建方法有自示例数据、通过点和自曲线三种。

首先进行下列操作：

Step1. 选择下拉菜单 文件(F) ➡ 设置工作目录(W)... 命令，设置工作目录和打开文件。先将工作目录设置至 D:\proewf5.8\work\ch14.02.04，然后打开文件 style_curve.prt。

Step2. 在模型树中右击 独立几何 标识65，在弹出的快捷菜单中选择 编辑定义 命令，此时系统进入独立几何环境。

方法一：自示例数据创建曲线

选择下拉菜单 几何(Y) ➡ 曲线(C) ➡ 自示例数据(S)... 命令，在 选取想要复制的扫描曲线 的提示下，选取图 14.2.19 所示的曲线为要复制的曲线，然后在"选取"对话框中单击 确定 按钮，完成自示例数据创建型曲线的操作。

方法二：自曲线创建曲线

选择下拉菜单 几何(Y) ➡ 曲线(C) ➡ 自曲线(C)... 命令；在系统弹出的 AUTOMATIC（自动） 菜单中选择 NumberOfPnts（点数目）命令；在系统 输入每条曲线必须有的点数目 8 提示下，输入点数目值 8，并按<Enter>键，按住<Ctrl>键，依次选取图 14.2.20 所示的 7 条曲线；在"选取"对话框中单击 确定 按钮，完成自曲线创建曲线的操作。

AUTOMATIC（自动） 菜单中包括 NumberOfPnts（点数目）和 Within Tol（公差之内）两个命令，下面将分别对其进行说明。

- NumberOfPnts（点数目）：用指定的点数创建曲线。指定的点数越多，得到的曲线越逼近原始曲线。
- Within Tol（公差之内）：在指定的公差内创建曲线。指定的公差值越小，得到的曲线越逼近原始曲线。

图 14.2.19　复制曲线　　　　图 14.2.20　自曲线创建曲线

方法三：通过点创建曲线

选择下拉菜单 几何(Y) ➡ 曲线(C) ➡ 通过点(T)... 命令，按住<Ctrl>键，依次选取图 14.2.21 所示的 8 个端点，然后在"选取"对话框中单击 确定 按钮，此时创建的曲线 1 如图 14.2.22 所示。读者可用同样的方法创建图 14.2.23 所示的曲线 2。

14.2.5　型曲线的修改

在"独立几何"环境中，在屏幕右侧工具栏中单击 ⬦（修改）按钮，然后选择需要修改的型曲线，系统弹出图 14.2.24 所示的"修改曲线"对话框。该对话框提供了三种修改型曲线的方法，分别为：使用曲线的控制多边形修改曲线、使用曲线的型点修改曲线、将曲线拟合到指定的参照点。下面将对这三种方法进行讲解。

图 14.2.21　选取点

图 14.2.22　曲线 1

图 14.2.23　曲线 2

图 14.2.24　"修改曲线"对话框

方法一：使用曲线的控制多边形修改曲线

在"修改曲线"对话框中单击图 14.2.24 所示的 按钮，即表示选用了"使用曲线的控制多边形修改曲线"的方法修改型曲线。该方法是指变控制曲线多边形顶点的位置来控制曲线的形状。

图 14.2.24 所示"修改曲线"对话框中部分选项的功能说明如下：

● 移动平面 下拉列表：定义曲线控制多边形运动的参照平面。

☑ 曲线平面 选项：表示移动平面是通过点的切线和曲率向量所构成的平面。

☑ 定义的平面 选项：选取某个基准平面作为移动平面。

☑ 视图平面 选项：表示移动的平面是通过点且平行于屏幕的平面。

- 区域 中的下拉列表（图 14.2.25）：用于定义曲线控制多边形的运动区域。

  ☑ 局部 选项：只移动选定的点。

  ☑ 平滑区域 选项：将点的移动应用到符合立方体规则的指定区域内的所有点。

  ☑ 线性区域 选项：将点的移动应用到符合线性规则的指定区域内的所有点。

  ☑ 恒定区域 选项：以相同的距离移动指定区域中的所有点。

- 滑块 区域（图 14.2.26）：可以在文本框中输入确切的数值以便更精准地移动选取的点。

图 14.2.25　区域选项列表

图 14.2.26　滑块选项列表

☑ 第一方向 选项：在第一方向上移动点。

☑ 第二方向 选项：在第二方向上移动点。

☑ 法向 选项：在垂直面的方向上移动点。

☑ 灵敏度 选项：调整滑块和鼠标移动的灵敏度。

- 诊断 区域中的列表框（图 14.2.27）：在对曲线进行修改时，可以通过该区域的选项，动态显示曲线的曲率或半径等相关分析信息。单击 ［显示/取消显示］按钮，可在显示或取消显示之间切换。如果要修改特定的分析设置，则可从下拉列表中选取需要修改的分析选项，单击 设置 按钮，即弹出图 14.2.28 所示的 "显示设置"（Display Settings）对话框。如果要修改特定的分析计算设置，可从下拉列表中选取需要分析的选项后单击 计算 按钮，在弹出的 "计算"（Computation）对话框（图 14.2.29）中对需要计算的分析选项进行计算。

图 14.2.27　"诊断"选项列表

图 14.2.28　"显示设置"对话框

● <u>约束</u>区域（图 14.2.30）：该区域将用于在修改曲线的过程中，定义曲线某一端点的约束。

图 14.2.29　"计算"对话框

图 14.2.30　"约束"对话框

- ☑ <u>自由</u>选项：不指定任何约束条件。
- ☑ <u>位置</u>选项：端点将固定在当前的位置。
- ☑ <u>相切</u>选项：使端点相切于某参照，但只能选取单侧边作为参照。
- ☑ <u>曲率</u>选项：在曲线和参照间设置 G2 连续和 G1 连续相切，只能选取单侧边作为参照边界。
- ☑ <u>零曲率</u>选项：设置端点的曲率为 0。
- ☑ <u>法向</u>选项：将边界与所选平面对齐，这样沿该边界的法线会平行于平面。

方法二：使用曲线的型点修改曲线

在"修改曲线"对话框中单击图 14.2.31 所示的 ～ 按钮，即表示选用了"使用曲线的型点修改曲线"的方法修改型曲线。该方法是指改变曲线型点的位置来控制曲线的形状。

图 14.2.31　"修改曲线"对话框

图 14.2.31 所示"修改曲线"对话框中部分选项的功能说明如下：

- 造型点 区域：可在修改曲线之前重定义曲线上的型点。它包含了下面四个单选项：
  - ☑ ⦿移动 单选项：通过移动曲线上的插值点移动曲线。
  - ☑ ⦿添加 单选项：通过选取曲线上的点为曲线添加型点。
  - ☑ ⦿删除 单选项：删除曲线上选取的型点。
  - ☑ ⦿重新分布 单选项：根据曲线的曲率重新分配型点，曲率较高的区域点分配的密度较大。

方法三：将曲线拟合到指定的参照点

在"修改曲线"对话框中单击图 14.2.32 所示的 ⦿ 按钮，即表示选用了"将曲线拟合到指定的参照点"的方法修改型曲线。该方法可以将曲线拟合到指定的参照点上。

图 14.2.32 "修改曲线"对话框

图 14.2.32 所示"修改曲线"对话框中各选项的功能说明如下：

- 精度 文本框：用来定义拟合的曲线的精度。在文本框中输入的值越小，拟合的精度越高；反之，拟合的精度越低。
- 参照点设置 区域：用来定义添加和删除参照点。用户可通过 添加参照点 和 删除参照点 两个按钮对参照点进行添加和删除。添加和删除参照点的类型分别如图 14.2.33 和图 14.2.34 所示。

图 14.2.33 添加参照点的类型

图 14.2.34 删除参照点的类型

14.2.6　创建型曲面

在"独立几何"环境中创建型曲面的方法有"自曲线"与"自曲面"两种方法，下面将对这两种方法进行详细讲解。

方法一：自曲线

自曲线是指利用独立几何中的型曲线和模型的边界创建曲面。下面举例说明通过"自曲线"的方法创建曲面的一般过程。

Step1. 选择下拉菜单 文件(F) ➡ 设置工作目录(W)... 命令，设置工作目录和打开文件。先将工作目录设置至 D:\proewf5.8\work\ch14.02.06\01，然后打开文件 style_surface.prt。

Step2. 在模型树中右击 独立几何 标识65，从弹出的快捷菜单中选择 编辑定义 命令，此时系统进入独立几何环境。

Step3. 创建曲面。

（1）选择命令。选择下拉菜单 几何(Y) ➡ 曲面(S) ➡ 自曲线(C)... 命令。

（2）定义第一方向曲线。在系统 选取格式曲线形成骨架的第一方向 的提示下，按住<Ctrl>键，依次选取图 14.2.35 所示的曲线为第一方向曲线；选取完成后，在"选取"对话框中单击 确定 按钮。

（3）定义第二方向曲线。在系统 选取格式曲线形成骨架的第二方向 的提示下选取图 14.2.36 所示的曲线为第二方向曲线；在"选取"对话框中单击 确定 按钮。

（4）定义插入点数量。在系统 为加亮方向输入内插点数 后面的文本框里输入内插点的点数值为 18，并按<Enter>确认。

图 14.2.35　选取第一方向曲线　　图 14.2.36　选取第二方向曲线　　图 14.2.37　创建的曲面

Step4. 完成曲面的创建后，单击"独立几何"右边的按钮 ✓，创建的曲面如图 14.2.37 所示。

方法二：自曲面

自曲面就是将原有的曲面进行复制，原曲面可以是任何一种曲面。下面举例说明通过"自曲面"方法创建曲面的一般过程。

Step1. 选择下拉菜单 文件(F) ➡ 设置工作目录(W)... 命令，设置工作目录和打开文件。先将工作目录设置至 D:\proewf5.8\work\ch14.02.06\02，然后打开文件 copy_surface.prt。

Step2. 选择下拉菜单 插入(I) ➡ 独立几何(Y)… 命令，系统进入独立几何操控板。

Step3. 选择下拉菜单 几何(Y) ➡ 曲面(S) ➡ 自曲面(S)… 命令，在系统 ⇨选取要创建捕捉型曲面 的提示下，选择图 14.2.38 所示的曲面为源曲面。

选取此面

图 14.2.38   复制曲面

Step4. 完成曲面的创建后，单击"独立几何"右边的按钮 ✓。

Step5. 在模型树里右击 📄 拉伸 1，在弹出的快捷菜单中选择 隐藏。

说明：复制后的新曲面，可以对它进行非参数编辑。

14.2.7   型曲面的修改

"独立几何"环境提供了"控制多面体""栅格线"和"按参照点拟合"三种对型曲面的修改方法。下面将分别对这三种方法进行讲解。

方法一：控制多面体

控制多面体就是通过改变曲面的控制多面体的形状来控制曲面的形状。下面以图 14.2.39 所示的模型为例，说明通过"控制多面体"方法修改型曲面的一般过程。

Step1. 选择下拉菜单 文件(F) ➡ 设置工作目录(W)… 命令，设置工作目录和打开文件。先将工作目录设置至 D:\proewf5.8\work\ch14.02.07\01，然后打开文件 modify_surface.prt。

Step2. 在模型树中右击 📄 独立几何 标识65，在弹出的快捷菜单中选择 编辑定义 命令，此时系统进入独立几何环境。

Step3. 定义要修改曲面。单击工具条中的 🔲 按钮，选取图 14.2.39a 所示的曲面为要修改的曲面，系统弹出图 14.2.40 所示的"修改曲面"(Modify Surface) 对话框。

选取此曲面

a）修改前   b）修改后

图 14.2.39   使用控制多边形修改曲面

Step4. 选择控制点。在"修改曲面"对话框中单击 🔷 按钮，如图 14.2.40 所示；在系统 ⇨选取要移动的点 的提示下，选取图 14.2.41 所示的控制点，并对它拖拽，控制点会跟随鼠标拖动进行移动。改变曲面的栅格形状如图 14.2.42 所示。

Step5. 单击"修改曲面"对话框中的按钮 ✔，完成曲面的修改。曲面的最终结果如图 14.2.39b 所示。

图 14.2.40　"修改曲面"对话框

图 14.2.41　选择控制点

图 14.2.42　修改后的曲面栅格

图 14.2.40 所示"修改曲面"对话框中部分选项的功能说明如下：

- 移动平面 下拉列表（图 14.2.43）：用于定义曲线控制多边形的运动平面。

  ☑ 动态平面：运动平面是通过选取点的相切的平面，并且运动平面将跟随所选点。

  ☑ 定义的平面：选取基准平面作为运动平面。

  ☑ 原始平面：运动平面是通过选取点的原始位置的相切平面。

- 区域（图 14.2.44）：用于指定修改曲面形状的规则，曲面运动区域的范围。可以在两个方向上设置相同的多边形运动区域，也可为每一方向设置不同的多边形运动区域。

图 14.2.43　移动平面下拉列表选项

图 14.2.44　区域下拉列表选项

- 诊断 下拉列表：在对曲线进行修改时，可通过该列表框中的选项动态地进行分析显示。单击 👁 👁 按钮，可以在显示与取消分析显示之间切换。

- 边界约束 区域（图 14.2.45）：可以对型曲面边界进行约束。

图 14.2.45　边界约束下拉列表选项

☑ **自由** 选项：不指定任何条件。

☑ **位置** 选项：端点固定在当前的位置。

☑ **相切** 选项：使端点相切于某参照。只能选取单侧边作为参照。

☑ **曲率** 选项：在曲线和参照间设置 G1 或 G2 连续。

☑ **垂直**：将边界与所选的平面对齐，这样沿该边界的法线会平行于平面。

方法二：栅格线

栅格线就是通过改变曲面栅格的形状来控制曲面的形状，下面以图 14.2.46 所示的模型为例，说明通过"栅格线"方法修改型曲面的一般过程。

a）修改前　　　　　　　　　　　　　　　　　b）修改后

图 14.2.46　使用栅格线修改曲面

Step1. 选择下拉菜单 **文件(F)** ➡ **设置工作目录(W)...** 命令，设置工作目录和打开文件。先将工作目录设置至 D:\proewf5.8\work\ch14.02.07\02，然后打开文件 modify_surface.prt。

Step2. 在模型树中右击 **独立几何 标识65**，从弹出的快捷菜单中选择 **编辑定义** 命令，此时系统进入独立几何环境。

Step3. 定义要修改的曲面。单击工具条中的 **按钮，选取图 14.2.46a 所示的曲面为要修改的曲面，此时系统弹出"修改曲面"对话框。

Step4. 添加栅格线。在"修改曲面"对话框中单击 **按钮，如图 14.2.47 所示。在"修改曲面"对话框中单击 **添加/移除栅格线** 按钮，系统弹出图 14.2.48 所示的"添加/删除栅格线"对话框。在该对话框中单击 **在曲面上拾取** 按钮，然后在图 14.2.49 所示的位置处单击。完成后，在"添加/删除栅格线"对话框中单击 **完成** 按钮，此时模型如图 14.2.50 所示。

说明：通过增加和去除栅格线，可以控制曲面的光滑程度及控制某些区域细节的能力。

图 14.2.47　"修改曲面"对话框

图 14.2.48　"添加/删除栅格线"对话框

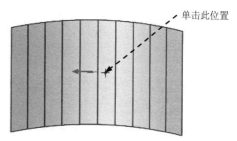

图 14.2.49　确定添加网格位置

Step5. 移动控制点。在系统 选取要移动的点 的提示下，选取控制点并拖拽，控制点会跟随鼠标的拖动进行移动，移动后的曲面栅格如图 14.2.51 所示。

图 14.2.50　添加栅格后的曲面

图 14.2.51　移动后的曲面栅格

Step6. 单击"修改曲面"对话框中的按钮 ，完成曲面的修改。曲面的最终结果如图 14.2.46b 所示。

方法三：按参照点拟合

在"修改曲线"对话框中单击图 14.2.52 所示的 按钮，即表示选用了"按参照点拟合"的方法修改型曲面。该方法就是将曲面拟合到指定的参照点上。

图 14.2.52 所示"修改曲面"对话框中的部分选项的功能说明如下：

- 选项 区域：该区域中包括 精度 与 偏移 两个文本框，用于设置拟合的精度及偏移值。
  - ☑ 精度 文本框：用来定义曲面拟合的精度。文本框中输入的值越小，拟合的精度越高；反之，拟合的精度越低。

☑　偏移文体框：用来定义曲面拟合的偏移距离。

● 参照点设置选项组：用来定义添加和移除参照点。用户可通过 添加参照点 和 移除参照点 两个按钮，对参照点进行添加和移除。添加和移除参照点的类型分别如图 14.2.53 和图 14.2.54 所示。

图 14.2.52　"修改曲面"对话框

图 14.2.53　添加参照点的类型

图 14.2.54　移除参照点的类型

14.3　小平面特征

通过小平面特征可以完成通过扫描对象获得点集、纠正点云几何中的错误及创建包络并纠正错误，如删除不需要的三角面、生成锐边及填充凹陷区域、创建多面几何并用多种命令编辑该几何，以精细地调整完善多面曲面。由小平面特征建模的主要工作流程如下：

（1）点处理：去除几何外部的点；将其点集添加到同一特征；可删除部分点、将噪声减到最少；对点进行取样以整理数据并减少计算时间；填充模型中的间隙孔。

（2）包络处理：点处理阶段完成后，创建包络并纠正错误。例如移除三角形，移除由点集创建包络时在模型的间隙生成的连接面，填充选定几何的凹陷等。

（3）小平面处理：对生成的小平面特征进行编辑和优化，例如删除不需要的小平面、减少三角形的数量而不损坏曲面的连续性或细节及填充小平面的间隙等。

下面通过一个吹风机的逆向设计为例，详细讲解小平面特征的功能和操作步骤，如图14.3.1 所示。

图 14.3.1　吹风机的逆向设计

Step1. 选择下拉菜单 文件(F) ➡ 设置工作目录(W)... 命令，将工作目录设置D:\proewf5.8\work\ch14.03。

Step2. 新建一个零件的三维模型，将其命名为 facet_feature_blower.prt。

Step3. 插入已知的点云数据（抄数数据）文件。

（1）在 插入(I) 下拉菜单中，选取 共享数据(D) ➡ 自文件(F)... 命令。

（2）在"打开"对话框中，选取 blower.pts 并单击 打开 按钮。

（3）在系统弹出的图 14.3.2 所示的"导入选项"对话框中，设置"坐标系"为"缺省"，"单位"为"毫米"，然后单击 确定 按钮。

说明： 点云文件 blower.pts 是一个可修改的文本文件，它是由测量实际模型所获得的众多的点坐标所组成的。用户在实际工作中，一般需要将测量获得的数据文件进行整理，然后在其文件名中加上后缀".pts"。

此时，点云数据被读取并出现"点"下拉菜单（图 14.3.3），以及屏幕右侧的"点"命令按钮（图 14.3.4）。利用这些命令可以对点云数据进行整理、编辑。

图 14.3.2　"导入选项"对话框

图 14.3.3　"点"下拉菜单

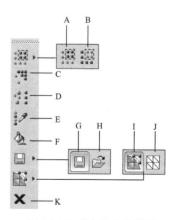

图 14.3.4　"点"命令按钮

图 14.3.4 中各按钮的说明如下：

A：修剪选定项（Crop Selected）—— 删除选定区域外的所有点。

B：删除选定项（Delete Selected）—— 删除选定区域内的所有点。

C：删除界外值（Delete Outliers）—— 删除呈现偏离主点集的点。

D：降低噪声（Reduce Noise）—— 将点移动到使用统计方法确定的位置。

E：示例——创建点的一个样本，有助于使用较少的点、花费较少的计算时间，生成准确的包络模型。

F：填充孔（Fill Hole）—— 通过添加新点填充模型中的间隙和孔。

G：保存（Save）—— 用来将点数据保存到 .pts 文件。

H：添加（Add）—— 用来向现有点集添加另一个点集，并合并这两个点集。在要封闭一个开放曲面并使用封闭体积块创建对象时，此命令非常有用。

I：包络（Wrap）—— 创建包络或三角剖分的网格。

J：小平面（Facet Feature）—— 创建小平面特征。

K：退出。

Step4. 创建包络或三角剖分的网格并进行编辑。

（1）创建包络网格。单击命令图标 ，系统开始进行运算处理，当屏幕下方出现图 14.3.5 所示的提示信息时，表示处理完成，屏幕图形也成为着色状态，此时系统中出现"包络"下拉菜单（图 14.3.6），以及屏幕右侧相应的命令按钮（图 14.3.7）。利用这些命令可以对包络网格进行整理、编辑。

图 14.3.5　提示信息　　图 14.3.6　"包络"下拉菜单　　图 14.3.7　命令按钮

图 14.3.7 中各按钮的说明如下：

A：按长度选取（Select by Length）—— 选取边长等于或大于指定值的小平面。

B：压浅（Push Shallow）—— 通过穿过选定区域扩展来移除三角形。该命令可移除选中的三角形并显示下面的三角形。

C：穿透（Shoot Through）—— 以直线贯穿选定区域的方式来删除三角形。这与钻孔方式相类似。

D：压深（Push Deep）—— 通过扩展模型，直到点密度发生变化来移除三角形。该命令用来移除与选定三角形的点密度匹配的所有三角形。此命令还会移除具有相同点密度的内部结构。

E：移除腹板——移除创建包络时在原始点集的空隙中生成的三角形。

F：精调——精调操作自动化程度较低，但在编辑模型时能提供更出色、更细节化的控制。

G：小平面——进入小平面阶段。

H：退出。

I：返回到点阶段。

（2）编辑包络网格。单击命令图标 ，屏幕下方出现 ➡️请选取穿透的区域 提示，并出现"选取"对话框。在图 14.3.8 所示的选取方式列表中选取 方式，在线框状态下选如图 14.3.9 所示的部分（注意不要选过头）。

运用同样的方法在线框显示状态下编辑图 14.3.10 所示的部分（注意：设置为 TOP 视图状态）。

选取完全位于矩形区域内部的绘图项目

选取部分或完全位于矩形区域内部的绘图项目

选取完全位于多边形区域内部的绘图项目

按画笔选取项目

选取椭圆内部的项目

图 14.3.8　选取方式列表

图 14.3.9　编辑包络网格（一）　　　　图 14.3.10　编辑包络网格（二）

说明：编辑包络网格的方法有多种方式，读者可以灵活运用。如以上 完成 的例子可以按长度选取的方法（一般长度值可根据测量确定，本例取值 1.8 即可），然后用"压深"命令进行操作，也可以采用"移除连接面"的方式进行。当然，有些编辑也可在进入"小平面"阶段后进行。

Step5. 生成小平面特征。

（1）单击"小平面"命令图标 ，此时系统中出现"小平面"下拉菜单（图 14.3.11），以及屏幕右侧相应的命令图标（图 14.3.12）。利用这些命令可以对小平面特征进行整理、编辑。

图 14.3.12 中各按钮的说明如下：

A: 删除（Delete）——删除选定小平面。

B: 填充孔（Fill Hole）——填充小平面几何中的间隙，以使该小平面曲面连续。

C: 清除（Clean）——通过创建锐边或平滑表面来整理小平面几何。

D: 分样（Decimate）——减少小平面的数量。

E: 精整（Refine）——通过增大小平面的密度和有选择地移动小平面的顶点，来改善小平面模型的形状。

F: 松弛（Relax）——以迭代方式改变小平面顶点的坐标，从而平滑多面曲面。

G: 偏移（Offset）——偏移小平面。

H: 修剪（Trim）——修剪小平面。

I: 对称平面（Symmetry Plane）——创建对称平面。

J: 生成集管（Make Manifold）——创建多面曲面的集管表示。

K: 添加小平面（Add Facet）——使用指定的顶点将小平面添加到多面几何。

L: 反向边（Flip Edge）——反转两个小平面的方向。

M: 分割边（Split Edge）——通过分割所选小平面的边添加小平面。

N: 完成。

O: 退出。

（2）单击"完成"按钮 ✔。此时在模型树中会出现 ⊞ 小平面特征 标识47。

图 14.3.11 　"小平面"下拉菜单

图 14.3.12 　命令按钮

14.4　重　新　造　型

重新造型是一个逆向工程环境，它是指在多面数据和"小平面特征"基础之上创建曲面的 CAD 模型。"重新造型"提供一整套的自动、半自动和手动工具，可用来执行以下任务：

- 创建和修改曲线，包括在多面数据上的曲线。
- 对多面数据进行曲面分析以创建等值线和极值曲线。等值线曲线代表在多面数据上选取的点，这些点对应于等值线分析的值，极值曲线代表在多面数据上选取的点，这些点与极值分析的极值相对应。
- 通过多面数据进行创建并编辑解析曲面、拉伸曲面和旋转曲面。
- 对多面数据进行拟合，形成自由形式的曲面。
- 创建并管理连接约束，包括曲面和曲线之间的位置、相切和曲率约束。
- 管理曲面之间的连接及相切约束。
- 进行基本的曲面建模操作，包括曲面延伸与合并。
- 可以在多面数据上自动创建出样条曲面。
- 允许用户构建和镜像几何单独两部分的对称平面。

下面以 14.3 节得到的模型为例，讲解重新造型的功能和操作方法。

Step1. 选择下拉菜单 文件(F) ➡ 设置工作目录(W)... 命令，将工作目录设置至 D:\proewf5.8\work\ch14.03\ok，然后打开文件 facet_feature_blower_ok.prt。

Step2. 选择下拉菜单 插入(I) ➡ 重新造型(R)... 命令，进入重新造型环境。此时系统中出现"重新造型"下拉菜单（图 14.4.1），以及屏幕右侧相应的命令图标（图 14.4.2）。

图 14.4.2 中各按钮的说明如下：

A：曲线命令按钮。打开后面的三角符号会出现图 14.4.3 所示的命令条。

A1：插入投影到小平面特征上的曲线上。

A2：插入投影到曲面上的曲线。

A3：插入通过捕捉至几何点上的自由曲线。

A4：在平面与小平面特征的相交处插入曲线。

A5：在曲面边上插入曲线。

A6：在已保存的曲面分析的等值线上插入曲线。

A7：沿着小平面的锐边插入曲线。

B：创建区域命令按钮。打开后面的三角符号会出现图 14.4.4 所示的命令条。

B1：在封闭的环内创建区域。

B2：添加区域环，从区域中移除环内的小平面顶点。

B3：移除区域环，将环内的小平面顶点添加到区域中。

B4：合并两个区域。

B5：为曲面指定区域，将区域分配给多项式曲面。

C：解析面。打开后面的三角符号会出现图 14.4.5 所示的各种解析面命令。

图 14.4.1　"重新造型"下拉菜单

图 14.4.2　重新造型命令菜单

A1 A2 A3 A4 A5 A6 A7
图 14.4.3　曲线命令

B1 B2 B3 B4 B5
图 14.4.4　区域命令

C1 C2 C3 C4 C5
图 14.4.5　解析面命令

C1：插入平面解析曲面。

C2：插入圆柱解析曲面。

C3：插入圆锥解析曲面。

C4：插入旋转解析曲面。

C5：插入拉伸解析曲面。

D：多项曲面按钮。打开后面的三角符号会出现图 14.4.6 所示的命令条。

D1：插入 4 条曲线为边界形成的矩形曲面。

D2：插入 3 条曲线为边界形成的矩形曲面。

D3：插入 2 条曲线为边界形成的矩形曲面。

D4：在 1 个方向插入来自多条曲线的放样曲面。

D5：在 2 个方向插入来自曲线的网格曲面。

D6：通过拖动方框插入投影到小平面特征上的矩形曲面。

D7：通过定义 4 个拐角插入投影到小平面特征上的矩形曲面。

D8: 通过全部 4 条边界的中点在小平面特征上插入的矩形曲面。

D9: 插入由 3 条曲线形成边界的三角曲面。

E: 自动曲面工具。

F: 对齐。打开后面的三角符号会出现图 14.4.7 所示的命令条。

F1: 连接和对齐曲线和曲面边界的非约束端点。

F2: 延伸曲面非约束边界。

F3: 合并两条曲线。

F4: 将曲线分割为两部分。

F5: 创建曲线和曲面的副本。

G: 显示约束按钮。打开后面的三角符号，会出现图 14.4.8 所示的命令条。

D1 D2 D3 D4 D5 D6 D7 D8 D9
图 14.4.6　多项曲面

F1 F2 F3 F4 F5
图 14.4.7　对齐、延伸、曲线操作

G1 G2
图 14.4.8　约束和分离

G1: 显示曲面或曲线约束。

G2: 从其所连接的对象中释放曲线或曲面。

H: 投影按钮。打开后面的三角符号会出现图 14.4.9 所示的命令条。

H1: 将曲线或曲面投影至曲面或小平面特征。

H2: 管理分配给曲面用于拟合的参照点。

H3: 将曲面拟合到参照点。

I: 修改形状按钮。打开后面的三角符号会出现图 14.4.10 所示的命令条。

H1 H2 H3
图 14.4.9　投影、拟合

I1 I2
图 14.4.10　修改形状、数学属性

I1: 修改曲面或曲线的形状。

I2: 编辑曲面的数学属性。

J: 显示重新造型层次树。

K: 重新造型分析工具。

L: 完成按钮。

图 14.4.11　创建基准面

Step3. 创建图 14.4.11 所示的 8 个基准平面。在工具条中单击 ▱ 按钮，以 RIGHT 基准平面为参照平面创建 8 个基准面，偏移距离值分别为 20、40、80、100、120、150、180、260，如图 14.4.11 所示。

Step4. 创建图 14.2.12 所示的 9 条相交曲线。在工具条中单击 ▱ 按钮，在系统

⇨选取要参照的基准平面的提示下，依次选取刚才创建的 8 个基准平面以及 RIGHT 基准平面。选取完后，在"选取"对话框中单击 确定 按钮，完成九条相交曲线的创建。

Step5. 通过点创建图 14.4.13 所示的曲线。在工具条中单击 （通过捕捉点）按钮，在系统 ⇨选取新曲线通过的点 的提示下，选取图 14.4.14 所示的小平面边界上的点和上步创建曲线的端点。选取完成后，在"选取"对话框中单击 确定 按钮，完成曲线 1 的创建。使用同样的方法创建图 14.4.15 所示的曲线。

创建此曲线

依次选取这些点

图 14.4.12　创建曲线　　　图 14.4.13　创建曲线　　　图 14.4.14　选取点

Step6. 创建图 14.4.16 所示的网格曲面。在工具条中单击 （曲面来自网格）按钮，在系统 ⇨选取曲面第一方向的曲线 的提示下，按住<Ctrl>键，依次选取图 14.4.17 所示的两条曲线，单击 确定 按钮。在系统 ⇨选取曲面第二方向的曲线 的提示下，按住<Ctrl>键，依次选取图 14.4.18 所示的 9 条曲线，单击 确定 按钮，完成网格曲面的创建。

创建此曲线

创建此面

依次选取这两条曲线

图 14.4.15　创建曲线　　　图 14.4.16　创建曲面　　　图 14.4.17　选取曲线

Step7. 创建图 14.4.19 所示的曲线。在工具条中单击 （通过捕捉点）按钮，在系统 ⇨选取新曲线通过的点 的提示下，依次选取图 14.4.20 所示的曲面的端点和小平面的边界的点；单击 确定 按钮，完成曲线的创建。

创建些曲线

图 14.4.18　依次选取这些曲线　　　　图 14.4.19　创建曲线

Step8. 创建图 14.4.21 所示的放样曲面。单击 （放样）按钮，在系统 ⇨为曲面选取曲线 的提示下，按住<Ctrl>键依次选取图 14.4.22 所创建的曲线；单击 确定 按钮，完成放样曲面的创建。

Step9. 创建图 14.4.23 所示的 DTM9。单击 按钮，选取 FRONT 基准平面与图 14.4.23

所示的小平面上的一点为参照。

图 14.4.20 选取点 图 14.4.21 创建放样曲面

图 14.4.22 依次取这两条曲线

图 14.4.23 创建基准平面 DTM9

Step10. 创建图 14.4.24 所示的基准曲线。

（1）单击"草绘"按钮 ⬚。

（2）定义草绘截面放置属性：设置 DTM9 基准平面为草绘面，设置 TOP 基准平面为草绘平面的参照，方向为 顶；单击 草绘 按钮。

（3）创建草绘图。选择 TOP 基准平面、RIGHT 基准平面重新造型边界为草绘参照，然后绘制图 14.4.25 所示的草图，完成后单击按钮 ✔。

图 14.4.24 基准曲线（建模环境） 图 14.4.25 基准曲线（草绘环境）

Step11. 创建图 14.4.26 所示的曲线。单击 🐭（通过捕捉点）按钮，在系统 ➡选取新曲线通过的点 的提示下，依次选取图 14.4.27 所示小平面的边界上的点；单击 确定 按钮，完成曲线的创建。

Step12. 参照 Step11 的方法创建图 14.4.28 所示的曲线。

图 14.4.26　创建曲线　　　　　　　图 14.4.27　选取点

Step13. 创建图 14.4.29 所示的基准平面 DTM10。单击 ▱ 按钮，选取 FRONT 基准平面
与图 14.4.29 所示的小平面上的一点为参照。

注意：此点可以是图 14.4.29 所示放大图中的任意一点，该点应尽量贴近已创建好的曲
面，但不要和已有曲面相交。

图 14.4.28　创建曲线　　　　　　　图 14.4.29　创建基准平面

Step14. 创建图 14.4.30 所示的相交曲线。在工具条中单击 ▧（截面）按钮，在系统
▷选取要参照的基准平面 的提示下，选取上步创建的基准平面 DTM10；单击 确定 按钮，完成相
交曲线的创建。

注意：此曲线不是一条完整的曲线，必须把它们组合成一条完整的曲线，才能用于构
建曲面。

Step15. 连接曲线。在工具条中单击 ∿（组合）按钮，在系统 ▷为组合工具选取第一条曲线 的
提示下，选取图 14.4.31 所示的曲线；在系统 ▷为组合工具选取第二条曲线。第一条和第二条曲线将被组合 的
提示下，选取图 14.4.32 所示的曲线。此时系统将两条曲线连接成一条曲线。

图 14.4.30　创建相交曲线　　　图 14.4.31　选取曲线　　　图 14.4.32　选取曲线

Step16. 创建图 14.4.33 所示的曲面。单击 ▨（四条曲线）按钮，在系统

⇨选取曲面第一方向的曲线的提示下，按住<Ctrl>键，依次选取图 14.4.34 所示的两条曲线；在系统 ⇨选取曲面第二方向的曲线的提示下，按住<Ctrl>键，依次选取图 14.4.35 所示的两条曲线；单击 确定 按钮，完成曲面的创建。

创建此曲面

图 14.4.33　创建曲面　　　　　图 14.4.34　选取第一方向曲线　　　　图 14.4.35　选取第二方向曲线

依次选取这两条曲线　　　　　　　　　　依次选取这两条曲线

Step17. 单击"重新造型"环境中右边的工具栏中的按钮✔，退出"重新造型"环境。

至此，模型中重要的曲面都已经按照点云数据文件构建完毕，后面的设计步骤按照正常的设计即可创建出最终模型，如图 14.4.36 所示。读者可参照随书光盘中的录像自行创建。

图 14.4.36　最终模型

读者意见反馈卡

书名：《Pro/ENGINEER 中文野火版 5.0 曲面设计教程（增值版）》

1. 读者个人资料：

姓名：_____ 性别：_____ 年龄：_____ 职业：_____ 职务：_____ 学历：_____

专业：_____ 单位名称：_____ 办公电话：_____ 手机：_____

QQ：_____ 微信：_____ E-mail：_____

2. 影响您购买本书的因素（可以选择多项）：

☐内容   ☐作者   ☐价格

☐朋友推荐   ☐出版社品牌   ☐书评广告

☐工作单位（就读学校）指定   ☐内容提要、前言或目录   ☐封面封底

☐购买了本书所属丛书中的其他图书   ☐其他_____

3. 您对本书的总体感觉：

☐很好   ☐一般   ☐不好

4. 您认为本书的语言文字水平：

☐很好   ☐一般   ☐不好

5. 您认为本书的版式编排：

☐很好   ☐一般   ☐不好

6. 您认为 Pro/E 其他哪些方面的内容是您所迫切需要的？

_____

7. 其他哪些 CAD/CAM/CAE 方面的图书是您所需要的？

_____

8. 您认为我们的图书在叙述方式、内容选择等方面还有哪些需要改进的？

_____

读者购书回馈活动：

活动一： 本书"随书光盘"中含有该"读者意见反馈卡"的电子文档，请认真填写本反馈卡，并 E-mail 给我们。E-mail：兆迪科技 zhanygjames@163.com，丁锋 fengfener@qq.com。

活动二： 扫一扫右侧二维码，关注兆迪科技官方公众微信（或搜索公众号 zhaodikeji），参与互动，也可进行答疑。

凡参加以上活动，即可获得兆迪科技免费奉送的价值 48 元的在线课程一门，同时有机会获得价值 780 元的精品在线课程。